ちくま学芸文庫

# 代数入門

## 数と式

遠山 啓

筑摩書房

# まえがき

算数は主として動かない，すでによくわかった量や数を扱う学問であるが，代数はどんな値でも取りうる，まだわからないあるいは変化する数や量を扱う学問である．そのようなものを表すために，$a, b, c, \cdots, x, y, z, \cdots$ などの文字を使用する．つまり文字は普遍的な数である．そのことから，ニュートンは代数学を「普遍算術」とよんだ．本書はそのような代数学から線形代数といわれるものを除いた部分，しいていえば「非線形代数」とでもいうべき学問への入門書としてつくられたものである．

第1章　数の進化は数が誕生してから複素数という複雑な数にまで成長していく進化の跡を歴史的にたどってみた．

第2章は，代数学の基礎である2項定理を特別な場合として含む組合せ論を述べた．

第3章は，非線形代数の本体ともいうべき方程式の解法を主とする．

第4章は，第3章までに得られた知識や手段を使ってさまざまな問題を解くことにあてた．

1979年5月

遠山　啓

# 目　次

# 代数入門

## 数と式

# 1　数の進化

## 1　数の発生

生物学的に見れば人類は哺乳類の一種であり，直立歩行するというきわ立った特徴をもってはいるが，眼は2つ，鼻は1つという点では牛や馬などの哺乳類と違った点はない．少なくとも人間と牛の違いは牛と鳩の違いほどには大きくはない．

しかし，他の側面からみると，人間は哺乳類を含む他の動物全体と比べても，著しい相違点をもっている．それは人間が文化をもっており，しかも常にそれを発展させつつある，ということである．

ここで述べようとする数学もやはりそのような広汎な人間の文化の一部分であり，しかもそれは常に発展し進歩しているのである．数学の主な研究題目である数もやはり進歩し，進化してきたし，またこれからも進歩し続けるであろう．

数十万年，数百万年むかしの人類の祖先たちが，どのような数をもっていたか，今日ではもう知る手がかりはない．彼らがいかなる生活をしていたかは，発掘された石器などから，おぼろげながらも推測できるが，無形の数の場合には物的証拠が何もないからである．私たちにできることは，現在世界の僻地に残って原始的な生活を営んでいる人々の数の観念を調べ，そこから類推という方法によって原始人類の数の考えをわずかに推しはかってみることしかない．

そのようにして大まかにいえることは，彼らの数概念はほとんど無に近かったのであろう，ということである．

狭くて小さな社会のなかで，森のなかで拾った木の実と，しとめた野獣を交換する必要が起こったとき，交渉の基礎には物々交換について何らかのルールが決められ，そこで1対1対応が考え出されたかも知れない．この1対1対応こそが，数の出発点なのである．

りんごの集合とみかんの集合の各要素のあいだに1対1対応がつけられるとき，この2つの集合は同じ数をもつ，といわれる．つまり1, 2, 3, …という数は1対1対応のつけられる集合の共有すべき名称であった．

そこではまだ数の言葉は必ずしも発生していなかったが，数の概念はすでに発生していた，ということができる．

たとえば，朝，羊たちを野原につれ出して，日中は草を食べさせ，夕方にまたつれて帰るという仕事をしている羊飼いにとっては迷える羊をつくらないことが大切であろう．そのために，あらかじめ小石を用意しておき，羊1匹が檻を出るたびに小石1個をおいて全部の羊が出終わったときまでの小石を保存しておき，夕方羊が帰ってくると1

匹ごとに小石1つをとり去るようにして，朝おいておいた小石が過不足なくとりつくされたことが確かめられれば，迷える羊は1匹もなかったことになる．そのとき，数の言葉つまり数詞は必ずしも必要ではなかった．

## 2 数　詞

人間の祖先たちがいつごろから今日のように「あ」「い」「う」「え」「お」という節のある言葉を使い始めたかはわからないが，広い意味の言葉に比べると，数詞はずっと後になって使われ始めたものと思われる．それは今日でもせいぜい2に当たる数詞しかもっていない民族もあるということからも推察できる．

数詞はかなり後になって登場してきたらしいが，それでも紀元前2千年もむかしのエジプトでは百万などという大きな数詞が使われていた．あの巨大なピラミッドを建造するに要した労働力を管理統制したり，石の数を数えたりするだけでも，そのくらいの数詞は必要だったに相違ない．

同じ時期のバビロニアも，インドもやはり同じ程度の数学を生み出していた．

数に名前をつけていくのが数詞であるが，その名前のつけ方にはいろいろの工夫がなされた．

ある民族では手の指から始めて，足りなくなると身体の各部分，たとえば足の指，目，鼻とつけていって数百まで及んでいるという．このような数詞では，身体のある部分

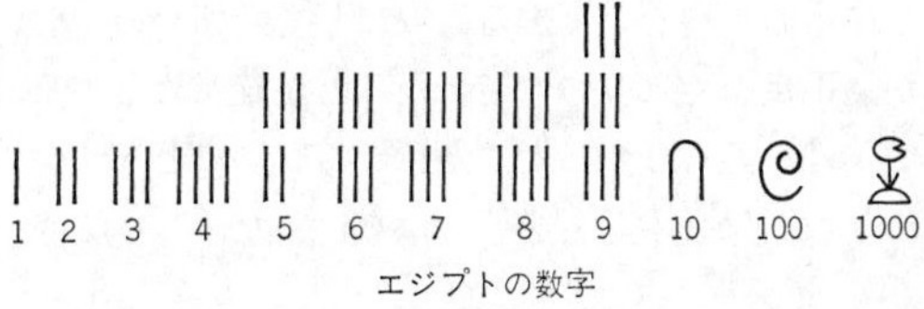


エジプトの数字

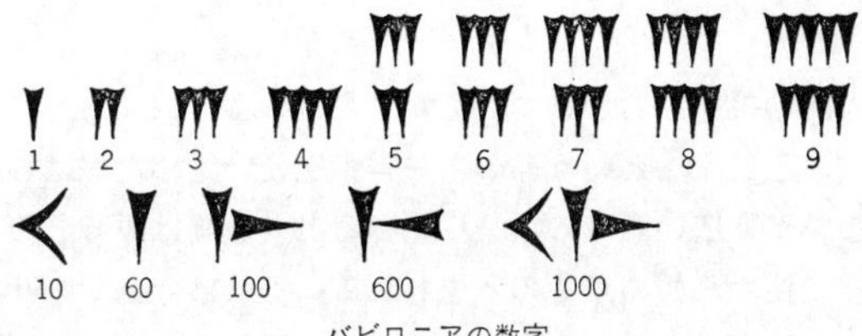


バビロニアの数字

図 1-1

を指さすとそれが数を意味することになるだろう.

この方法は，数詞をつくるときに多くの民族が試みた方法であるらしい．しかし，身体の各部分をとめどなく数の代わりに使うかわりに，やがてある数のかたまりを一束として数える方法に気づいた．ある種族は片手の指，つまり5，あるものは両手の指として10，またあるものは両手両足の指の数20，… を一束とみることに気づいたのであった．このようにして五進法，十進法，二十進法などが生まれた．

今日，主流をなしているのは十進法であるが，例外的に角度や時間は六十進法になっている．これは古代バビロニアの遺産である．古代バビロニアではなぜ六十進法が用いられたか，その起源についてはいろいろの説があって定説というべきものはまだない．一説には十進法を使っていた国と十二進法を使っていた国が統一されて，その最小公倍数としての六十進法が生まれたともいう．中国の十干十二支による年代の数え方もこれに近い．

十進法はたしかに現代の主流となっているが，世界の各民族の使っている数詞のなかには二十進法の痕跡をとどめているものも少なくない．たとえばフランス語の quatre-vingts は「20 が 4 つ」で 80 を意味する．

だが中国語とそれをうけた日本語は完全な十進法であり，計算や記数の上で大きな利点を享受している．

最近，電子計算機の出現とともに，二進法が登場してきた．十進法が 10 を一束とするのに対して二進法は 2 を一束とする．そこでは 1, 2, 4, 8, 16, … がもとになっている．

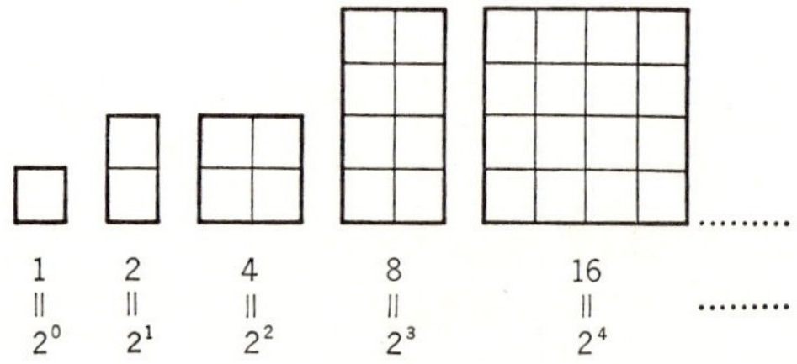


たとえば十進法の 13 は $8+4+1=1\cdot2^3+1\cdot2^2+0\cdot2+1$ であるから 1101 と書くことができる．十進法では 0, 1…, 9 という 10 個の数字ですべての数が表されるのと同じように，二進法では 0, 1 という 2 つの数字ですべての数を表

すことができる.

一般に十進法の数字を二進法に直すには，次々に2で割っていき，そのつど，余りを右に書いて，最後にその結果を下から上に（矢印の向き）書き出せばよい.

```
2) 13     余り
 2) 6 ……1  ↑
  2)3 ……0  │
    1 ……1  │
  ─────────┘
```

二進法は0,1という2つの数字だけをもとにしているから，＋，×の計算はきわめて簡単であるが，その反面繰上がり繰下がりがひんぱんに起こる.

| ＋ | 0 | 1 |
|---|---|---|
| 0 | 0 | 1 |
| 1 | 1 | 10 |

| × | 0 | 1 |
|---|---|---|
| 0 | 0 | 0 |
| 1 | 0 | 1 |

十進法と二進法の対照

| 十進法 | 二進法 |
|---|---|
| 0 | 0 |
| 1 | 1 |
| 2 | 10 |
| 3 | 11 |
| 4 | 100 |
| 5 | 101 |
| 6 | 110 |
| 7 | 111 |
| 8 | 1000 |
| ⋮ | ⋮ |

電子計算機は十進法の数字を1度二進法に直して二進法で計算して，その答をもう1度十進法に戻す，という方法をとっている．たとえば，次のように計算する.

| 十進法 | | 二進法 |
|---|---|---|
| 14 | ………→ | 1110 |
| +19 | ………→ | + 10011 |
| 33 | ←……… | 100001 |

**問1** 十進法で表された次の数を二進法で表せ.

48, 57, 36, 63, 25

**問2** 二進法で表された次の数を十進法で表せ.

101011, 1101, 100001, 1111111, 1001001

## 3 自然数

1を次々に加えていってできる数を**自然数**という.

$$1 = 1$$
$$1+1 = 2$$
$$1+1+1 = 3$$
$$\cdots\cdots\cdots\cdots\cdots$$

つまり1, 2, 3, …という数がそれにあたる.

自然数という名称は, いろいろな人工的細工をしないで, ごく「自然に」生まれてきた数という意味からきたものであろう.

自然数のもっている性質のなかで重要なものを挙げると, まず, 順序をもっていることである.

(1) 2つの自然数 $a, b$ の間には, 次の3つの関係のうちの1つが必ず成り立つ.

$$a = b$$

$$a < b$$
$$a > b$$

つまり，自然数は一直線状に大小の順に順序づけることができる，ということである．図示すればそれは直線上に1=1の間隔をもって左から右に並んでいる（図1-2）．

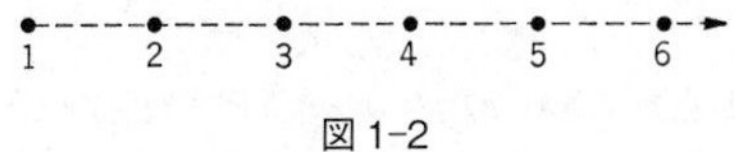


図1-2

第2の性質は

(2) 任意の2つの自然数を加えると，その答もまた自然数となる．

自然数＋自然数 ＝ 自然数

そして，その加法については次の法則が成り立つ．

$a+b=b+a$ （加法の交換法則）

$(a+b)+c=a+(b+c)$ （加法の結合法則）

このように文字を使って一般的な式として書き表すと，事改まって別なことを述べているかのようであるが，これは私たちが日常生活では毎日のように使っていることである．

たとえばある店で1000円の品物を先に買い，その後で2000円の品物を買ったら，計算は

1000＋2000

となり，逆の順序で買い物をしたら

2000＋1000

となるが，買い物の結果は結局同じだから，答は同じにな

る．これを文字で書き表すと

$$a+b=b+a$$

となる．つまりたし算のたす順序を入れかえても答は同じになる，というのが**加法の交換法則**である．

また7+8の計算をするのに，まず8を3+5に分解して

$$\begin{aligned}7+8 &= 7+(3+5)\\ &= (7+3)+5 = 10+5 = 15\end{aligned}$$

とするときも，$a+(b+c)$ と $(a+b)+c$ が等しいという**加法の結合法則**を利用しているわけである．

乗法も加法とよく似ている．

(3) 2つの自然数を掛け合わせると，答は必ず自然数になる．

$$\text{自然数}\times\text{自然数}=\text{自然数}$$

乗法についても加法と同じように交換法則と結合法則が成り立つ．

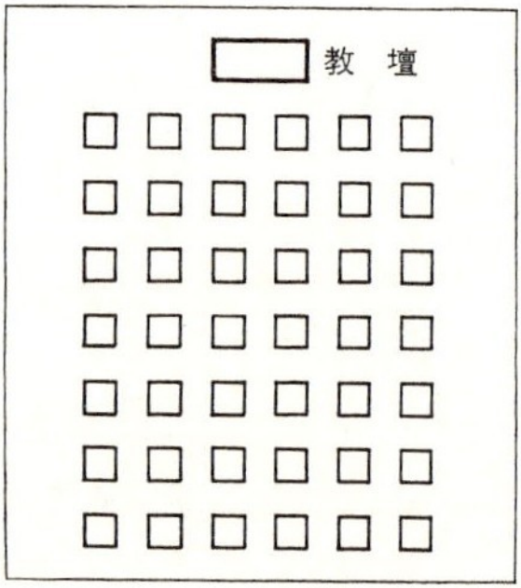

たとえば教室のなかに机が7つずつ6列に並んでいたら，机の総数は6×7とも7×6とも考えられるから，その答はもちろん同じである．一般化すると

$$a\times b=b\times a$$

と書くことができる．これが**乗法の交換法則**である．

教壇

また50円の切手が3行6列にならんでいたとき，その

総額を計算するのに，１つの列には３枚あるから，その金額は

$$50\times3=150 \text{（円）}$$

で，それが６列あるから

$$(50\times3)\times6=150\times6=900 \text{（円）}$$

と計算してもよいし，また先に切手の枚数

$$3\times6=18 \text{（枚）}$$

を計算して，１枚が50円だから，総額は

$$50\times18=900 \text{（円）}$$

と計算することもできる．答はもちろん同じである．すなわち

$$(50\times3)\times6=50\times(3\times6)$$

となる．文字を使って一般化すれば

$$(a\times b)\times c=a\times(b\times c)$$

という形になる．これが**乗法の結合法則**である．

このように加法と乗法を比べると，両方とも形式的には同じ交換法則，結合法則が成り立っている．

さらに，加法と乗法の双方にまたがる法則が成り立つ．それは分配法則である．

１日目に１本60円の鉛筆を５本，２日目に７本を買ったら，その代金は

$$60\times5+60\times7=300+420=720 \text{（円）}$$

となる．しかし，それらを１度に買ったら，本数は

$$5+7=12 \text{（本）}$$

であるから

$$60\times(5+7)=60\times12=720\ (円)$$

となる．

計算の道すじは違うが，答は同じになるはずで，これを式で書くと

$$a\times b+a\times c=a\times(b+c)$$

となる．これが**分配法則**である．

試みに分配法則を表す公式のなかで ＋ と × の記号を入れかえると，左辺と右辺はそれぞれ

$$(a+b)\times(a+c) \qquad a+(b\times c)$$

となるが，これらが等しいという法則は数については，成り立たない．

最後に自然数の加法と乗法について成り立つ法則をまとめて書いてみると，次のようになる．

| | 加　法 | 乗　法 |
|---|---|---|
| 交換法則 | $a+b=b+a$ | $a\times b=b\times a$ |
| 結合法則 | $(a+b)+c=a+(b+c)$ | $(a\times b)\times c=a\times(b\times c)$ |
| 分配法則 | $a\times(b+c)=a\times b+a\times c$ | |

これらの諸法則は自明なほど確かな法則であり，これからの議論の出発点になる重要な法則である．

## 4 整　数

自然数全体の集合 $\{1,2,3,4,\cdots\}$ をNとするとNはもちろん無限個の個数をもっている．つまり無限集合であるが，すでに述べたように

$$自然数+自然数=自然数$$
$$自然数\times自然数=自然数$$

となり，加法と乗法を自由に行なうことができる．つまり，答が自然数以外になる心配なしに＋と×の計算を行なうことができる．このようなとき，自然数の集合Nは加法と乗法に対して**閉じている**という．

しかし，加法の逆の計算である減法に対しては閉じていない．たとえば$2-3$は自然数とはならない．小学1年生なら，“引けません”と答えるだろう．

しかし，これでは都合が悪い．そこで，これまでになかった新しい数をつくり出すことにする．それは0とマイナスの数である．

自然数を目盛った直線（p. 16）上では，1から左のほうに無限に延長するのである（図1-3）．

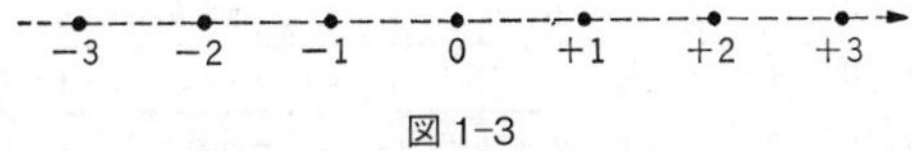


図1-3

こうしてつくった数が**負の数**（マイナスの数）と0であり，これに対して従来の数を**正の数**（プラスの数）という．従来の数は新しい数との違いを強調するために＋をつけて$+1, +2, +3, \cdots$と書くことが多い．$\{\cdots, -3, -2, -1, 0, +1, +2, +3, \cdots\}$を総称して**整数**という．整数の集合は加法・乗法に対してだけでなく，減法に対しても閉じている．

負の数が歴史上いつごろから登場してきたかといえば，もっとも古いのは中国の『九章算術』（続世界の名著 第1

巻「中国の科学」中央公論社）においてであり，西洋ではずっとおくれて12,3世紀になってからであったらしい．

負の数を考え出したのは，おそらく商人たちではなかったろうか．商人は職業上売ったり買ったり，貸したり借りたりをひんぱんにやらねばならないが，財産を正とすれば借金は負となるだろう．

したがってまた，正負の数を初めに考えるのには，財産と借金を手がかりにするのがいちばんよい．

まず正負の数のたし算を考えていこう．

たとえば

$$(+5)+(-3)$$

は，5（万円）の財産がある一方で3（万円）の借金があったとき，清算したらどうなるか，という問題にすれば結果は明らかであろう．2（万円）の財産となるから

$$(+5)+(-3) = +2$$

このように考えればよい．

しかし，もっとわかりやすく考えるにはトランプの札を利用するとよい．たとえばトランプの黒札をプラスとして，その数（印の数）だけの財産の権利書とみなすのである．同じようにトランプの赤札をマイナスとして，それはその数だけの借金の証文と考えようというわけである．（赤と黒は反対でもよい．ここでは黒字・赤字といった類推からこのようにした．）

そうするとまず明らかに

となる．つまり，財産同士，借金同士を合わせるには，そのまま額面をたせばよい．

だから，同じ符号の２数を加えるには，数字をたしたものにその共通の符号をつけておけばよい．

$$(+5)+(+3)=+8$$
$$(-5)+(-3)=-8$$

また

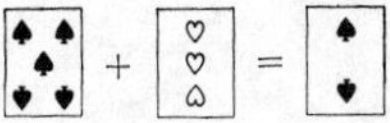

で，財産と借金を合わせると，キャンセル（相殺）し合って額面の差が残り，それに額面の大きい方の符号がつく．

だから，異なった符号の２数を加えるには，数字の差に，数字の大きい方の符号をつければよい．

$$(+5)+(-3)=+2$$
$$(-5)+(+3)=-2$$

正負の数では，符号を除いた数字の部分を**絶対値**といっている．財産の権利書や借金の証文でいえば，そこに書かれている額面が絶対値にあたる．

絶対値は同じで符号だけが違う２数は，互いに**反数**であるという．反数という言葉は明治時代に使われていたが，いまはあまり使われていない．しかしこの名称は理解を深めるのに便利なので，本書では使っていくことにする．

たとえば $+2, -4, +5, -10$ の反数はそれぞれ $-2, +4,$

−5, +10 である．明らかに，額面が同じ財産と借金を合わせると相殺し合って何もなくなる．

すなわち，ある数とその反数を加えると，答は0である．

$$(+1)+(-1)=0$$
$$(-2)+(+2)=0$$
$$(+3)+(-3)=0$$
$$\cdots\cdots\cdots\cdots$$

反数については明らかに次のことが成り立つ．

ある数の反数の反数はもとの数である．

直線上に並べると，反数は0に対して対称の位置に並んでいる．だから，0を中心にして直線を180°回転させると，反数同士が入れかわる．もちろん0の反数は0である．

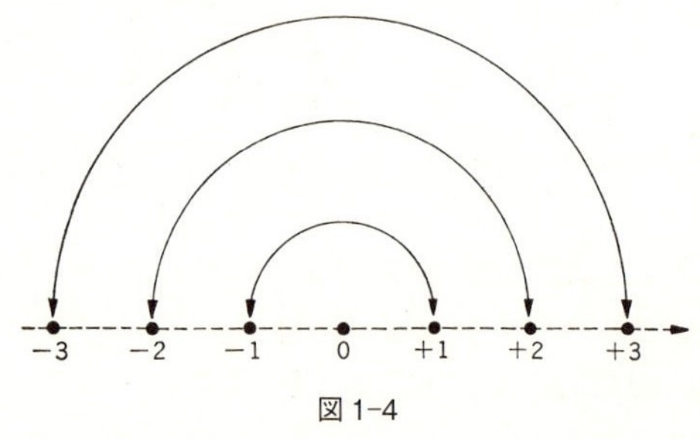


図 1-4

次にひき算に移ろう．ひき算はたし算よりはややむつかしい．

やはりトランプの札を使うと

はすぐわかる．つまり，同じ符号で，引かれる数の方の絶対値が大きければ，絶対値の差にその符号をつけておけばよい．

問題はそうでない場合である．たとえば，(+5)−(−3)を考えてみよう．

から (−3) を引くのであるが，この中には (−3) の印が含まれていないからこのままでは引こうにも引けない．そこで，何とか (−3) の印があるように工夫する．前にやった「反数同士合わせると 0 になる」ことを利用すると

としても同じことである．ここから (−3) の札を取り去ると

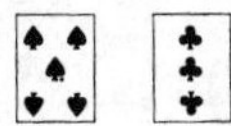

となり，結果的には，(+3) の札を加えたのと同じになり，答は (+8) になる．

これは，(−3) の札といっしょで死んでいた (+3) の札が，(−3) を取ったために生きかえったと考えることができる．つまり

$$(+5)-(-3) = (+5)+(+3) = +8$$

である.

(+3) の札を取る場合には同じく, (−3) の札が生きかえるから

$$(+5)-(+3) = (+5)+(-3) = +2$$

と考えることができる.

つまり, 負の数を引くことは結果的には, その反数である正の数を加えるのと同じになる.

一般的に言えば, ある数を引くにはその反数を加えればよい.

$$\cdots-(+3) = \cdots+(-3)$$

$$\cdots-(-3) = \cdots+(+3)$$

次にかけ算はどのように考えたらよいか. やはり, トランプの札で考えてみよう.

+3 は (+3) の札と考えて, その「2 枚を得る」ことを ×(+2) とする. そうすると (+3)×(+2) は (+3) の札を 2 枚得ることになるから, 結果は

$$(+3)\times(+2) = +6$$

となる. また (−3)×(+2) は (−3) の札 2 枚を得ることだから

$$(-3)\times(+2) = -6$$

となる.

また ×(−2) は 2 枚失うことだとすれば (+3)×(−2) は +3 の札を 2 枚失うことだから, 結果は

$$(+3)\times(-2) = -6$$

となる.

$(-3)\times(-2)$ は $(-3)$ の札を2枚失うことだから6の得になる. だから

$$(-3)\times(-2) = +6$$

一般的に言えば

$$\begin{cases} 正\times正=正 \\ 負\times正=負 \\ 正\times負=負 \\ 負\times負=正 \end{cases}$$

この式からみると, 正の数を掛けると掛けられる数の符号は変わらないが, 負の数を掛けると掛けられる数の符号は変わることがわかる.

だから, たくさんの正または負の数を掛け合わせるとき, 負の数が偶数個はいっていたら答は正, 負の数が奇数個だったら答は負である.

$$(+3)\times(-2)\times(+2)\times(-1) = +12$$
$$(-5)\times(+2)\times(-2)\times(-2) = -40$$

自然数に対して成り立っている加法と乗法の交換, 結合, 分配等の法則は整数に対しても成り立つであろうか.

これについてはやはり成り立つことがわかる. これは, 財産と借金によって意味づけても説明できる.

新しく0という数が入ってきたが, それについては $a$ がどんな数でも

$$a+0 = 0+a = a$$
$$a\times0 = 0$$

が成り立つ.

このように，整数は加法，減法，乗法に対して閉じている.

$$\begin{cases} 整数+整数=整数 \\ 整数-整数=整数 \\ 整数\times整数=整数 \end{cases}$$

## 5　整数論初歩

0と自然数（正の整数）は小学校の一年生でもわかるようなやさしい数であるし，小学校の算数は多くの時間をその計算練習にあてている.

しかし，整数のなかにある法則性を探究しようという立場からみると，そこには驚くほど不思議な法則が隠れていることに気づく．整数のなかにひそんでいる法則を探究する学問が**整数論**であるが，これからしばらくその初歩について述べてみよう.

前にも述べたように，整数の集合は $+$，$-$，$\times$ という3つの演算に対して閉じているが，$\div$ に対しては閉じていない．たとえば，$2\div3$ の答は整数にはならない．実はこの点に整数論の着眼点がある.

### 5.1　約　　数

$b\div a$（$a>0$）の答が整数のとき $b$ は $a$ で割り切れる，もしくは**整除**されるという．そしてそのとき，$b$ を $a$ の**倍数**,

またaをbの約数という．

一般にbをaで割ったとき，商が$q$，余りが$r$であるとすると

$$b=qa+r \quad (0 \leqq r < a)$$

bが負でないときこれを図示すると，bは

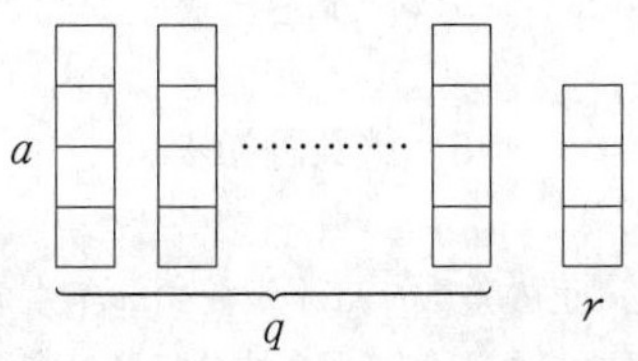


という形に書けるということである．

このときの余り$r$が0になるとき，bはaで整除されることになる．

正の整数aのすべての正の約数の集合をY(a)で表すことにする．

たとえば

$$\mathrm{Y}(1)=\{1\}$$
$$\mathrm{Y}(2)=\{1,2\}$$
$$\mathrm{Y}(3)=\{1,3\}$$
$$\mathrm{Y}(4)=\{1,2,4\}$$
$$\mathrm{Y}(5)=\{1,5\}$$
$$\cdots\cdots\cdots\cdots$$

である．aの約数は，aを超えないから，これらは無論有限集合である．

2つの正の整数 $a, b$ の共通の正の約数を**公約数**という.

集合の記号で書くと, $a$ と $b$ の正の公約数の集合は, $a$ の約数の集合 $\mathrm{Y}(a)$ と $b$ の約数の集合 $\mathrm{Y}(b)$ の共通集合

$$\mathrm{Y}(a) \cap \mathrm{Y}(b)$$

である.

たとえば, 8と12では

$$\mathrm{Y}(8) = \{1, 2, 4, 8\}$$
$$\mathrm{Y}(12) = \{1, 2, 3, 4, 6, 12\}$$

で, その共通集合は

$$\mathrm{Y}(8) \cap \mathrm{Y}(12) = \{1, 2, 4\}$$

これは, 4の約数の集合 $\mathrm{Y}(4)$ と同じである.

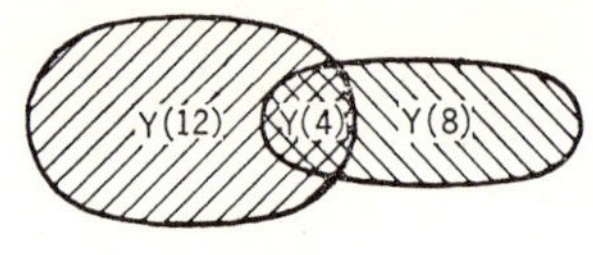


図 1-5

## 互除法

公約数の集合は有限集合だから, その中には最大のものがある. それを $a, b$ の**最大公約数**といい, $(a, b)$ で表す. 当然 $(a, b)=(b, a)$ である.

**定理1**　$b>a$ なら

$$(a, b-a) = (a, b)$$

**証明**　$c$ が $a, b$ の公約数であるとすると

$$a = a'c \qquad b = b'c \quad (a', b' \text{ は整数})$$

$$b-a = b'c-a'c = (b'-a')c$$

だから，$c$ は $b-a$ の約数にもなっている．つまり，$a, b-a$ の公約数になっている．

逆に $d$ が $b-a$ と $a$ の公約数であるとき

$$b-a = ed \qquad a = fd$$

となり

$$b = (b-a)+a = ed+fd = (e+f)d$$

だから，$d$ は $b, a$ の公約数ともなっている．

つまり，$a, b$ の公約数の集合と，$a, b-a$ の公約数の集合とは一致する．したがって $a, b$ の最大公約数と，$a, b-a$ の最大公約数とは等しいはずである．すなわち

$$(a, b) = (a, b-a)$$

（証明終）

以上のことを続けていくと

$$(a, b) = (a, b-a) = (a, b-2a) = \cdots = (a, b-qa)$$

ところが，$b=qa+r$ $(0 \leqq r < a)$ と表せることから $r=b-qa$ となるから

$$(a, b) = (a, r) \quad (0 \leqq r < a)$$

すなわち $a, b$ の最大公約数 $(a, b)$ は，$b$ を $a$ で割ったときの余り $r$ と除数 $a$ との最大公約数 $(a, r)$ に等しい．

さらに，この $r$ で $a$ を割ると

$$a = q_1 r + r_1 \quad (0 \leqq r_1 < r)$$

となり

$$(a, r) = (r_1, r) \quad (0 \leqq r_1 < r)$$

このようにして余りを互いに割っていくと，余りは

$$r > r_1 > r_2 > \cdots$$

と次第に小さくなって，遂には0となる．

$$(a, b) = (r_n, 0) = r_n$$

このときの最後の正の余り $r_n$ が $(a, b)$ の最大公約数となる．最大公約数を求めるこの方法を**互除法**とよんでいる．この方法は古代ギリシアから知られていた．

**例題 1**　(39, 90) を互除法で求めよ．

**解**

$$\begin{array}{r}
2 \\
39\overline{)\ 90} \\
78 \\
\hline
12
\end{array}
\qquad
\begin{array}{r}
3 \\
12\overline{)\ 39} \\
36 \\
\hline
3
\end{array}
\qquad
\begin{array}{r}
4 \\
3\overline{)\ 12} \\
12 \\
\hline
0
\end{array}$$

したがって $(39, 90) = 3$

この方法は，後に述べる素因数分解による方法より，素数を利用しないだけ，原理的には単純である．

**問**　互除法によって次の最大公約数を求めよ．

(32, 48)，(52, 84)，(63, 91)，(204, 512)

## 5.2 素　　数

次に素数について述べよう．

正の約数をちょうど2個もっている正の整数を**素数**という．たとえば

$$Y(2) = \{1, 2\}$$
$$Y(3) = \{1, 3\}$$
$$Y(5) = \{1, 5\}$$
$$\cdots\cdots\cdots\cdots$$

となるから，2,3,5,… は素数である．しかし

$$Y(1) = \{1\}$$

となるから１は素数ではない．

素数を発見するには単純で素朴な方法がある．それは素数でないものをふるい落としていく方法である．１から始めて正の整数を書き並べていく．そしてその下に空欄をつくっておく．

| 1 | 2 | 3 | 4 | 5 | 6 | 7 | 8 | 9 | 10 | 11 | 12 | 13 |
|---|---|---|---|---|---|---|---|---|---|---|---|---|
| | | | 2 | | 2 | | 2 | | 2 | | 2 | |

| 14 | 15 | 16 | 17 | 18 | 19 | 20 | 21 | 22 | 23 | 24 | 25 | … |
|---|---|---|---|---|---|---|---|---|---|---|---|---|
| 2 | | 2 | | 2 | | 2 | | 2 | | 2 | | … |

まず，１は素数でないが，その下は空欄のままにしておく．次の２は1,2以外の約数をもっていないから素数で，その下は空欄のままにしておく．

次に，この２の倍数の4,6,8,… の下の空欄に２を書き入れていく．

したがって，２を書き入れた数はもはや素数ではない．２の次に残っているのは３であるが，その３は２では割り切れないから，次の素数である．３の下は空欄のままとして，３の倍数6,9,12,15,18,… の下の空欄には３を書き入れる．

ただし，6, 12, 18, … の下にはすでに2が書いてあるから，それはそのままにして，9, 15, 21, … の下に3を書き入れる．

| 1 | 2 | 3 | 4 | 5 | 6 | 7 | 8 | 9 | 10 | 11 | 12 | 13 |
|---|---|---|---|---|---|---|---|---|---|---|---|---|
| | | | 2 | | 2 | | 2 | 3 | 2 | | 2 | |

| 14 | 15 | 16 | 17 | 18 | 19 | 20 | 21 | 22 | 23 | 24 | 25 | … |
|---|---|---|---|---|---|---|---|---|---|---|---|---|
| 2 | 3 | 2 | | 2 | | 2 | 3 | 2 | | 2 | | … |

ここで残った数のなかのもっとも小さい数は5であるが，5はそれより小さい数（≠1）では割り切れないから，次の素数である．そこでまた5の下は空欄のままとして5の倍数の下に5を書き入れていく．

| 1 | 2 | 3 | 4 | 5 | 6 | 7 | 8 | 9 | 10 | 11 | 12 | 13 |
|---|---|---|---|---|---|---|---|---|---|---|---|---|
| | | | 2 | | 2 | | 2 | 3 | 2 | | 2 | |

| 14 | 15 | 16 | 17 | 18 | 19 | 20 | 21 | 22 | 23 | 24 | 25 | … |
|---|---|---|---|---|---|---|---|---|---|---|---|---|
| 2 | 3 | 2 | | 2 | | 2 | 3 | 2 | | 2 | 5 | … |

この方法を続けていくと，どこまでも素数が求められる．これは素数でないものをふるい落としていく方法で，古代ギリシアの人エラトステネス（B.C. 275〜194）が発見したので「エラトステネスのふるい」とよばれている．

また，下の空欄に書きこまれた数は上の数の最小の素因数になっている．だから，この表を別名**約数表**ともいう．1から10万までの約数表は平山諦『東西数学物語』（恒星社厚生閣）の巻末に載っている．

## 5.3 素因数分解

2以上のすべての整数は1とそれ自身を約数（因数）としてもつが，素数はその2つの特別な約数以外には約数をもたない．素数でない数は，1とそれ自身以外の約数をもつ．その約数が素数でなかったら，またその約数を求めてそれを分解していく．これを続けていけば，どんな数も素数だけの積として書き表せるはずである．

**定理2** すべての正の整数は素数の積として書き表せる．

整数を素数の積に分けることを**素因数分解**という．それを具体的に計算するには，前につくった約数表が役に立つ．

**例題2** 18を素因数に分解せよ．

**解** 約数表で18の下にある数をみると2であるから，2が最小の素因数である．この2で18を割ると9.

9の下の数をみると3である．この3でまた9を割る．商の3は素数だから，ここでやめる．

$$\begin{array}{r} 2\underline{)18} \\ 3\underline{)\ 9} \\ 3 \end{array}$$

つまり，$18=2\cdot3\cdot3=2\cdot3^2$

**問** 1から100までの約数表をつくり，それを使って1から100までの数を素因数に分解せよ．

以上のようにすべて整数は素因数に分解できるが，その分解のしかたは1通りだろうか，それとも幾通りもあるのだろうか．これを確認するのはすこしむつかしい問題であるから，いくつかの準備が必要である．

## 5.4 数学的帰納法

その準備の1つとして数学的帰納法について説明しよう．たとえば，「1から始めて$n$（正の整数）個の奇数を次々加えていくと答は$n$の2乗になる．」という文を考えよう．「文」は主張とか命題とかいいかえてもよい．

この主張がすべての$n$に対して正しいかどうかは今のところはわからない．それはともかく，これは文中に$n$を含んだ主張であるから，それをS($n$)と書くことにする．S($n$)はふつうの文章で書いたものばかりではなく，記号を用いた数学の式でもよい．このS($n$)という主張がすべての$n$に対して正しいかどうかは，今のところはわからない．しかし，S($n$)という主張はすべての$n$に対してどうも真であるらしいという予想を立てて，それを証明してみようと思い立った人があったとしよう．そのときその人が使い得る方法の1つに**数学的帰納法**という証明法がある．

それは，次のようなものである．彼がもし次の2つのことを証明できたとしたら，彼は目的を達したというのである．

(A) S(1)は真である．

(B) $n\geqq 1$のときS($n$)が真であればS($n+1$)も真である．

以上の(A)，(B)が証明されれば，すべての$n$に対して

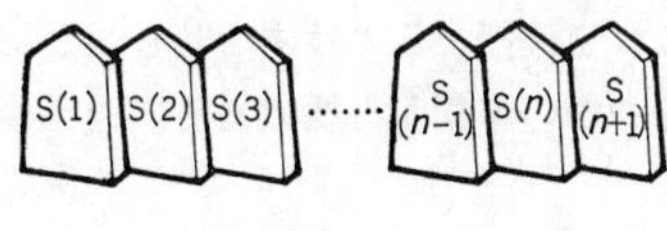


図 1-6

S($n$) は真になるというのである.

これは, あの将棋倒しの遊びに似ている.

S(1), S(2), … が将棋の駒のように並んでいるとしよう. ここで, $n \geqq 1$ のとき, 手前の S($n$) が倒れたらその次の S($n+1$) が倒れる［すなわち (B)］というように駒が並べてあったとしよう. 最初の S(1) を倒してやれば［すなわち (A)］, (B) で $n=1$ とすると, 手前の S(1) が倒れたのだから S(2) が倒れる. そこで (B) で $n=2$ とすると, 手前の S(2) が倒れたのだから S(3) も倒れる. 以下順ぐりに次々と S(4), S(5), … とすべての駒が倒れるはずだという論法である.

ここで「S($n$) が倒れる」を「S($n$) は真である」とおきかえると, そっくり数学的帰納法になる. 数学的帰納法を「将棋倒しの論法」と思っておけば, 覚えやすいだろう.

この論法の威力は S($n$) は真であると仮定して (まだ証明されていない), S($n+1$) が真であることを示すことによって, 全 S($n$) が真であることの証明ができるという点にある. (B) の S($n$) のことを「帰納法の仮定」ということがある.

しかし, S($n$) が真であるらしい, という予想を立てる段階では, この論法はあまり役に立たない. 予想を立てるのは他の方法によることが多い．

この数学的帰納法を使って初めに挙げた命題を証明してみよう．

（A）　$n=1$ のときは

$$1 = 1^2$$

だから，S(1) は真である．

（B）　S($n$) が真であるとすると，すなわち

$$\underbrace{1+3+\cdots+(2n-1)}_{n\text{ 個}} = n^2$$

が正しいとすると，両辺に次の奇数 $2n+1$ を加えると

$$\underbrace{1+3+\cdots+(2n-1)+(2n+1)}_{n+1\text{ 個}} = n^2+(2n+1) = (n+1)^2$$

となり，S($n+1$) もまた真である．

これで数学的帰納法で証明すべきことは完了した．だからすべての $n$ に対して，S($n$) は真であることがわかった．

「将棋倒しの論法」をふり返ってみると，(B) をすこし変えた次の形でも，数学的帰納法が使えることがわかる．

（A）　S(1) は真である．

（B）　S(1), S(2), …, S($n$) が真であれば，S($n+1$) も真である．

## 5.5　素因数分解の一意性

さてこの数学的帰納法を使って，素因数分解の一意性を証明してみよう．

**定理3** 3つの整数$a, b, c$について，$(a, b)=1$のとき，$bc$が$a$で整除されれば，$c$は$a$で整除される．

**証明** この主張をS$(a)$と書き，$a$に関する数学的帰納法で証明する．

(A) $a=1$のときは，どんな$b, c$に対してももちろん真である．

(B) S(1), S(2), …, S$(a-1)$までこの命題は真であると仮定する．

命題S$(a)$の仮定により，$(a, b)=1$で，$a$は$bc$を整除している．さて$b$を$a$で割って

$$b = qa+r \quad (0 \leqq r < a)$$

とすると

$$1 = (b, a) = (qa+r, a) = (r, a)$$
$$bc = (qa+r)c = qac+rc$$
$$rc = bc-qac$$

となる．$bc$は$a$で整除され$qac$はもちろん$a$で整除されるから，その差$rc$は$a$で整除される．だから

$$rc = ad \quad (d\text{は整数}) \tag{1}$$

と書ける．

$r \leqq a-1$で$(r, a)=(b, a)=1$，かつ$ad$は$r$で整除されるから，上の帰納法の仮定よりS$(r)$は真である．すなわち$d$は$r$で整除される．つまり

$$re = d \quad (e\text{は整数})$$

これを(1)に代入すると

$$rc = are$$

$r$ を約すると

$$c = ae$$

つまり $c$ は $a$ で整除される．つまり $\mathrm{S}(a)$ は真である．

すなわち，この命題はすべての $a$ に対して成立する．

（証明終）

**定理４**　2つの整数の積 $ab$ が素数 $p$ で割り切れるときは，因数 $a, b$ のうちどちらかが $p$ で割り切れる．

**証明**　$(a, p)$ は $p$ の約数であるから，$(a, p)=1$ または $p$ である．

$(a, p)=1$ なら，定理3より $p$ は $b$ を整除する．

$(a, p)=p$ なら明らかに $p$ は $a$ を整除する．　（証明終）

この定理は容易に多数の因数の場合に拡張できる．すなわち

「積 $abc\cdots l$ が素数 $p$ で割り切れれば，因数 $a, b, c, \cdots, l$ のうちどれかが $p$ で割り切れる．したがって，因数 $a, b, c, \cdots, l$ のどれもが $p$ で割り切れなければ，積 $abc\cdots l$ は $p$ で割り切れない．」

この定理を用いて素因数分解の一意性を証明することができる．

**定理５（素因数分解の一意性）**　正の整数はただ1通りに素因数に分解される．

**証明**　正の整数 $a$ が次のように素因数 $p_1, p_2, \cdots, p_n$ に分解されたとする．

$$a = p_1p_2p_3\cdots p_n$$

ここでは証明の都合上，$p_1 \geqq p_2 \geqq \cdots \geqq p_n$ と定めておく．

仮に $a$ がまた別の形に素因数分解されたとする．

$$a = q_1q_2\cdots q_m \quad (q_1 \geqq q_2 \geqq \cdots \geqq q_m)$$

このとき，$m=n$ で $p_1=q_1, p_2=q_2, \cdots, p_n=q_n$ となってくれれば証明は完了したことになる．

仮に，そうならなかったとしよう．そのとき $p_k \neq q_k$ となる最初の番号があるはずだから，それを $k$ としよう．それ以前の番号については，もちろん，$p_1=q_1, p_2=q_2, \cdots, p_{k-1}=q_{k-1}$ となっている．

$$a = p_1p_2\cdots p_{k-1}p_k\cdots p_n = q_1q_2\cdots q_{k-1}q_k\cdots q_m$$

だから，$p_1=q_1, p_2=q_2, \cdots, p_{k-1}=q_{k-1}$ で両辺を割ると

$$p_kp_{k+1}\cdots p_n = q_kq_{k+1}\cdots q_m \tag{1}$$

$p_k \neq q_k$ であるが，ここで $p_k > q_k$ としよう．

$$p_k > q_k \geqq q_{k+1} \geqq q_{k+2}\cdots \geqq q_m$$

(1) から，$q_kq_{k+1}\cdots q_m = q_k(q_{k+1}\cdots q_m)$ は $p_k$ で整除される．ところが $(p_k, q_k)=1$ だから，定理3によって $q_{k+1}\cdots q_m$ が $p_k$ で整除されなければならない．しかるに $(p_k, q_{k+1})=1$ だから，同じ論法で $q_{k+2}q_{k+3}\cdots q_m$ が $p_k$ で整除される．この論法を続けていくと，最後の $q_m$ も $p_k$ で整除されねばならない．これはもちろん $p_k > q_m$ だからあり得ない．したがって，$p_k \neq q_k$ となる番号 $k$ はどこにもあり得ない．したがって

$$p_1 = q_1, \ p_2 = q_2, \ \cdots, \ p_n = q_n \quad (n=m)$$

つまり，一意性が証明された．

初めに $p_k>q_k$ と仮定したが，$p_k<q_k$ のときは，$p$ と $q$ を入れかえてやればよい．　(証明終)

この一意性の定理はふつう証明なしで使われているが，数学である以上，証明した上で使ったほうがよい．

なお，上の証明で，証明すべき結論「$p_1=q_1, p_2=q_2, \cdots, p_n=q_n$ $(n=m)$」を否定して矛盾「$q_m$ が $p_k$ で整除される」を導いたが，一般にこのように，結論を否定して矛盾を導き出すことによって命題を証明する方法を**背理法**という．

# 6　有理数と無理数

## 6.1　有 理 数

前にも述べたように，負でない整数（0と自然数）は物の個数を表すためにつくられた．羊の数や石の数などはバラバラに離れているから，数えることによって，したがって1を次々に加えて得られる自然数で表されたのである．しかし，水のかさ（液量）とか棒の長さはそうはいかない．単位を決めて測らなければならない．

たとえば，ある棒の長さを1mを単位として測るということは，1mごとに区切ってその個数を求めることであるが，ぴったり整数になることは少なく，たいていは半端 $x$ がでる．その半端 $x$ まで測ろうとすると，どうしても単位を分割しないわけにいかない．

その1つの分割の仕方から，**分数**というものが生まれてくる．すなわち，半端$x$と単位の両方を測りきる共通の小単位$u$をみつけて，その$a$個分で単位に等しくなり，$b$個分で半端$x$になったとすると

$$1\,\mathrm{m} = au \qquad x = bu$$

であるから

$$u = \frac{1}{a}\mathrm{m} \qquad x = \frac{b}{a}\mathrm{m}$$

となって，半端$x$は分数$\dfrac{b}{a}$で表される．

$u$は，単位と半端$x$の公約数のようなものであるから，それをみつける1つの方法として，先に述べた整数のときの互除法を利用することもできる．すなわち，棒の長さを単位1mで測って2つ分とれて半端$x$が出たとして，その次は，その半端$x$で単位を測る．そこで2つ分とれてまた半端$y$が出たらさらにその新しい半端$y$で前の半端$x$を測る．

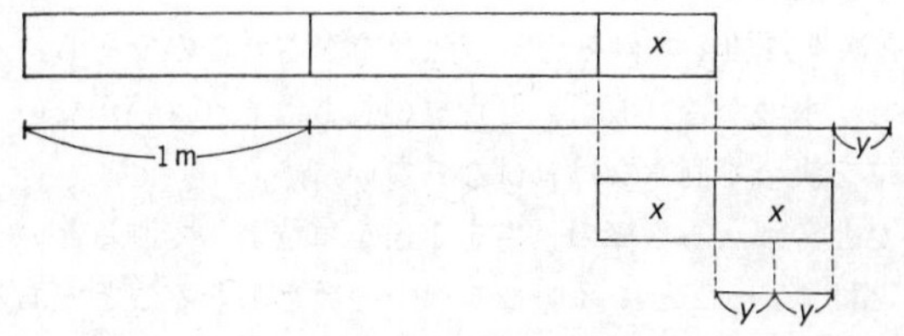


図1-7

そこで2つ分とれて測りきれたとすると

$$1\,\mathrm{m} = 5y \qquad x = 2\,y$$

であるから

$$y = \frac{1}{5}\mathrm{m} \qquad x = \frac{2}{5}\mathrm{m}$$

となる.

このようにして生まれてきたのが分数である.

正負の分数を総称して**有理数**という. 整数も（測り切れる場合として）有理数に含まれている.

整数は加法, 減法, 乗法に対して閉じていたが, たとえば, 2÷3 が整数にならないことからもわかるように, 除法に対しては閉じていない.

ある意味では, 除法に対しても閉じるようにするためにつくられたのが分数であるともいえる.

有理数は加法, 減法, 乗法, 除法という 4 つの演算——つまり四則——に対して（0 で割ることは除いて）閉じている.

$$\begin{cases} 有理数+有理数=有理数 \\ 有理数-有理数=有理数 \\ 有理数\times有理数=有理数 \\ 有理数\div有理数=有理数 \end{cases}$$

このように四則に対して閉じている数の集合を**数体**（すうたい）もしくは**体**（たい）という. 有理数のつくる体を**有理数体**という.

この「有理数」という言葉は, 少し説明しなければなるまい. この言葉は rational number の直訳であるが, これは $\frac{2}{3}$ が 2 : 3 のように 2 つの整数の比として表されるところから, 比（ratio）から, rational という言葉が使われたのである. rational の普通の意味は「合理的」とか「理性的」

という意味であるが，この数の意味を考えて訳せば「整比数」とでもすればよかったのであろう．

もともと有理数は半端のある連続量を表すために考え出された数であるから，直線上にマークすれば，整数のように間隔1で孤立しているわけではない．以下において，有理数が直線上にどのように分布しているかを見よう．

分母が2の分数は $\frac{1}{2}$ の間隔で並んでいる．

分母が3の分数は $\frac{1}{3}$ の間隔で並んでいる．

……………………………………………………

分母が100の分数は $\frac{1}{100}$ の間隔で並んでいる．

……………………………………………………

分母が1000の分数は $\frac{1}{1000}$ の間隔で並んでいる．

……………………………………………………

だから，直線上に，長さが $\frac{1}{1000}$ の区間を任意にとると，

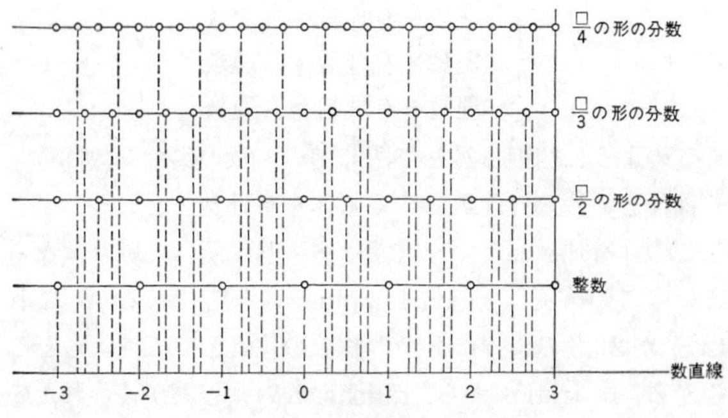


図1-8

1000より大きな分母をもつ分数が，かならずその区間のなかにはいってくる．だからどんなに短い区間をとっても，そのなかに有理数がはいってくる．そのようになっていることを，有理数は直線の上に**至るところ密**に分布している，という．

別の言葉で言えば，直線上にどんな点を選んでも，その近くに有理数が存在しているというわけである．

たとえば円周率の$\pi$をとっても，そのいくらでも近いところに

$$
\begin{aligned}
&3\\
&3.1=\frac{31}{10}\\
&3.14=\frac{314}{100}\\
&\cdots\cdots\cdots
\end{aligned}
$$

などの有理数が存在することがわかる．

このことを次のようにいい表すことができる．

「直線上の点はいくらでも精密に有理数で近似することができる．」

## 6.2 無理数

すでに述べたように，有理数は直線の上に至るところ密に分布している．いいかえれば，直線上の点は有理数でいくらでも精密に近似できる．このことから，直線上の点はすべて有理数になってしまうだろう，と考えたら，それは

早合点といわねばならない.

つまり直線の上には有理数では表せない点があるのである.

そのことを初めて発見したのは古代のギリシア人であった. 彼らは有理数にはすき間があることに気づいた. そのすき間に当たる数が**無理数**と呼ばれる数である.

しかも, それはごく手近のところにあったのである.

1辺が1の正方形があるとき, その対角線の長さが無理数なのである. この長さを$r$とすると, ピタゴラスの定理によって

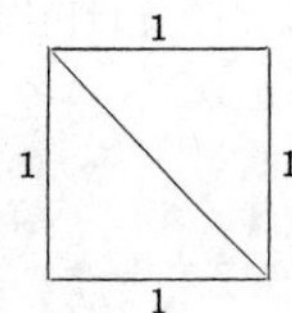


$$r^2 = 1^2+1^2 = 2 \qquad (1)$$

つまり, $r$は2乗すると2になるようなある数でなければならない. この$r$は有理数ではない.

このことを証明するには, 仮にこの$r$が有理数, つまり$\dfrac{整数}{整数}$であるとしたら, 何かおかしなことが起こるということを示せばよい. 前にも用いた背理法である.

いま

$$r = \frac{b}{a}$$

とおこう. ただし, $a, b$を正の整数とする. しかも分数$\dfrac{b}{a}$はすでに約分を完了したものとする. つまり, $a$と$b$は1以外の公約数をもっていないとする. これを$r^2=2$に代入すると

$$\left(\frac{b}{a}\right)^2 = 2$$

$$\frac{b^2}{a^2} = 2$$

$$b^2 = 2a^2$$

この式によると $b^2$ したがって $b$ は偶数でなければならない．なぜなら，奇数 $2n+1$ の 2 乗は

$$(2n+1)^2 = 4n^2+4n+1 = 2(2n^2+2n)+1$$

で，また奇数でなければならないからである．（ここでも背理法が使われている．）

そこで，$b=2c$（$c$ は整数）とおくと

$$(2c)^2 = 2a^2$$

$$2^2c^2 = 2a^2$$

$$2c^2 = a^2$$

この式をみると，$a^2$ したがって $a$ も偶数でなければならないことになる．そうなると，$a$ と $b$ が 1 以外の 2 という公約数をもつことになり，$a$ と $b$ が 1 以外の公約数をもたない，という最初の仮定に反する．

このようなおかしなことになったのは，$r$ が有理数であると仮定したからである．したがって，$r$ は有理数ではあり得ない．つまり無理数でなければならない．$r$ は 2 乗すると 2 になる正の数であるが，そのような数を 2 の（正の）**平方根**といい $\sqrt{2}$ で表す．

つまり $\sqrt{2}$ は無理数であるという結論になったのである．

ここで$\sqrt{2}$+有理数という数を考えると，これは有理数ではあり得ない．なぜなら，$\sqrt{2}$+有理数=有理数だったら

$$\sqrt{2} = \text{有理数} - \text{有理数}$$

となり，右辺は有理数体が減法に対して閉じていることから，有理数になるはずである．ところが$\sqrt{2}$は無理数であることがわかっているから，これは矛盾である．（ここにも背理法が使われている．）つまり$\sqrt{2}$+有理数は無理数である．こうなると無理数もやはり直線上の至るところ密に分布していることになる．

## 6.3 実　数

有理数のすき間である無理数もやはり1つではなく，至るところ密に分布していることがわかった．そこですき間を埋める（無理数をこれまでの有理数の集合に新しく加える）ことができたら，直線の点はみな有理数か無理数になる．

このようにして有理数と無理数とを合わせた集合をつくると，それは直線上の点を過不足なく表すことができる．それを**実数**というのである．

実数までくると，直線上の点と過不足なく対応することができる．

### 実数の完備性

実数のもつ重要な性質を挙げておこう．$a<b$のとき両

端 $a, b$ を入れた区間（閉区間）を $[a, b]$ で表す．

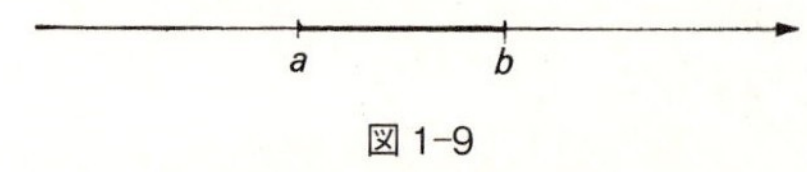


図 1-9

次のような無数の区間の列

$$[a_1, b_1],\ [a_2, b_2],\ \cdots,\ [a_n, b_n],\ \cdots$$

があり，どの区間も手前の区間に含まれているものとする．

集合論の記号で表すと

$$[a_1, b_1] \supset [a_2, b_2] \supset [a_3, b_3] \supset \cdots \supset [a_{n-1}, b_{n-1}] \supset [a_n, b_n] \supset \cdots$$

このとき，すべての区間に含まれる実数が少なくとも１つは存在するのである．一般にこのような性質をもつ（実数の集合のような）集合は**完備**であるという．もし区間の長さが一定の正の数より短くならないときは，すべての区間に含まれる実数は１つではなく無数に存在するはずである．

しかし，区間の長さが限りなく小さくなるときは，すべての区間に含まれる実数は１つ，しかもただ１つしか存在しない．

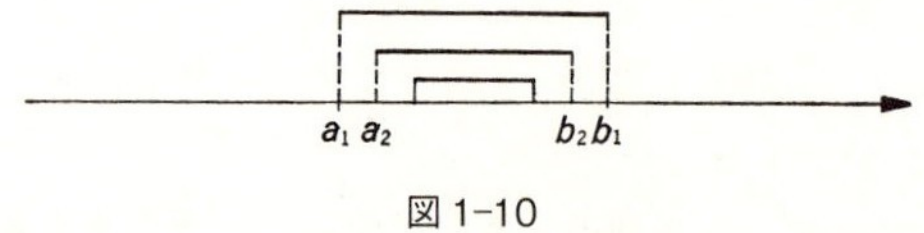


図 1-10

ここで注意しておきたいのは，有理数はこの性質をもっていないことである．

たとえば，先に証明したように $\sqrt{2}$ は無理数，つまり有理数ではなかった．

この $\sqrt{2}$ は計算すると

$$\sqrt{2} = 1.41421356\cdots$$

となっているが，このことから次のことがわかる．

$$a_1 = 1 < \sqrt{2} < 2 = b_1$$
$$a_2 = 1.4 < \sqrt{2} < 1.5 = b_2$$
$$a_3 = 1.41 < \sqrt{2} < 1.42 = b_3$$
$$\cdots\cdots\cdots\cdots\cdots\cdots\cdots\cdots\cdots$$

とすると，$a_1, b_1, a_2, b_2, \cdots$ はすべて有理数で $[a_1, b_1], [a_2, b_2], [a_3, b_3], \cdots$ という区間は前と同じく

$$[a_1, b_1] \supset [a_2, b_2] \supset [a_3, b_3] \supset \cdots$$

となっていて，しかもその長さは限りなく短くなっていく．だから，せいぜい1個の数しか含み得なくなる．ところがその1個は $\sqrt{2}$ であり，その $\sqrt{2}$ は有理数ではない．だからこれらのすべての区間に含まれる有理数は1つも存在しない．

有理数だけでは，そのところはすき間に当たっていることになって，有理数としては存在しないことになるのである．

つまり，有理数の集合は完備でないが，実数の集合は完備なのである．

したがって，有理数のすき間を埋めて，そのすき間に当たる無理数をつけ加えてより大きな実数の集合をつくることは，完備でない有理数を完備化することである．つま

り，実数の集合は有理数の集合の完備化によってつくり出された，といってよい．

### 有理数と無理数はどちらが多いか

有理数も無理数も直線上の至るところで密であるが，果たしてどちらが多いだろうか．

この問いはありきたりの意味ではナンセンスである．なぜなら，有理数も無理数も無限にあるし，両方とも無限にあるとき，どちらが多いかと問うても答はない，と考えるほかはない．

しかしカントル（1845～1918）という数学者は，あえてその問いに答えようとしたのである．

そのためには，2つの集合の個数が等しいか，大きいか，小さいかを判定する手段を具体的に決めておかねばならない．

たとえば，次のようなりんごとみかんの2つの集合

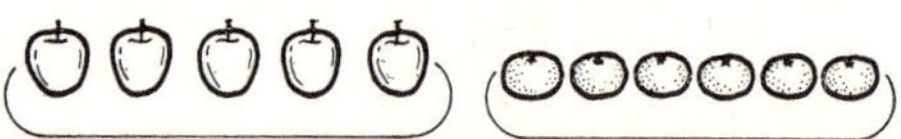

の個数を比べるには，1対1対応をつけてみればよい．この例ではりんごとみかんのあいだに1対1対応をつけてみると，みかんのほうに余りがでる．だからみかんの数がりんごの数より多いと判定することができる．双方に過不足がなかったら等しいし，りんごのほうに余りがあったら，りんごの数がみかんの数より多いと判定して差支えがない．

ここであげたりんごの集合もみかんの集合も有限集合であるが，カントルは大胆にもこの1対1対応という手段を，無限集合にも拡張して適用してみせたのである.

彼は数学にでてくるさまざまな無限集合の比較を行なった.

まず初めにでてくる無限集合は自然数の集合Nである.

$$N = \{1, 2, 3, \cdots\}$$

彼はいろいろの集合をNと比較してみた．たとえば正の有理数全体の集合とNを比べてみたが，意外にもそれらの多さは同じであった．つまり両者は過不足なく1対1対応をつけることができたのである.

そのために分数を図1-11のように配列してみた.

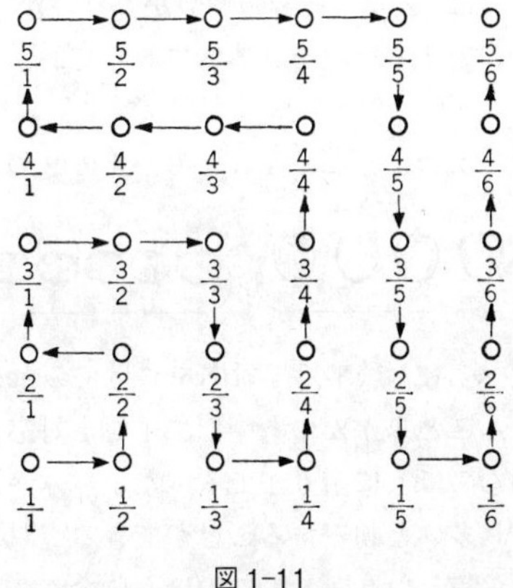


図1-11

このように配列して，その各点をうまく訪問していこうというのである.「うまく」というのは図 1-11 のようにジグザグに訪問していくことである. 出発点は 1 であるが $1\to\frac{1}{2}\to\frac{2}{2}\to$ となり $\frac{2}{2}$ という数は実質的には $\frac{1}{1}$ と同じだから, これはすでに訪問ずみと見なして, とび越していく. ここで, $n$ 番目に訪問した分数とこの $n$ という自然数を対応させると, 自然数の集合 N と正の有理数の集合は 1 対 1 対応をつけることができることがわかった. つまり 2 つの集合の要素の個数――これからは**濃度**とよぶことにする――は等しいことがわかった. 一般的にいって N と 1 対 1 対応のつけられる集合を**可算**もしくは**可付番**という.

可付番というのは 1, 2, 3, … という番号が付けられるからである.

自然数と有理数を直線上にマークしてみると, 自然数は 1 の間隔をもって「まばらに」あるのに, 有理数は至るところ密に存在していることから, 有理数のほうが自然数より文句なしに多いだろうと考える人が多いと思われる.

ところが, その予想はみごとに裏切られて, 両者の多さは等しいのである.

この考えを推しひろげて, N と実数全体の集合を比べてみよう. 2 つの多さはやはり等しいのだろうか. ところが, それは違うのである. つまりどんなうまい対応の仕方を工夫しても, 実数のほうに余りがでる. つまり実数のほうが有理数より「多い」のである.

このことを初めて証明したのも, やはりカントルであった. 彼は背理法を用いた.

まず，すべての実数，いいかえれば，直線上のすべての点と自然数とが1対1対応できたものと仮定してみよう．$n$ に対応する実数を $a_n$ と書くことにする．

$$a_1 \longleftrightarrow 1$$
$$a_2 \longleftrightarrow 2$$
$$a_3 \longleftrightarrow 3$$
$$\cdots\cdots\cdots$$
$$a_n \longleftrightarrow n$$
$$\cdots\cdots\cdots$$

この対応をもとにして区間の列をつくっていく．

まず $a_1, a_2$ を選び $a_1 < a_2$ とする．$a_1 > a_2$ のときは 1, 2 を入れ替えておく．ここで区間 $[a_1, a_2]$ をつくり，$[a_1, a_2]$ に含まれている $a_1, a_2$ 以外の実数 $a_n$ のなかで番号のいちばん小さいものを $a_{n_3}$ とする．$2 < n_3$ である．

そして区間 $[a_{n_3}, a_2]$ をつくる．

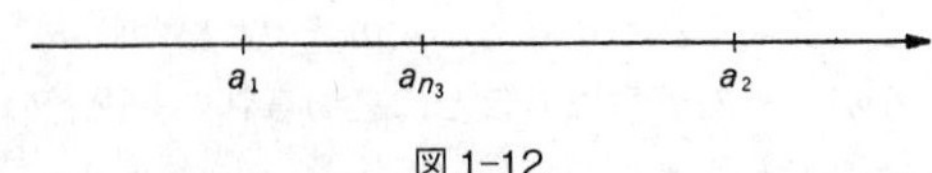


図1-12

次に $[a_{n_3}, a_2]$ の両端を除いた内部に含まれている実数 $a_n$ のうち，いちばん番号の小さなものを $a_{n_4}$ とし，区間 $[a_{n_3}, a_{n_4}]$ をつくる．$n_3 < n_4$ となっている．

この手続きを限りなくくり返していくと，次のような区間の列ができ，おのおのの区間は前の区間に含まれていて，番号 $n_k$ はどんどん大きくなる．

$$[a_1, a_2] \supset [a_{n_3}, a_2] \supset [a_{n_3}, a_{n_4}] \supset [a_{n_5}, a_{n_4}] \supset \cdots$$

$$n_3 < n_4 < n_5 < \cdots$$

図示すると，図 1-13 のようになっている．

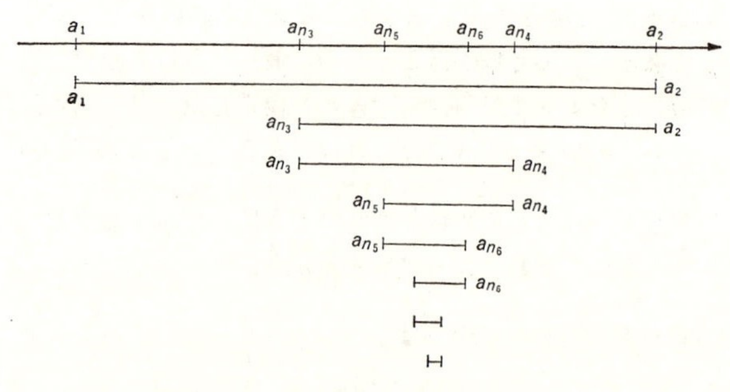


図 1-13

ここで，実数の完備性から，すべての区間に含まれている実数が少なくとも 1 つは存在する．これを $a_m$ とする．ところで，$a_m$ は区間 $[a_1, a_2]$ の内部に含まれていることから，その番号 $m$ は $n_3$ 以上のはずである．なぜなら $a_{n_3}$ は $[a_1, a_2]$ の内部に含まれている実数のなかで番号のいちばん小さいものだったからである．すなわち

$$n_3 \leqq m$$

次に，$a_m$ も $a_{n_4}$ も $[a_{n_3}, a_2]$ の内部に含まれていて，$a_{n_4}$ は番号のいちばん小さいものだったから

$$n_4 \leqq m$$

まったく同様にして

$$n_5 \leqq m$$

……

$n_3, n_4, n_5, \cdots$ はいくらでも大きくなる自然数であるのに，自然数 $m$ はそのどれよりも大きいことになる．そのような自然数 $m$ は存在しないはずである．これは明らかに矛盾である．この矛盾が起こったのは最初，実数の集合と自然数の集合とが１対１対応できると仮定したことにある．だからこの仮定は誤りでなければならぬ． （証明終）

**定理６** 実数と自然数とはどのようにしても１対１対応ができない．実数のほうにあまりがある．

しかも，実数のなかには

$$\{a_1, a_2, a_3, \cdots\}$$

という自然数と１対１対応のできる部分集合が含まれていることは確かだから，実数のほうが自然数より「多い」ということがいえるだろう．「多い」というのは上のような意味である．

カントルがこのことを初めて証明したのは1873年であったが，同じ無限といってもいろいろの違いがあることがわかったので，当時の数学に強い衝撃を与えた．

以上のことから，無理数が有理数より多いことがわかる．

なぜなら，無理数が有理数と多さが同じであるとすると，有理数も無理数も可算ということになって，自然数と１対１に対応づけられることになる．

$$\text{有理数の集合} = \{a_1, a_2, a_3, \cdots\}$$
$$\text{無理数の集合} = \{b_1, b_2, b_3, \cdots\}$$

そうすると，両方合わせた実数も

$$実数の集合 = \{a_1, b_1, a_2, b_2, a_3, b_3, \cdots\}$$

と１列に並べられて番号が付けられる，つまり可算ということになって，前のカントルの定理に反するからである．

だから，有理数と無理数の多さを比べると，無理数の方が多い．

# 7 複素数

## 7.1 虚　数

自然数から始まって，整数，有理数，…と数の世界を拡大していって実数までくると，直線上の点と過不足なく１対１対応ができる．そのことは連続量がすべて実数で表されることを意味する．したがって連続量の連続的な変化を研究する微分積分学は，実数の世界で初めて本格的に展開できるわけである．だから，数の世界を実数まで拡大すれば，もうそれ以上拡げる必要はないともいえる．

しかし，実数まででは数の世界はまだ狭すぎるのである．なぜなら，実数の世界では，まだ代数方程式が例外なく完全に解けるとはいえないからである．

すでに，２次方程式のなかに実数の根（解）をもたない方程式が存在する．そのような２次方程式のなかで，もっとも簡単なものは

$$x^2+1=0$$

であろう．

どのような実数──正でも負でも0でも──も2乗すれば負になることはない．だから

$$x^2+1 \geqq 1$$

であり，0には決してなり得ない．つまり，2次方程式

$$x^2+1 = 0$$

は，実数の中に根をもたないのである．

だから，ここで，「この2次方程式は根をもたない」といって，そこで終ってもいっこう差支えはない．しかし，数学という学問は別の方向をめざして発展する．それは数の世界の方を拡大して，その拡大された数の世界では「すべての2次方程式は根をもつ」となるようにしたい．

では，$x^2+1=0$ の根はどのような数なのであろうか．

$$x^2+1 = 0$$

であれば

$$x^2 = -1$$

となるから，$x$ は2乗して $-1$ になるようなある数なのである．このような数は実数ではないので，これを**虚数**とよぶ．

### 虚数の意味

ところで $-1$ はどのような数であろうか．任意の実数に $-1$ を掛けると，どのような数に変わるかをみよう．

$$0\times(-1) = 0$$

$$(+2)\times(-1) = -2$$

$$(+3)\times(-1) = -3$$

$$(-2)\times(-1) = +2$$
$$(-3)\times(-1) = +3$$
$$\cdots\cdots\cdots\cdots\cdots\cdots$$

つまり，$\times(-1)$という演算は，任意の実数をその反数に変える働きをもっていることがわかる．ただし，その際，0は0になる．

これを図形的に考えると，数直線を0を中心にして180°回転させることにほかならない．

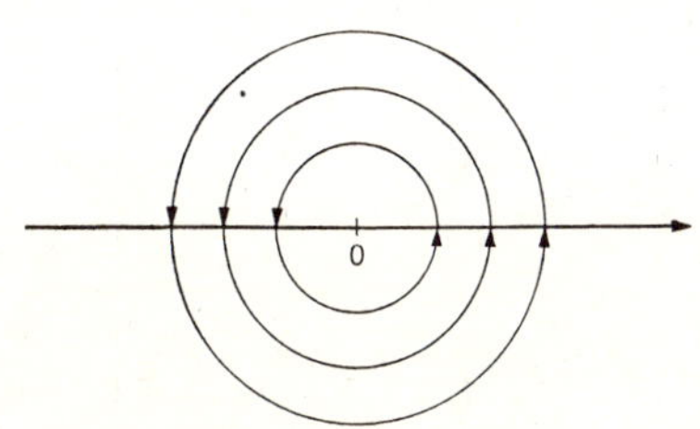


図 1-14

ところで$x^2=-1$だから，そのような$x$を$i$と書くことにすると，$\times(-1)$は$\times i^2$すなわち$\times i\times i$である．$\times i$がある角度の回転を意味するものとすれば，そのような回転を2回続けて行なうと，$\times(-1)$つまり180°回転になっているはずである．そのような回転は，いうまでもなく90°回転であろう．

つまり

$\times(-1)$……180° 回転
$\times i$………… 90° 回転

と考える.

こう考えると

$$(+1)\times i = +1i$$
$$(+2)\times i = +2i$$
$$\cdots\cdots\cdots\cdots$$
$$(-1)\times i = -1i$$
$$(-2)\times i = -2i$$
$$\cdots\cdots\cdots\cdots$$

であるから, 図 1-15 のようになり, $+1i, +2i, \cdots, -1i, -2i, \cdots$ は実数の数直線に垂直な直線上に並ぶ.

つまり, 1 が水平線上の単位であるのに対して, $i$ は鉛直線上の単位であると考えることもできる.

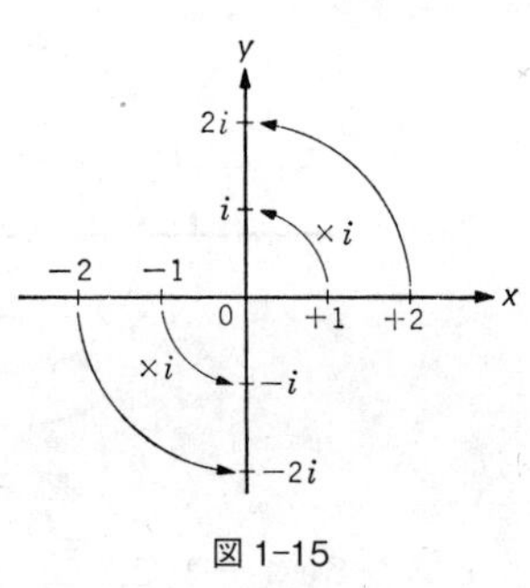


図 1-15

## 7.2　複素数とその計算

$a, b$ が実数であるとき, 平面上の $(a, b)$ という座標をもつ点は

$$z = a\cdot 1 + b\cdot i = a + bi$$

という数 $z$ を表すというのが自然であろう.

$a$ を $z$ の実部, $b$ を $z$ の虚部といい

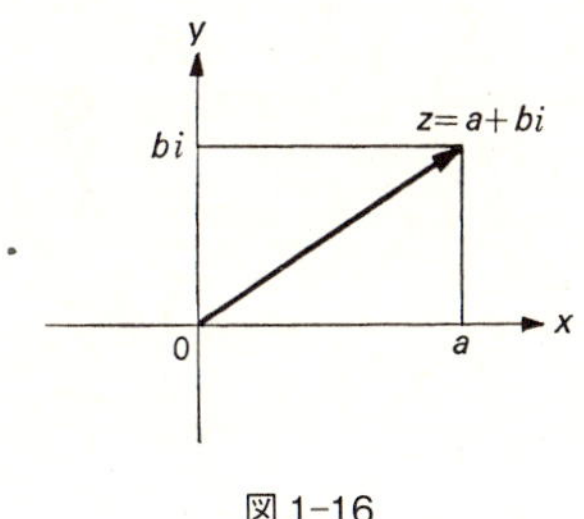


図 1-16

$$a = \mathrm{Re}(z) \qquad b = \mathrm{Im}(z)$$

で表す.

つまり，$z=a+bi$ という形の数は平面上の点で過不足なく表される．あるいはベクトル $\overrightarrow{0z}$ で表されると考えてもよい．このような形の数を**複素数**という．つまり，実数が水平線上の点あるいは直線上の有向線分で表されるのに対して，複素数は平面上の点あるいは平面上のベクトルで表される.

そのように平面上の各点が複素数を表すとみなしたときの平面を，このことを考えた数学者ガウス（1777〜1855）の名をとって，**ガウス平面**という.

## 複素数の加法と減法

2つの複素数 $z=a+bi$, $z'=a'+b'i$ を加えるには

$$z+z' = (a+bi)+(a'+b'i) = (a+a')+(b+b')i$$

つまり，実部同士，虚部同士を別々に加えればよい.

$$\mathrm{Re}(z+z') = \mathrm{Re}(z)+\mathrm{Re}(z')$$

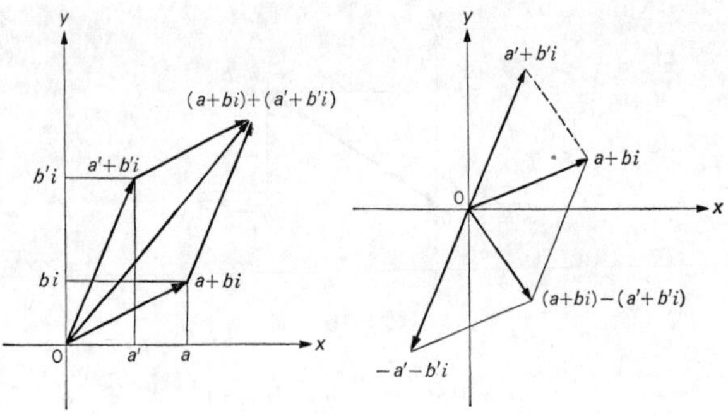


図 1-17

$$\mathrm{Im}(z+z') = \mathrm{Im}(z)+\mathrm{Im}(z')$$

これを図形的に考えると図 1-17 左のようになる．つまり 0, $a+bi$, $a'+b'i$ を 3 頂点とする平行四辺形の第 4 の頂点が $(a+bi)+(a'+b'i)$ に当たる．

2 つの複素数の差は

$$z-z' = (a+bi)-(a'+b'i) = (a-a')+(b-b')i$$

であるから，$a'+b'i$ の代わりに $-a'-b'i$ をつくって，それを加えればよい．つまり，0, $a+bi$, $-a'-b'i$ を 3 頂点とする平行四辺形の第 4 の頂点が，$(a+bi)-(a'+b'i)$ に当たる．これはまた点 $a'+b'i$ から点 $a+bi$ へのベクトルでも表される．

$$\mathrm{Re}(z-z') = \mathrm{Re}(z)-\mathrm{Re}(z')$$
$$\mathrm{Im}(z-z') = \mathrm{Im}(z)-\mathrm{Im}(z')$$

## 複素数の乗法

次に複素数の乗法を考えよう．その準備として，極座標を導入する．$a+bi$ の 0 からの距離 $r$ を $z=a+bi$ の**絶対値**と名づけ $|z|$ で表す．ピタゴラスの定理によって

$$r=|z|=|a+bi|=\sqrt{a^2+b^2}$$

とくに，$z=a$ が実数のときは

$$|a|=\sqrt{a^2}$$

となるが，これは，$a\geqq 0$ なら，平方根号が正の方を表すことから $a$ に等しいが，$a<0$ なら，$a=-a'$（$a'>0$）とおけるから $a'$ に等しくなる．

$$|a|=\begin{cases} a, & a\geqq 0 \text{ のとき} \\ a', & a=-a'<0 \text{ のとき} \end{cases}$$

これは $a$ から正負の符号を除いたもの，つまりその絶対値に等しい．

複素数の絶対値は，実数の絶対値の拡張である．

また，ベクトル $\overrightarrow{0z}$ の，水平線の右方向からの（時計の針と反対向きの）回転角 $\theta$ を $z=a+bi$ の**偏角**と名づけ $\arg z$ と書く．

$$\theta=\arg(a+bi)$$
$$=\tan^{-1}\frac{b}{a}$$

$$\begin{cases} a=r\cos\theta \\ b=r\sin\theta \end{cases}$$

$$a+bi=r\cos\theta+r\sin\theta\cdot i$$
$$=r(\cos\theta+i\sin\theta)$$

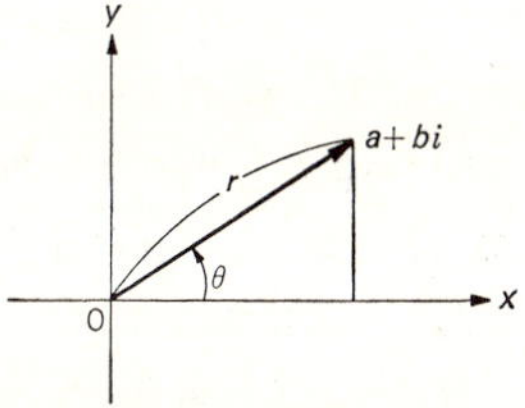

図 1-18

この右辺の形を $a+bi$ の**極形式**という．

とくに，$z=a$ が実数のときは，$a>0$ なら，$\theta=\arg a=0°$ であるから $\cos\theta+i\sin\theta=1+i\cdot 0=+1$ であるが，$a<0$ なら $\theta=\arg a=180°$ であるから $\cos\theta+i\sin\theta=-1+i\cdot 0=-1$ である．したがって

$$a=\begin{cases}|a|(+1), & a>0 \text{ のとき}\\ |a|(-1), & a<0 \text{ のとき}\end{cases}$$

となる．つまり，極形式の $\cos\theta+i\sin\theta$ の部分は，実数の場合のプラス，マイナスの符号の拡張になっている．

実数の場合には，一直線上に伸びているだけであったから，絶対値に正負の符号だけつけさえすれば，どちらの向きにあるか表せたが，複素数は2次元の数なので，その方角は360°ぐるりのうちどちらにもなりうるというわけである．

複素数の乗法を考えるためにまず，$\times i$ は図形的にどのような変化を与えるかを見よう．

$$(+1)\times i=+1\cdot i=i$$
$$(+i)\times i=i^2=-1$$
$$(-1)\times i=-1\cdot i=-i$$
$$(-i)\times i=-i^2=-(-1)=+1$$

図1-19の上では，4方向の単位 $(+1)$, $(+i)$, $(-1)$, $(-i)$ が $\times i$ によってそれぞれ0を中心に左まわりに90°ずつ回転したことになる．

次に一般の複素数 $z=a+bi$ に $i$ を掛けると

$$z\times i=(a+bi)\times i=ai+bi^2=ai+b(-1)$$

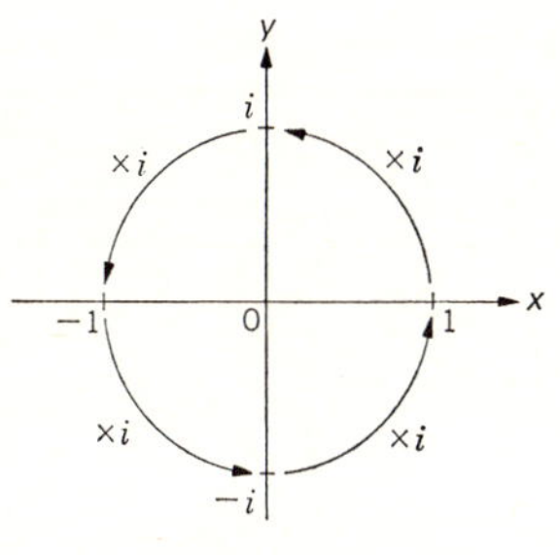


図 1-19

つまり，$0, a, z, bi$ を 4 頂点とする長方形は，0 を中心として 90° 回転されて，$0, ai, zi, -b$ を 4 頂点とする長方形へ移る（図 1-20）．だから，$\times i$ は $z=a+bi$ に対してもやはり同じ 0 を中心とする 90° 回転を引き起こす．

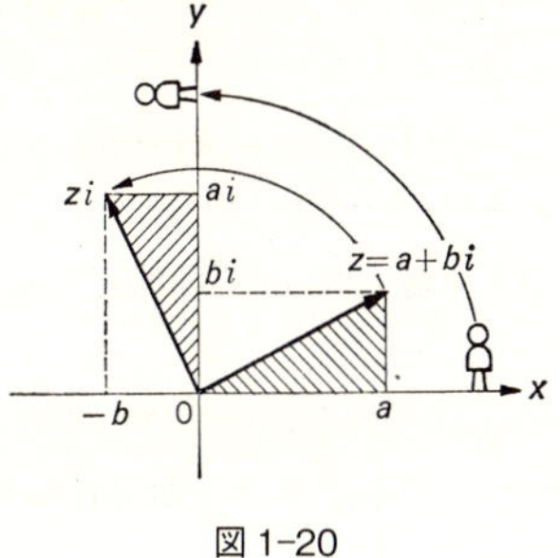


図 1-20

また $a'$ が実数であるとき，$a'$ が正ならば，$z=a+bi$ に $a'$ を掛けると

$$z\times a' = (a+bi)\times a' = aa'+ba'i$$

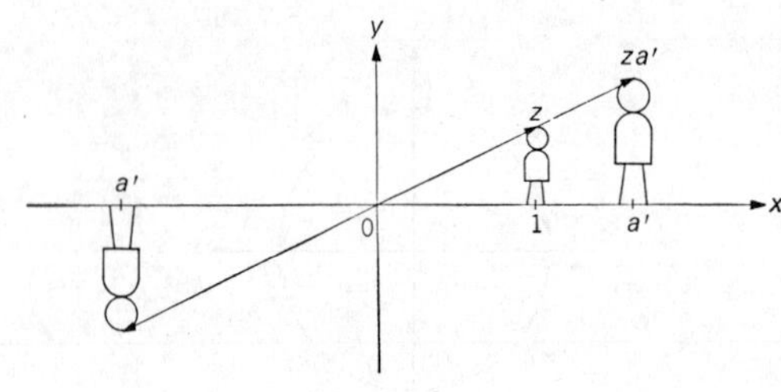


図 1–21

となるから，図形的には0を中心として，$z$ を放射線状に $a'$ 倍だけ伸縮することになる（図 1–21）．$a'$ が負ならば，$a'$ を掛けることは，$|a'|$ 倍の伸縮と0を中心とする180° 回転との合成になる．

次に，複素数 $z$ に複素数 $z'=a'+b'i$ を掛けると，$z$ にどういう変化を引き起こすだろうか．複素数の乗法に分配法則が成り立つべきだとすると

$$z\times z' = z\times a'+z\times b'i$$

であるから，積 $z\times z'$ は $z$ を放射線状に $a'$ だけ伸縮した $z\times a'$ と，$z$ を 90° 回転して $b'$ だけ伸縮した $z\times b'i$ を加えたものになる（図 1–22）．

だから，$0, a', z'$ のつくる直角三角形は $0, z\times a', z\times z'$ のつくる直角三角形と相似である（相似比は $|z|$ で，回転角は $\arg z$）．

したがって，$zz'$ と $z$ のなす角は $\arg z'$ に等しい．すなわち

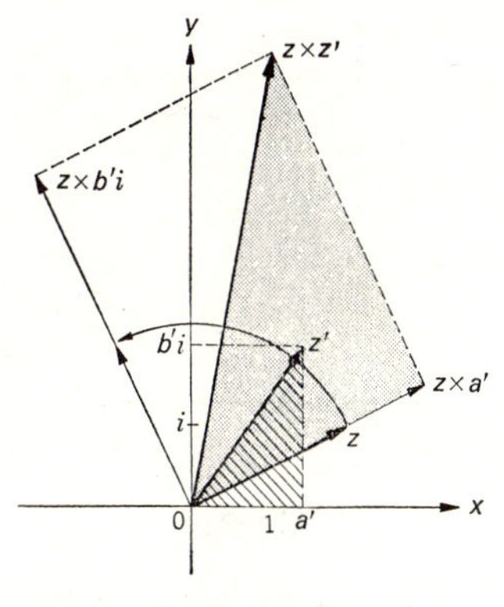


図 1-22

$$\begin{cases} |zz'| = |z||z'| \\ \arg(zz') = \arg z + \arg z' \end{cases}$$

以上のことをまとめると，$\times z'$（複素数 $z'$ を掛けること）は $|z'|$ 倍に放射線状に伸縮し，$\arg z'$ だけ回転することになる．もちろん伸縮と回転の順序は逆にしても同じである．だからひと言でいうと，$\times z'$ は「回わし伸ばし」（回転拡大）である（図 1-23）．

極形式で表すと，複素数の乗法はこのように簡単に表されるが，$a+bi$ の形ではどうだろうか．分配法則が成り立つべきだとしたから

$$z = a+bi \qquad z' = a'+b'i$$

のとき

$$zz' = (a+bi)(a'+b'i)$$

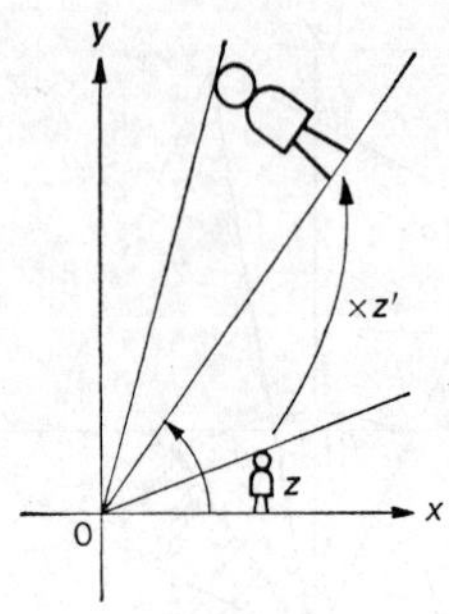


図1-23

$$= (a+bi)a'+(a+bi)b'i$$
$$= aa'+a'bi+ab'i+bb'i^2$$

$i^2=-1$ であるから

$$= (aa'-bb')+(ab'+a'b)i$$

となる．

つまり，積の実部は，因数の実部同士，虚部同士掛け合わせて引いたものになり，虚部は，因数の実部と虚部とを交叉して掛け合わせたものの和となる．

この乗法の法則を絶対値1の複素数に適用して sin, cos の加法定理を証明することができる．すなわち

$$z=\cos\theta+i\sin\theta \qquad z'=\cos\theta'+i\sin\theta'$$
$$zz'=(\cos\theta+i\sin\theta)(\cos\theta'+i\sin\theta')$$
$$=(\cos\theta\cos\theta'-\sin\theta\sin\theta')$$
$$+i(\sin\theta\cos\theta'+\cos\theta\sin\theta')$$

一方

$$\arg(zz') = \arg z + \arg z' = \theta + \theta'$$

であるから

$$zz' = \cos(\theta+\theta') + i\sin(\theta+\theta') \qquad (*)$$

両辺の実部と虚部を比較して，それぞれが等しいとすると

$$\begin{cases}\cos(\theta+\theta') = \cos\theta\cos\theta' - \sin\theta\sin\theta' \\ \sin(\theta+\theta') = \sin\theta\cos\theta' + \cos\theta\sin\theta'\end{cases}$$

もちろん，初めに sin，cos の加法定理を証明して，それを使って $\arg(zz')=\arg z+\arg z'$ を証明することもできる．

上の（＊）を使って

$$(\cos\theta + i\sin\theta)^n = \cos n\theta + i\sin n\theta$$

が証明できる．

## 共役複素数

$z=a+bi$ に対して虚部の符号だけを変えた $a-bi$ を $z$ の**共役複素数**といい，$\bar{z}$ で表す．

$$z = a+bi \qquad \bar{z} = a-bi$$

このことから

$$z+\bar{z} = 2a \qquad z-\bar{z} = 2bi$$

これらの式から

$$a = \frac{z+\bar{z}}{2} \qquad b = \frac{z-\bar{z}}{2i}$$

したがって

$$\mathrm{Re}(z)=\frac{z+\overline{z}}{2}\qquad \mathrm{Im}(z)=\frac{z-\overline{z}}{2i}$$

ガウス平面上では $z$ と $\overline{z}$ の実部は等しく，虚部は反数になっているから，$z$ と $\overline{z}$ は実軸を対称軸として線対称である．したがって

$$\begin{cases}|\overline{z}|=|z|\\ \arg\overline{z}=-\arg z\end{cases}$$

つまり，共役複素数にするという操作は，実軸に関して折り返すということである．

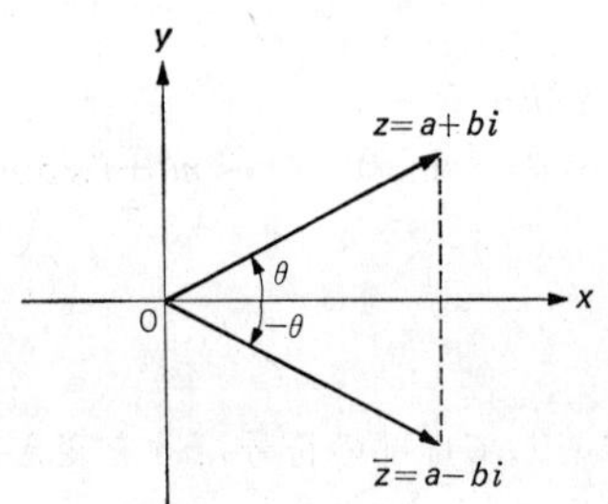


図1-24

したがって，$z+z', z-z', zz'$ などの作図を実軸に関して折り返すと，そっくり $\overline{z}+\overline{z'}, \overline{z}-\overline{z'}, \overline{z}\cdot\overline{z'}$ などの作図となる．いいかえると

$$\overline{z+z'}=\overline{z}+\overline{z'}$$
$$\overline{z-z'}=\overline{z}-\overline{z'}$$
$$\overline{zz'}=\overline{z}\cdot\overline{z'}$$

である．

これから，共役複素数にするという操作は，和・差・積を変えないことがわかる．このことは，直接の計算でも容易に確かめられる．

とくに

$$f(z)=a_0z^n+a_1z^{n-1}+\cdots+a_{n-1}z+a_n$$

の係数が実数であるとき

$$\begin{aligned}\overline{f(z)}&=\overline{a_0z^n+a_1z^{n-1}+\cdots+a_{n-1}z+a_n}\\&=\overline{a_0z^n}+\overline{a_1z^{n-1}}+\cdots+\overline{a_{n-1}z}+\overline{a_n}\\&=\overline{a_0}\cdot(\overline{z})^n+\overline{a_1}\cdot(\overline{z})^{n-1}+\cdots+\overline{a_{n-1}}\cdot\overline{z}+\overline{a_n}\end{aligned}$$

$a_0, a_1, \cdots, a_{n-1}, a_n$ が実数ならば

$$\overline{a_0}=a_0,\ \overline{a_1}=a_1,\ \cdots,\ \overline{a_{n-1}}=a_{n-1},\ \overline{a_n}=a_n$$

となるから

$$\overline{f(z)}=a_0(\overline{z})^n+a_1(\overline{z})^{n-1}+\cdots+a_{n-1}\overline{z}+a_n=f(\overline{z})$$

つまり，実数係数の多項式に対しては

$$\overline{f(z)}=f(\overline{z})$$

が成り立つ．

## 複素数の除法

次に，除法を説明しよう．$z$ の逆数 $\dfrac{1}{z}$ とは，$z$ と掛け合わせて1となる数であるが，$\dfrac{z\overline{z}}{z\overline{z}}=1$ であるから

$$z\cdot\frac{\overline{z}}{z\overline{z}}=1$$

したがって，この $\dfrac{\overline{z}}{z\overline{z}}$ が $z$ の逆数 $\dfrac{1}{z}$ である．

$z\overline{z}=|z|^2$ だから，これは $\dfrac{\overline{z}}{|z|^2}$ である．

$z=a+bi$ とすれば

$$\frac{1}{z}=\frac{\bar{z}}{|z|^2}=\frac{a-bi}{a^2+b^2}=\left(\frac{a}{a^2+b^2}\right)+\left(\frac{-b}{a^2+b^2}\right)i$$

だから，$z \neq 0$ ならば $a^2+b^2>0$ であるから $\dfrac{1}{z}$ は必ず存在する．

そのとき

$$\left|\frac{1}{z}\right|=\left|\frac{\bar{z}}{|z|^2}\right|=\frac{|\bar{z}|}{|z|^2}=\frac{|z|}{|z|^2}=\frac{1}{|z|}$$

$$\text{かつ}\ \arg\left(\frac{1}{z}\right)=\arg\bar{z}=-\arg z$$

であるから

$$\begin{cases}\left|\dfrac{1}{z}\right|=\dfrac{1}{|z|}\\[2ex]\arg\left(\dfrac{1}{z}\right)=-\arg z\end{cases}$$

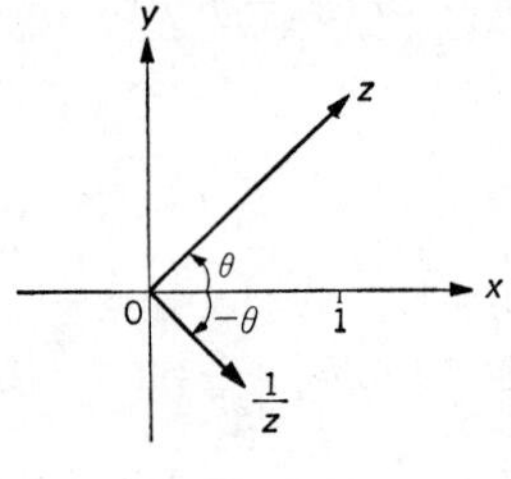


図 1-25

$\div z$ を $\times\dfrac{1}{z}$ と考えれば，$z \neq 0$ のときは $\div z$ は常に可能である．

いいかえると，複素数の集合は，加減乗除の四則で閉じている．つまりそれは１つの体をなす．これを**複素数体**という．

商に対して，絶対値と偏角は

$$\left|\frac{z}{z'}\right| = \left|z\cdot\frac{1}{z'}\right| = |z|\cdot\left|\frac{1}{z'}\right| = |z|\cdot\frac{1}{|z'|} = \frac{|z|}{|z'|}$$

$$\arg\left(\frac{z}{z'}\right) = \arg\left(z\cdot\frac{1}{z'}\right) = \arg z + \arg\left(\frac{1}{z'}\right)$$
$$= \arg z - \arg z'$$

となる．このあとの方の偏角の差はベクトル $\overrightarrow{0z'}$ から $\overrightarrow{0z}$ への回転角 $\theta$ を表していることに注意しておこう（図 1-26）．

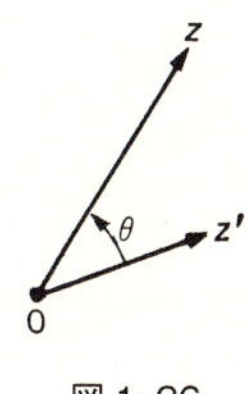


図 1-26

最後に

$$\overline{\left(\frac{1}{z}\right)} = \overline{\left(\frac{\overline{z}}{|z|^2}\right)} = \frac{\overline{z}}{|z|^2} = \frac{z}{z\overline{z}} = \frac{1}{\overline{z}}$$

$$\overline{\left(\frac{z}{z'}\right)} = \overline{z\times\frac{1}{z'}} = \overline{z}\times\overline{\left(\frac{1}{z'}\right)} = \overline{z}\times\frac{1}{\overline{z'}} = \frac{\overline{z}}{\overline{z'}}$$

である．つまり共役複素数にする操作は，商も変えない．

これを，以前の和差積を変えないことと総合すると，

$g(z)$ が実数の係数をもつ $z$ の分数関数ならば

$$\overline{g(z)} = g(\bar{z})$$

であることがわかる．

## 7.3　複素数の演算の法則

数の世界を複素数まで拡大したとき，その加減乗除の間にある諸法則はどうなるだろうか．

**加法の交換法則**　加法は，実部同士，虚部同士たせばよかった．

$$z+z' = (a+bi)+(a'+b'i) = (a+a')+(b+b')i$$

ここで $a, a', b, b'$ は実数である．実数では加法の交換法則はすでに成立しているから

$$= (a'+a)+(b'+b)i = (a'+b'i)+(a+bi)$$
$$= z'+z$$

**加法の結合法則**

$$(z+z')+z'' = \{(a+bi)+(a'+b'i)\}+(a''+b''i)$$
$$= \{(a+a')+(b+b')i\}+(a''+b''i)$$
$$= \{(a+a')+a''\}+\{(b+b')+b''\}i$$

実数の加法の結合法則によって

$$= \{a+(a'+a'')\}+\{b+(b'+b'')\}i$$
$$= (a+bi)+\{(a'+a'')+(b'+b'')i\}$$
$$= (a+bi)+\{(a'+b'i)+(a''+b''i)\}$$
$$= z+(z'+z'')$$

**乗法の交換法則**　乗法は，前に述べたように

$$zz' = (a+bi)(a'+b'i)$$
$$= (aa'-bb')+(ab'+a'b)i$$

となるが，実数の加法と乗法の交換法則によって

$$= (a'a-b'b)+(a'b+ab')i$$
$$= (a'+b'i)(a+bi)$$
$$= z'z$$

**乗法の結合法則**　同じように

$$\begin{aligned}(zz')z'' &= \{(a+bi)(a'+b'i)\}(a''+b''i)\\ &= \{(aa'-bb')+(ab'+a'b)i\}(a''+b''i)\\ &= \{(aa'-bb')a''-(ab'+a'b)b''\}\\ &\quad +\{(aa'-bb')b''+(ab'+a'b)a''\}i\\ &= (aa'a''-bb'a''-ab'b''-a'bb'')\\ &\quad +(aa'b''-bb'b''+ab'a''+a'ba'')i\\ &= \{a(a'a''-b'b'')-b(b'a''+a'b'')\}\\ &\quad +\{a(a'b''+b'a'')+b(a'a''-b'b'')\}i\\ &= (a+bi)\{(a'+b'i)(a''+b''i)\}\\ &= z(z'z'')\end{aligned}$$

**分配法則**　特殊な場合の分配法則はすでに仮定したが，一般にはどうだろうか．

$$\begin{aligned}z(z'+z'') &= (a+bi)\{(a'+b'i)+(a''+b''i)\}\\ &= (a+bi)\{(a'+a'')+(b'+b'')i\}\\ &= \{a(a'+a'')-b(b'+b'')\}\\ &\quad +\{a(b'+b'')+b(a'+a'')\}i\\ &= \{(aa'+aa'')-(bb'+bb'')\}\\ &\quad +\{(ab'+ab'')+(ba'+ba'')\}i\end{aligned}$$

$$\begin{aligned}
&= \{(aa'-bb')+(ab'+ba')i\} \\
&\quad +\{(aa''-bb'')+(ab''+ba'')i\} \\
&= (a+bi)(a'+b'i)+(a+bi)(a''+b''i) \\
&= zz'+zz''
\end{aligned}$$

以上のように加法，乗法の交換法則，結合法則と分配法則がそのまま成立する．だから，複素数の計算の法則は，形式的には有理数や実数と同じである．

## 7.4 複素数と図形の性質

複素数は平面上の点を表すから，複素数を使って平面図形のいろいろの性質を明らかにすることができる．

**例題3** 実数の場合と同じく，任意の2つの複素数に対して

$$|z+z'| \leqq |z|+|z'|$$

が成立する．

**解** 図1-27の三角形で，2辺 $z, z'$ の長さ $|z|, |z'|$ の和は第3辺 $z+z'$ の長さ $|z+z'|$ より小さくなることはないから

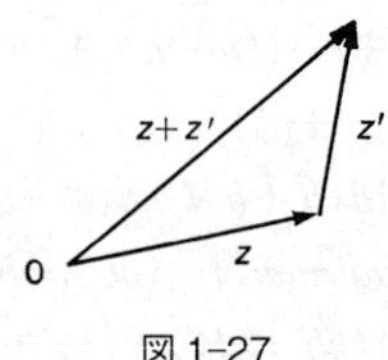


図1-27

$$|z+z'| \leqq |z|+|z'|$$

という不等式が常に成り立つ．等号が成り立つのは $z$ と $z'$ の偏角が等しい（$\arg z=\arg z'$）とき，またそのときに限る．

$z=a+bi$，$z'=a'+b'i$ とおいてこれを２乗すると，両辺とも負でないから

$$|z+z'|^2 \leqq |z|^2+|z'|^2+2|z||z'|$$
$$(a+a')^2+(b+b')^2 \leqq (a^2+b^2)+(a'^2+b'^2)+2|z||z'|$$
$$2aa'+2bb' \leqq 2|z||z'|$$
$$aa'+bb' \leqq \sqrt{a^2+b^2}\sqrt{a'^2+b'^2} \qquad (1)$$

が成り立つことがわかる．

ここで，$a'$ の代わりに $-a'$，$b'$ の代わりに $-b'$ を代入すると

$$-aa'-bb' \leqq \sqrt{a^2+b^2}\sqrt{a'^2+b'^2} \qquad (2)$$

も成り立つから

$$|aa'+bb'| \leqq \sqrt{a^2+b^2}\sqrt{a'^2+b'^2}$$

両辺を２乗すると

$$(aa'+bb')^2 \leqq (a^2+b^2)(a'^2+b'^2)$$

が，任意の実数 $a, b, a', b'$ に対して成り立つことがわかる．

ここで等号の成り立つのは，(1) か (2) で等号の成り立つとき，すなわち

$$\arg z = \arg z'$$

か

$$\arg z = \arg(-z') = \arg(-1)+\arg z' = 180°+\arg z'$$

いいかえると，$0, z, z'$ が同一直線上にあるとき，つまり

$$\frac{a}{a'} = \frac{b}{b'}$$

のとき，またそのときに限る．

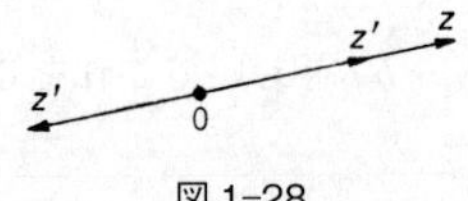


図 1-28

この不等式（三角不等式といわれる）

$$|z+z'| \leqq |z|+|z'|$$

で，$|z'|$ を移項すると

$$|z+z'|-|z'| \leqq |z|$$

$z+z'=z''$ とおくと，$z=z''-z'$ となるから

$$|z''|-|z'| \leqq |z''-z'|$$

改めて $z''$ を $z$ と書き直すと

$$|z|-|z'| \leqq |z-z'|$$

が得られる．

$z'$ の代わりに $-z'$ を用いると，$|z'|$ は変わらないから

$$|z|-|z'| \leqq |z+z'| \leqq |z|+|z'|$$

すなわち，「三角形の 1 辺の長さは他の 2 辺の長さの和と差の間にある」．

**例題 4**　平面上に 4 点 A, B, C, D があるとき，次の関係が成り立つ．

$$\mathrm{AD}\cdot\mathrm{BC}+\mathrm{AB}\cdot\mathrm{CD} \geqq \mathrm{AC}\cdot\mathrm{BD}$$

4 点が同一円周上にあるとき，またそのときに限って等号

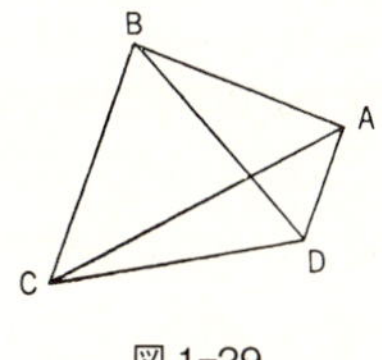


図 1-29

が成立する.

**解** その平面をガウス平面とし, D=0, A=$z_1$, B=$z_2$, C=$z_3$ とする. $z_1, z_2, z_3$ に対しては恒等的に

$$z_1(z_2-z_3)+z_2(z_3-z_1)+z_3(z_1-z_2)=0$$

が成り立つから

$$z_1(z_2-z_3)+z_3(z_1-z_2)=-z_2(z_3-z_1)$$

両辺の絶対値をとると

$$|z_1(z_2-z_3)+z_3(z_1-z_2)|=|-z_2(z_3-z_1)|$$

$$|z_1(z_2-z_3)|+|z_3(z_1-z_2)|\geqq|z_2(z_3-z_1)|$$

$$|z_1||z_2-z_3|+|z_3||z_1-z_2|\geqq|z_2||z_3-z_1|$$

$|z_1|=\mathrm{AD}$, $|z_2-z_3|=\mathrm{BC}$, $|z_3|=\mathrm{CD}$, $|z_1-z_2|=\mathrm{AB}$, $|z_2|=\mathrm{BD}$, $|z_3-z_1|=\mathrm{AC}$ であるからおきかえると

$$\mathrm{AD}\cdot\mathrm{BC}+\mathrm{AB}\cdot\mathrm{CD}\geqq\mathrm{AC}\cdot\mathrm{BD}$$

等号の成立するのは

$$\arg\{z_1(z_2-z_3)\}=\arg\{z_3(z_1-z_2)\}$$

のときだから

$$\arg z_1+\arg(z_2-z_3)=\arg z_3+\arg(z_1-z_2)$$

$$\arg(z_2-z_3)-\arg(z_1-z_2)=\arg z_3-\arg z_1$$

$$\arg(z_2-z_3)-\arg(z_1-z_2)=180^\circ-\angle\mathrm{ABC}$$

$$\arg z_3 - \arg z_1 = \angle \mathrm{ADC}$$

つまり，∠ADC は ∠ABC とは補角をなす．だから A, B, C, D は同一円周上にある．（これは平面幾何学でトレミー（Ptolemy）の定理といわれる定理である．）

複素数 $z, z'$ を結ぶ線分を $m:n$ に分ける点 $u$ は

$$\frac{u-z}{z'-u} = \frac{m}{n}$$

から

$$n(u-z) = m(z'-u)$$
$$nu - nz = mz' - mu$$
$$(m+n)u = nz + mz'$$
$$u = \frac{nz+mz'}{m+n}$$

と求められる．

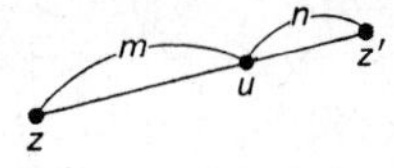


図 1-30

とくに，中点は $m=1$，$n=1$ とおいて

$$\frac{z+z'}{2}$$

になる．

**例題 5**　三角形の頂点からひいた 3 本の中線は 1 点で交わることを証明せよ．

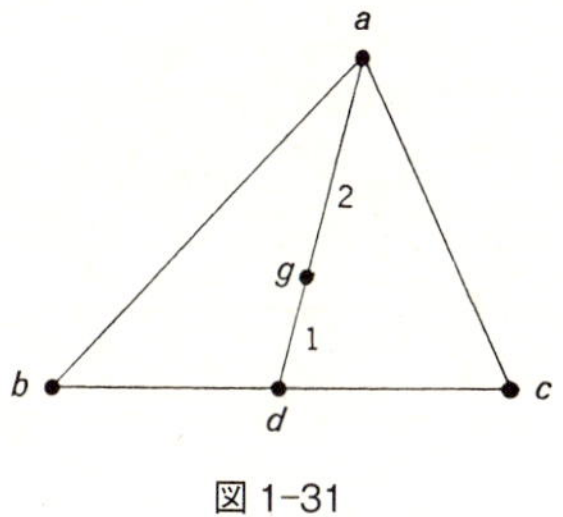


図 1-31

**解** 3 頂点を複素数 $a, b, c$ で表す．辺 $bc$ の中点 $d$ は $\dfrac{b+c}{2}$ であるが，$a$ と $d$ を結ぶ線分を 2：1 に分ける点 $g$ は

$$g = \frac{1 \cdot a + 2 \cdot \dfrac{b+c}{2}}{2+1} = \frac{a+b+c}{3}$$

となる．

同じく，辺 $ca$ の中点と $b$ を結ぶ線分を 2：1 に分ける点も，辺 $ab$ の中点と $c$ を結ぶ線分を 2：1 に分ける点もこの $g$ と同じになる．つまり，$a, b, c$ からひいた 3 本の中線は 1 点 $g$ で交わる．この点 $g$ を三角形の**重心**という．

**例題 6** 三角形の頂点から対辺に下した 3 本の垂線は 1 点で交わることを証明せよ．

**解** その三角形の外接円の半径を $r$，その中心を原点 0 とし，3 頂点を複素数 $a, b, c$ で表すと，$|a|=|b|=|c|=r$.

ここで $a+b+c=h$ とする．

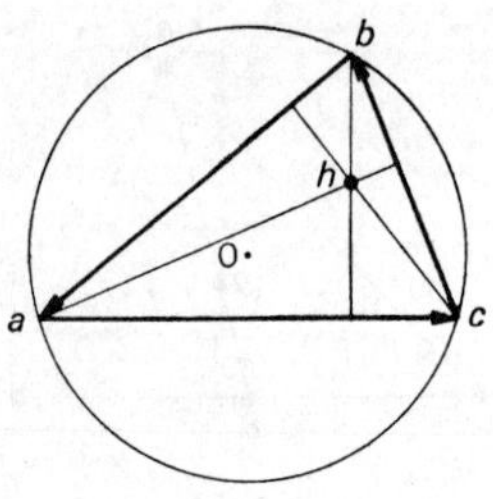


図 1-32

ここで$a-b$と$h-c=a+b$のなす角$\arg\dfrac{a-b}{a+b}$を求めてみよう.

$$\overline{\left(\frac{a-b}{a+b}\right)}=\frac{\bar{a}-\bar{b}}{\bar{a}+\bar{b}}=\frac{\dfrac{\bar{a}}{r^2}-\dfrac{\bar{b}}{r^2}}{\dfrac{\bar{a}}{r^2}+\dfrac{\bar{b}}{r^2}}=\frac{\dfrac{1}{a}-\dfrac{1}{b}}{\dfrac{1}{a}+\dfrac{1}{b}}$$

$$=\frac{\dfrac{b-a}{ab}}{\dfrac{a+b}{ab}}=\frac{b-a}{a+b}=-\frac{a-b}{a+b}$$

$\arg\dfrac{a-b}{a+b}=\theta$とすると

$$-\theta=\arg\overline{\left(\frac{a-b}{a+b}\right)}=\arg\left(-\frac{a-b}{a+b}\right)=180°+\theta$$

$$-2\theta=180° \qquad \theta=-90°$$

だから$a-b$と$h-c$は直交する.つまり点$b$から点$a$へのベクトルは点$c$から点$h$へのベクトルと直交する.

同じく $b-c$ と $h-a$ も，また $c-a$ と $h-b$ も直交する．

つまり，この $h$ が三角形の頂点から対辺に下した垂線の交わる点である．この点をその三角形の**垂心**とよんでいる．

なお，外接円の中心0は外心，［例題5］［例題6］より $\dfrac{a+b+c}{3}$ が重心，$a+b+c$ が垂心であるから

「三角形の外心，重心，垂心はこの順に一直線上にあって，重心は，外心と垂心を結ぶ線分を1：2に分ける」

ことがわかる．

## 8 数の拡大

自然数から複素数までの数の拡大の経路を表にすると次のようになる．

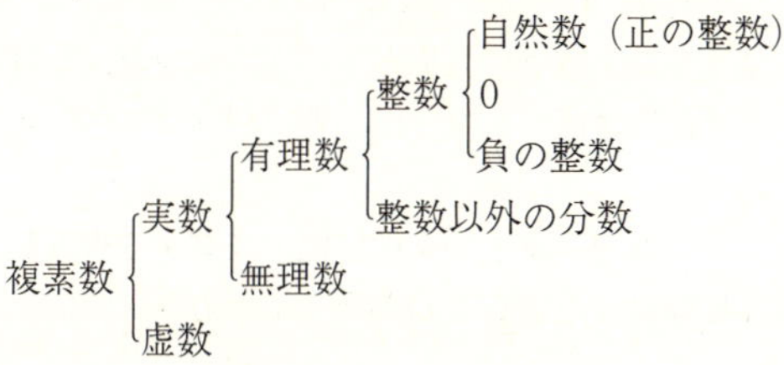


後（p. 254）で明らかになるが，複素数のなかでは，代数方程式が例外なく根をもつ．だから，ここまで拡大すれば代数学を展開するには十分である．

しかし，数学はこれでも満足しない．さらに拡大できな

いかどうかを探究する.

$a+bi$ という形の複素数は 1 と $i$ という 2 つの数を基(素)にして 実数×1+実数×$i$ という形をしているから複素数という名が生まれたのであるが, さらに多くの素をもつ数は考えられないだろうか.

$$実数\times e_1+実数\times e_2+\cdots+実数\times e_n$$

この形の数を初めて考えたのはハミルトン(1805~65)であった. 彼は, $1, i, j, k$ を 4 つの素とする次のような数を考えた.

$$a\cdot 1+b\cdot i+c\cdot j+d\cdot k$$

$a, b, c, d$ は実数で, $1, i, j, k$ は次のような乗法の法則をもっている.

$$1\cdot i=i\cdot 1=i \qquad 1\cdot j=j\cdot 1=j \qquad 1\cdot k=k\cdot 1=k$$

$$i^2=j^2=k^2=-1$$

$$ij=-ji=k \qquad jk=-kj=i \qquad ki=-ik=j$$

このような数を彼は四元数(しげんすう)とよんだ. このような数では乗法の交換法則は成立しないが, 他の法則はすべて成立する.

このような数で, 乗法の交換法則の成立する複素数より広い数体は存在しないことがわかっている.

## 練習問題 1

1 3点 $a, b, c$ が与えられたとき

(1)　$u=\dfrac{a-c}{b-c}$ という複素数の絶対値と偏角とは，それぞれ何を表すか.

(2)　$a, b, c$ が同一直線上にあるための条件は何か.

2　$\triangle abc$ と $\triangle a'b'c'$ がこの順に（正格に）相似であるための必要で十分な条件は

$$\frac{a-c}{b-c}=\frac{a'-c'}{b'-c'}$$

あるいは

$$\begin{vmatrix} a & a' & 1 \\ b & b' & 1 \\ c & c' & 1 \end{vmatrix}=0$$

であることを示せ.

3　4 点 $a, b, c, d$ が与えられたとき，それらが同一円周上にあるための必要で十分な条件は

$$u=\frac{a-c}{b-c}:\frac{a-d}{b-d}$$

が実数であることを示せ.

4　$a, b$ が複素数のとき

$$|a+b|^2+|a-b|^2=2(|a|^2+|b|^2)$$

が恒等的に成り立つことを示し，その幾何学的意味を述べよ.

5　4 つの複素数 $a, b, c, d$ に対して，恒等式

$$(|a|^2+|b|^2)(|c|^2+|d|^2)=|a\bar{c}+b\bar{d}|^2+|ad-bc|^2$$

が成り立つことを示し

$$a=x_1+x_2i \qquad b=x_3+x_4i$$
$$c=y_1+y_2i \qquad d=y_3+y_4i$$

とおいて，それを実数の間の恒等式に直せ.

6　3 点 $a, b, c$ が正三角形の頂点をなすための必要で十分な条件は

$$a^2+b^2+c^2-bc-ca-ab=0$$

である.

7 2点 $a, b$ を結ぶ直線を軸として，点 $c$ と線対称な点 $c'$ は

$$c' = \frac{b\overline{c}+a\overline{b}-\overline{a}b-\overline{c}a}{\overline{b}-\overline{a}}$$

となることを証明せよ.

8 $f(z)$ が $z$ についての実数係数の多項式であるとき，複素数 $\alpha$ が方程式 $f(z)=0$ の根であるならば，(i) $\overline{\alpha}$ も $f(z)=0$ の根であること，(ii) したがって実数係数の代数方程式では，虚根はつねに偶数個であること，(iii) とくに奇数次の実数係数の代数方程式は少なくとも1つの実根をもつこと，などを示せ.

# 2　組合せ論

## 1 順　　列

### 1.1　重複順列

1,2 という 2 個の数字だけでできている 3 桁の数はいくつあるだろうか．もちろんそのときは，111，222 のように同じ数字を繰返して使ってもよい．こういう問題は，でたらめに手をつけると，同じものを何回も出したり，また見落としたりするので，系統的にやるようにするとよい．

図 2-1 のような図を**樹形図**（tree）といって，この種の問題を考えていく上では便利である．

左から枝分れしていくのであるが，枝分れの数はいつも 2 である．この枝分れが 3 回あるから，最後の枝の数は

$$2 \cdot 2 \cdot 2 = 2^3 = 8$$

である．

$2^3$ という数の 3 は図 2-1 からわかるように空箱の数だし，2 は箱の中に入れるもの——この場合は数字——の個数である．

これが 1,2 という数字ではなく，0,1,2,3,4,5,6,7,8,9 という 10 個の数字すべてを使ってよいのだったら，3 桁の数

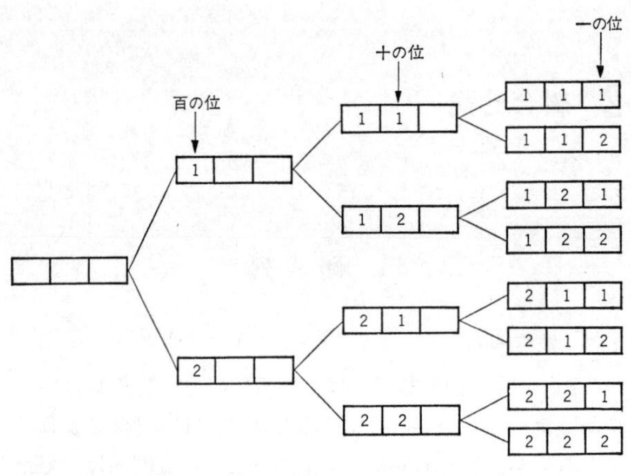


図 2-1

の総数は

$$10^3 = 1000$$

となる．ただし，2 桁の 35 も電話番号式に 035 と書くことにする．

**例題 1**　アルファベット 26 文字から 3 字をとって並べると，どれだけの並べ方（順列）ができるか．

**解**　3 つの箱に 26 文字を入れるのだから

$$26^3 = 17576$$

一般的にいえば，箱の数が $m$ で，中に入れるものの数が $n$ であるとき，順列の数は

$$n^m$$

となる．

この順列は，中に入れるものの重複を許すので**重複順列**という．

**例題2**　3桁の数で，奇数の数字だけからできている数はいくつあるか．

**解**　3桁だから箱の数は3個あり，奇数の数字は1,3,5,7,9の5個であるから

$$5^3 = 125$$

となる．

重複順列は，活字のように同じものを何回でも無制限に重複して使える場合に起こる．

**例題3**　$n$個のものの集合のすべての部分集合の個数は$2^n$である．

**解**　ある部分集合Aをとると，全体の集合の要素$a$がこの部分集合Aに属しているか属していないかのどちらかである．属しているときは，その要素$a$に○，属していないときは×をつけることにすると，全体の集合のすべての要素に○，×をつける仕方と，部分集合Aとは1対1に対応している．

$$\begin{matrix} \bigcirc & \times & \bigcirc & \bigcirc & \cdots & \bigcirc \\ 1, & 2, & 3, & 4, & \cdots, & n \end{matrix}$$

こうすると，問題は，1,2,3,…,$n$という箱に，○か×かの2つのものを入れるあらゆる仕方の数を求める問題となる．

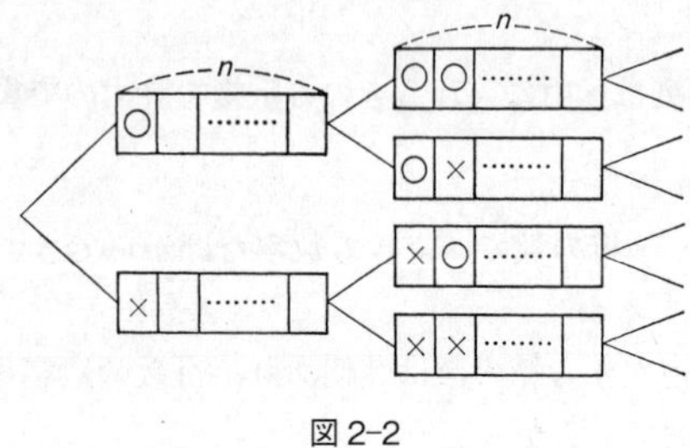


図 2-2

その樹形図は，図 2-2 のように，どこでも 2 本に枝分れしているので，○× を入れる仕方の数，すなわち部分集合の個数は $2^n$ 個である．

## 1.2　順　　列

次にいくらでも重複を許す重複順列よりは条件を厳しくして，中にはいるものの「重複を許さない」という条件をつけたら，どうなるだろうか．

たとえば，1, 2, 3, 4, 5 という番号のついた 5 個の椅子があって，そこに 1, 2 という背番号をつけた 2 人の人が坐るとしよう．そのとき，その坐り方の数は幾通りあるか．

座席の指定券[1]，[2]，[3]，[4]，[5]を配るとしよう．そのとき，2 人の人のほうを空箱と考えて，そのなかに指定券を入れるものと考えても同じである．

1 番目の箱には[1]から[5]までの指定券が自由にはいり得る．2 番目の箱には「重複を許さない」という条件があるか

I　　II

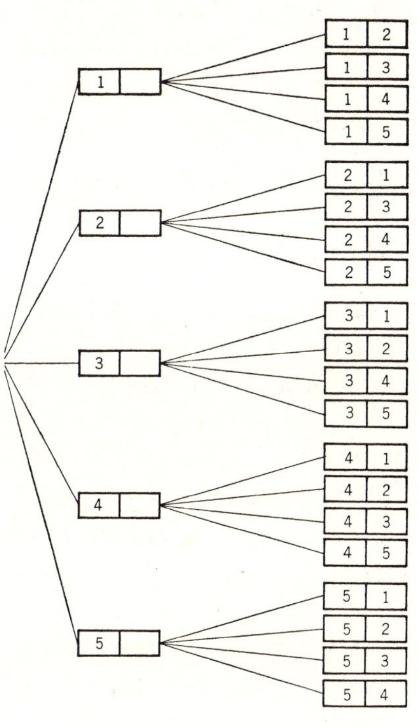


図 2-3

ら，1番目にはいった番号はもうはいれないから，残りは4枚しかない．

樹形図をかいてみると，図2-3のようになる．図2-3をみると，いちばん左では券の数が5，次は4だから

$$5\times 4 = 20$$

である．

**例題4** 4人の人が10個の椅子に坐るのには何通りあるか．

解 $10\times 9\times 8\times 7=5040$

一般に $m$ 個の場所に $n$ 個のものを重複を許さないで配布する仕方の数は

$$\boldsymbol{n(n-1)\cdots(n-m+1)}$$

である．

この数を ${}_n\mathrm{P}_m$ で表す．

$${}_n\mathrm{P}_m = n(n-1)\cdots(n-m+1)$$

とくに，$n=m$ のときは，これは $n$ 個のものを一列に並べる仕方の数で

$${}_n\mathrm{P}_n = n\cdot(n-1)\cdot\cdots\cdot 2\cdot 1$$

となる．この数を $\boldsymbol{n}!$ で表し，$n$ の**階乗**とよぶ．

この階乗の記号を使うと，順列の数 ${}_n\mathrm{P}_m$ は，$(n-m)!$ を分母と分子にかけて

$${}_n\mathrm{P}_m = \frac{n(n-1)\cdots(n-m+1)}{1}$$

$$= \frac{n(n-1)\cdots(n-m+1)\cdot(n-m)!}{(n-m)!}$$

$$= \frac{n!}{(n-m)!}$$

と書き直せる.

## 1.3 $n!$ の意味

$n$ の階乗，つまり，1 から $n$ までの整数を掛けた

$$1\cdot2\cdot3\cdot\cdots\cdot n = n!$$

という数は，数学のいろいろの場面に登場する重要な記号である．$n$ が決まると $n!$ が決まるからこれは $n$ のある関数であるといってもよい．そこでいま

$$f(n) = n!$$

と表すと

$$n! = n\cdot(n-1)\cdot\cdots\cdot2\cdot1 = n\cdot(n-1)!$$

であるから，この関数 $f$ は

$$f(n) = nf(n-1) \qquad (n \geqq 2) \qquad (1)$$

という関係を満たしている．

このように，整数 $n$ での関数の値を，$n$ より小さい $n-1, n-2, \cdots$ での値で表した式を，その関数の**漸化式**という．

漸化式 (1) をみたす関数 $f$ があったとすると，これを次々に使ってゆくと

$$\begin{aligned} f(n) &= nf(n-1) \\ &= n(n-1)f(n-2) \end{aligned}$$

$$\cdots\cdots\cdots\cdots$$

$$= n(n-1)\cdot\cdots\cdot 2\cdot f(1)$$

となる．だから，最初の値

$$f(1) = 1 \tag{2}$$

を決めてやれば

$$f(n) = n(n-1)\cdot\cdots\cdot 2\cdot 1 = n!$$

になる．この最初の値のことを**初期値**という．

つまり，階乗関数は，漸化式（1）と初期値（2）によって完全に定まる．

ところで，漸化式（1）が $n=1$ のときも正しいとすると

$$1 = f(1) = 1\cdot f(0)$$

となるが，これが成り立つためには

$$f(0) = 0! = 1$$

でなければならない．そうしてやれば，漸化式（1）は $n \geqq 1$ に対して有効で，初期値は $n=0$ から出発できることになる．

**例題5** 次の等式を証明せよ．

$$n! = (n-1)((n-1)!+(n-2)!)$$

**解**

$$\begin{aligned}
&(n-1)((n-1)!+(n-2)!) \\
&\quad = (n-1)(n-1)!+(n-1)(n-2)! \\
&\quad = n(n-1)!-(n-1)!+(n-1)! \\
&\quad = n(n-1)! = n!
\end{aligned}$$

この式は $(n-1)!$ と $(n-2)!$ とから $n!$ を算出する式で

あるから，やはり一種の漸化式である．

## 1.4　同じものを含む順列

いま，文字 $a_1$ が 2 個，$a_3$ が 1 個，$a_4$ が 3 個，$a_6$ が 2 個あるとき，これらを一列に並べる並べ方（順列）は何通りあるだろうか．このような並べ方を，**同じものを含む順列**という．

このような順列の数を求めるために，いま同じ文字がみな異なるものと考えて，$a_1, a_1$ を $a_1', a_1''$；$a_4, a_4, a_4$ を $a_4', a_4'', a_4'''$；$a_6, a_6$ を $a_6', a_6''$ と名前をつけると，この順列は

$$2+1+3+2=8\ (個)$$

の異なる文字の順列と同じになり，その総数は全部で 8! となる．

しかし，実際には同じ文字があるので，この中には同じ並べ方が生じてきて，求める順列の数は，これより少ない．求める順列の数を $k$ としよう．

どれだけ同じ並べ方が生じるかをじかに考えるのは厄介なので，反対に，求める順列の数 $k$ をどれだけ「ふくらませたら」総数 8! になるかを考えよう．

この $k$ 個の順列おのおのについて，まず 2 つある $a_1$ を $a_1', a_1''$ に区別すると 2! 通り，またそのおのおのについて 3 個の $a_4$ を $a_4', a_4'', a_4'''$ に区別すると，その順列の数 3! 通り，またさらにそのおのおのについて 2 個の $a_6$ を $a_6', a_6''$ に区別すると 2! 通りの異なった順列が生じる．たとえば

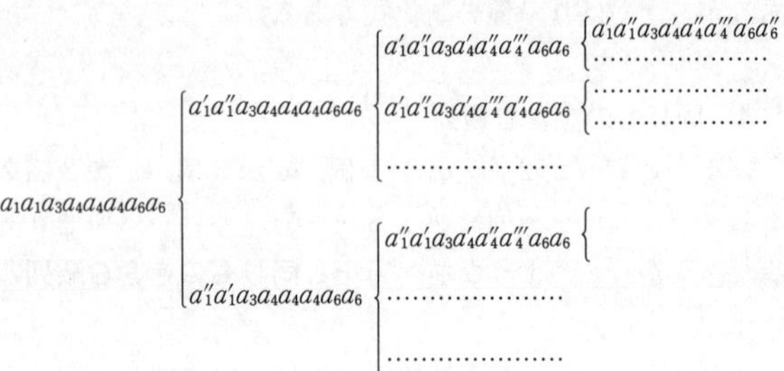

こうして，$k$ 個の求める順列のおのおのから

$$2!\times1!\times3!\times2!$$

ずつの順列ができ，それらを全部合わせると，8 個の異なる文字の順列が全部得られるから

$$k\times2!\times1!\times3!\times2!=8!$$

である．したがって

$$k=\frac{8!}{2!\times1!\times3!\times2!}$$

となる．

上の例では，文字 $a_2, a_5$ が含まれていないが，これをそれぞれ 0 個あると考えると，次のように一般化できる．

一般に，$n$ 個の文字のうち，$k_1$ 個, $k_2$ 個, …, $k_m$ 個がそれぞれ同じ文字であるときは，これらの文字の順列の数は

$$k=\frac{n!}{k_1!k_2!\cdots k_m!}$$

ただし，$k_1+k_2+\cdots+k_m=n$ で，$k_1, k_2, \cdots, k_m$ の中には 0 であるものが含まれていてもよい．

# 2 組合せとパスカルの数三角形

## 2.1 パスカルの数三角形

まず図 2-4 のような碁盤目状の街路があるとしよう.

左下の (0,0) の点を起点として，ここから，街の各交叉点にいくには幾通りの道があるかを考えてみよう．ただし道は一方通行で左から右へいくか，下から上にいくだけであるとし，右から左，上から下へいくことは禁止されているものとする.

たとえば (2,1) の点へいくには図 2-5 のように 3 通りの道があり，それ以外に道はない.

しかし，これが (4,3) の点などになると，上のように通路を 1 つ 1 つ列挙していく方法でもとにかく答は出るが，その労力はたいへんなものになる.

そこで，もっと「うまい」方法はないかということが問

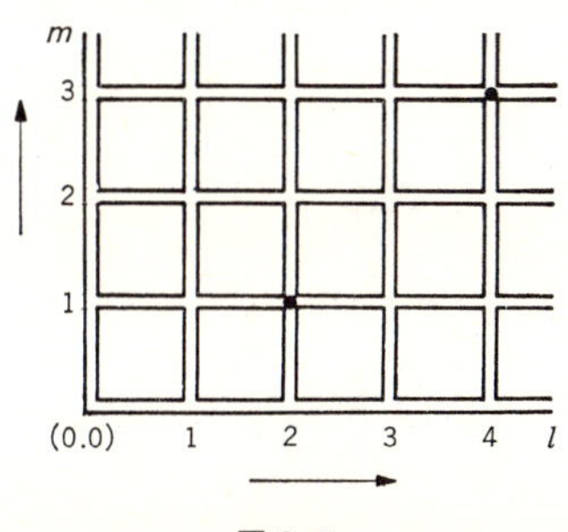


図 2-4

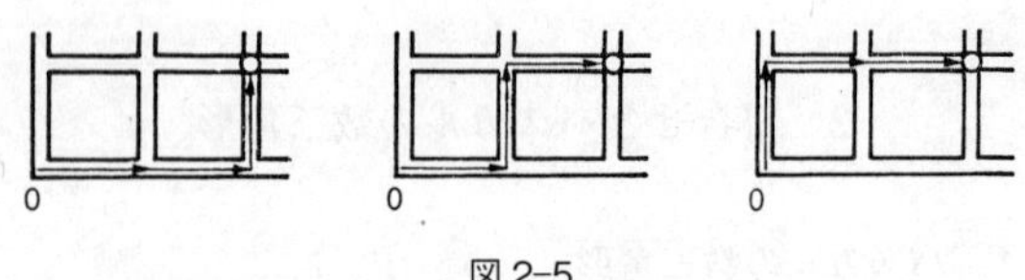


図 2–5

題になる.

まず一般的に街角の座標 $(l, m)$ とし，$(0,0)$ からこの点 $(l, m)$ にいく道すじの数を $(\!(l, m)\!)$ で表そう.

この定義からすぐわかることは，45° の傾きをもった線に対して条件は対称になっているから，$(\!(l, m)\!)$ と $(\!(m, l)\!)$ は等しいことである.

$$(\!(l, m)\!) = (\!(m, l)\!)$$

また，最下段の水平線上の点，つまり $m=0$ では，そこにいく道は1通りだけだから

$$(\!(l, 0)\!) = 1$$

同じように最も左の鉛直線上の点，つまり $l=0$ の点でもやはり

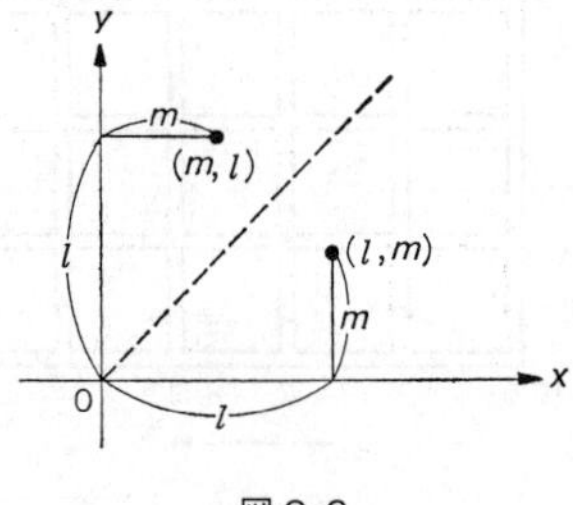


図 2–6

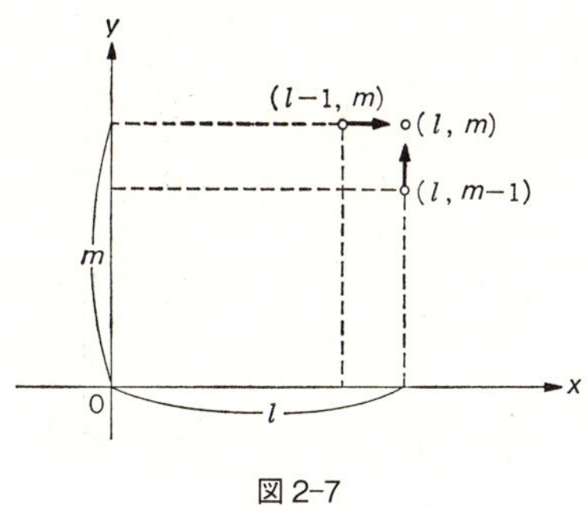


図 2-7

$$⟪0, m⟫ = 1$$

である．

ここで，$(l, m)$ の点にいく道はその直前に必ず $(l, m-1)$ の点か，または $(l-1, m)$ の点を通っていかねばならない（図 2-7）．

この2つの通り方は重複していないから

$$⟪l, m⟫ = ⟪l, m-1⟫ + ⟪l-1, m⟫$$

となっていなければならない．

だから，1つ手前の $⟪l, m-1⟫$ と $⟪l-1, m⟫$ とを知ることによって，その次の $⟪l, m⟫$ を求めることができる．

このようにつくられた数を書き並べると，図 2-8 のようになる．

(0, 0) を頂点にしてこの表を上からぶら下げたものが，**パスカルの数三角形**である（図 2-9）．

パスカルの数三角形は上述のつくり方からわかるように

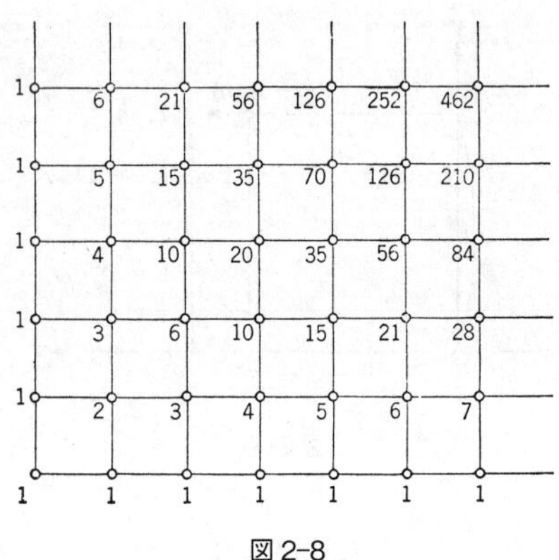


図 2-8

(1) どの行も左右の両端は1である．($\langle\!\langle l, 0\rangle\!\rangle = \langle\!\langle 0, m\rangle\!\rangle = 1$)

(2) 同じ行の隣り合った2つの数を加えると，それらの斜め下の数になる．($\langle\!\langle l, m-1\rangle\!\rangle + \langle\!\langle l-1, m\rangle\!\rangle = \langle\!\langle l, m\rangle\!\rangle$)

という性質をもっている．

第1行は1だけで，これは

$$(a+b)^0 = 1$$

の係数である．第2行の1,1は

$$(a+b)^1 = a+b$$

の係数になっている．また，第3行，第4行はよく知られた公式

$$(a+b)^2 = a^2+2ab+b^2$$

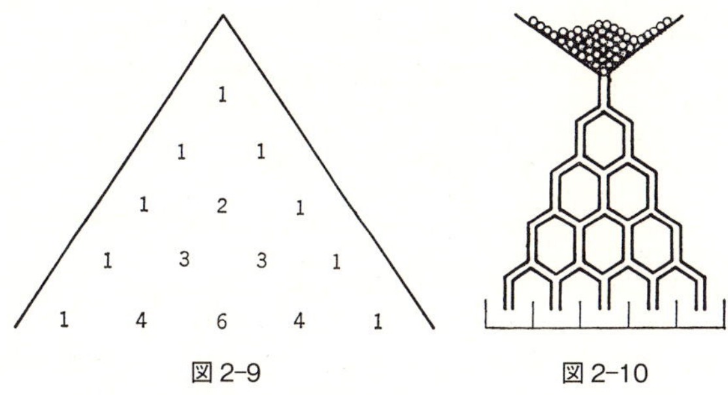


図 2-9　　図 2-10

$$(a+b)^3 = a^3+3a^2b+3ab^2+b^3$$

の係数と一致している.

また, 図 2-10 のような亀甲型の通路をつくって, 上から何かの粒を流したとすると, 下に集まる量はそこへくる道の数

$$\binom{4}{0},\ \binom{4}{1},\ \binom{4}{2},\ \binom{4}{3},\ \binom{4}{4}$$

すなわち

$$1,\ 4,\ 6,\ 4,\ 1$$

という割合になるだろう.

もし, 上から落ちてくる粒の量を 1 とすると, 分かれ目で $\frac{1}{2}$ ずつになり, 下に落ちたときは

$$\frac{1}{2^4},\ \frac{4}{2^4},\ \frac{6}{2^4},\ \frac{4}{2^4},\ \frac{1}{2^4}$$

であり小数で表すと

$$0.0625,\ 0.25,\ 0.375,\ 0.25,\ 0.0625$$

となる．これを適当に切上げ切捨てすると，だいたい

$$0.07,\ 0.24,\ 0.38,\ 0.24,\ 0.07$$

となり，パーセントにすると

$$7\%,\ 24\%,\ 38\%,\ 24\%,\ 7\%$$

となる．これは学校で行なわれている5段階相対評価の点数の分配率と一致している．

確率論には，2項分布の極限が正規分布に近づくという定理があるが，$n=4$ としたときにもうだいたい，正規分布を5段階に分けた比率に近い値が得られるというのはおもしろいことである．

原点 $(0,0)$ から点 $(l,m)$ へゆく道の数が $\langle\!\langle l,m \rangle\!\rangle$ であったが，その道のりは，右へ $l$ だけ，上へ $m$ だけゆくから

$$n = l+m$$

である．そこで

$$\binom{n}{m} = \langle\!\langle l,m \rangle\!\rangle$$

とも表すことにしよう．そうすると，パスカルの数三角形の性質は

(1) $\binom{n}{0}=\binom{n}{n}=1$

(2) $\binom{n}{m}=\binom{n-1}{m}+\binom{n-1}{m-1}$

と，記号 $\binom{n}{m}$ の性質にいい直せる．

**例題6** 次の式を証明せよ．

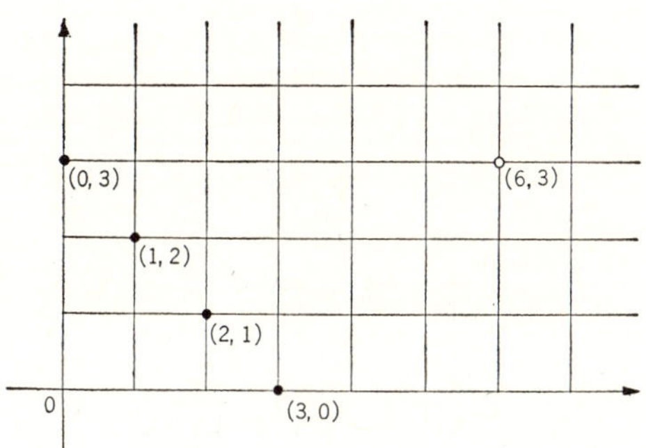


図 2-11

$$\binom{m}{k}\binom{n}{0}+\binom{m}{k-1}\binom{n}{1}+\cdots\cdots+\binom{m}{0}\binom{n}{k}=\binom{m+n}{k}$$

ただし，$k>n$ のときは $\binom{n}{k}=0$ とする．

**解**　図 2-11 のように左下の原点 (0, 0) からたとえば点 (6, 3) にいくのに図のように (0, 3)，(1, 2)，(2, 1)，(3, 0) の地点で 1 度切って考えよう．(0, 3) までいく道の数は $\binom{3}{3}$，そこから (6, 3) にいく道の数は $\binom{6}{0}$，したがって (0, 3) を通って (6, 3) へいく道の数は

$$\binom{3}{3}\binom{6}{0}$$

同じく (1, 2) を通る道の数は

$$\binom{3}{2}\binom{6}{1}$$

(2, 1) を通る道の数は

$$\binom{3}{1}\binom{6}{2}$$

(3, 0) を通る道の数は

$$\binom{3}{0}\binom{6}{3}$$

となる．これらの和は当然 (6, 3) へいく道の数 $\binom{9}{3}$ に等しくなる．

$$\binom{3}{3}\binom{6}{0}+\binom{3}{2}\binom{6}{1}+\binom{3}{1}\binom{6}{2}+\binom{3}{0}\binom{6}{3}=\binom{9}{3}$$

これを一般化すれば

$$\binom{m}{k}\binom{n}{0}+\binom{m}{k-1}\binom{n}{1}+\cdots+\binom{m}{0}\binom{n}{k}=\binom{m+n}{k}$$

前ページの例は $m=3,\ k=3,\ n=6$ の場合である．

## 2.2　パスカルの数三角形の性質

パスカルの数三角形はその他にもさまざまな性質をもっている．

### 飛車とび

図 2-8 (p. 100) を将棋盤のようにみて，飛車のように水平や鉛直に加えていくとどうなるだろうか (図 2-12).

$\binom{n}{0}$ から始めて下から鉛直に加えてみよう．

$$\binom{n}{0}+\binom{n+1}{1}+\binom{n+2}{2}+\cdots+\binom{n+m}{m}$$

これは最後の $\binom{n+m}{m}$ の右隣りの $\binom{n+m+1}{m}$ に等しい．

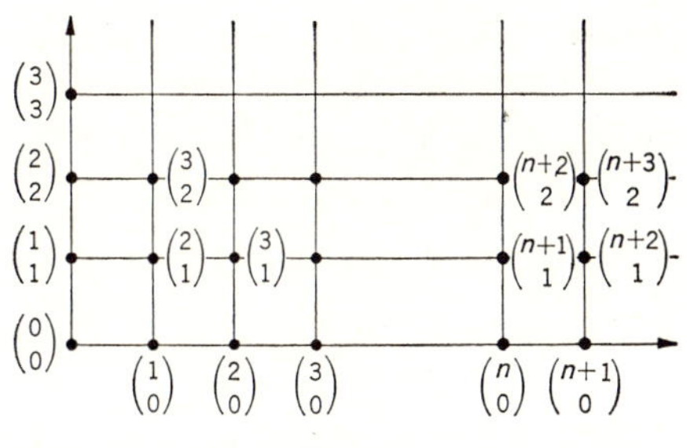


図 2-12

なぜなら

$$\binom{n}{0}+\binom{n+1}{1}=\binom{n+1}{0}+\binom{n+1}{1}=\binom{n+2}{1}$$

$$\binom{n+2}{1}+\binom{n+2}{2}=\binom{n+3}{2}$$

……………………………

と次々に加えていけばよいからである.

$$\binom{n}{0}+\binom{n+1}{1}+\cdots+\binom{n+m}{m}=\binom{n+m+1}{m}$$

**例題 7**　プロ野球の日本シリーズのように2つのチームが7回戦で優勝を争うとき，一方のチームが4勝したら，優勝が決定し，そこで試合は打切りとなる競技を考える．このとき，勝敗の組合せは何種類あるか．

**解**　A, B という2つのチームがあって，A が優勝するものとしよう．

(1) Aの優勝が4回で決まる場合．勝敗の組合せは

$$(\mathrm{A}, \mathrm{A}, \mathrm{A}, \mathrm{A})$$

すなわち，Aが優勝するのだから，4回目はともかくAの勝ちで，初めの3回はすべてAが勝つ，つまりBの勝ちは0回でなければならないから，場合の数は

$$\binom{3}{0} = 1$$

(2) 5回で決まる場合．初めの4回のうち，Aが3回勝てば決まるから

$$(\mathrm{B}, \mathrm{A}, \mathrm{A}, \mathrm{A}, \mathrm{A}),\ (\mathrm{A}, \mathrm{B}, \mathrm{A}, \mathrm{A}, \mathrm{A}),$$
$$(\mathrm{A}, \mathrm{A}, \mathrm{B}, \mathrm{A}, \mathrm{A}),\ (\mathrm{A}, \mathrm{A}, \mathrm{A}, \mathrm{B}, \mathrm{A}).$$

すなわち最初の4回のうち1回だけBが勝ち，5回目はAが勝たなければならないから，場合の数は

$$\binom{4}{1} = 4$$

(3) 6回で決まる場合．最初の5回のうち2回はBが勝ち，6回目はAの勝ちとなるから

$$\binom{5}{2} = \frac{5 \cdot 4 \cdot 3}{3 \cdot 2 \cdot 1} = 10$$

(4) 7回で決まる場合．同じように

$$\binom{6}{3} = \frac{6 \cdot 5 \cdot 4}{3 \cdot 2 \cdot 1} = 20$$

合計

$$\binom{3}{0} + \binom{4}{1} + \binom{5}{2} + \binom{6}{3} = 1 + 4 + 10 + 20 = 35$$

**別解** これにはもっとうまい考え方がある．それはAチームが4回勝って優勝が決定してからも7回になるまで残りの試合をやって，しかもわざと負けてやると仮定すれば，Aチームは7回のうち必ず4回勝つことになり，その組合せの数は

$$\binom{7}{4}=\frac{7\cdot6\cdot5\cdot4}{4\cdot3\cdot2\cdot1}=35$$

となる．これは［例題6］の適用ともみられる．

## 角とび

次は，右下から左上に45°の傾きをもった線に沿って加えると，どうなるだろうか（図2-13）．

$$\binom{n}{0}+\binom{n}{1}+\cdots+\binom{n}{n-1}+\binom{n}{n}$$

これを2倍すると

$$\begin{array}{ccccccccccc}
\binom{n}{0} & + & \binom{n}{0}+\binom{n}{1} & + & \binom{n}{1}+\binom{n}{2} & +\cdots+ & \binom{n}{n-1}+\binom{n}{n} & + & \binom{n}{n} \\
| & & \vee & & \vee & & \vee & & | \\
\binom{n+1}{0} & + & \binom{n+1}{1} & + & \binom{n+1}{2} & +\cdots+ & \binom{n+1}{n} & + & \binom{n+1}{n+1}
\end{array}$$

つまり，2行目の斜線上の和は一つ手前の斜線上の和の2倍になっている．最初は$\binom{0}{0}=1$で，次々に2倍になっているから

$$\binom{n}{0}+\binom{n}{1}+\cdots+\binom{n}{n-1}+\binom{n}{n}=2^n$$

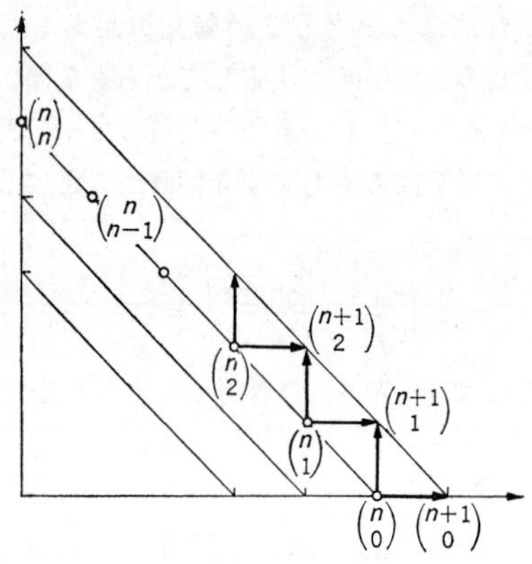


図2-13

事実

$$1 = 1 = 2^0$$
$$1+1 = 2 = 2^1$$
$$1+2+1 = 4 = 2^2$$
$$1+3+3+1 = 8 = 2^3$$
$$\cdots\cdots\cdots\cdots\cdots\cdots\cdots\cdots$$
$$\binom{n}{0}+\binom{n}{1}+\cdots\cdots+\binom{n}{n-1}+\binom{n}{n} = 2^n$$

となっている．これはのちに［例題9］でも証明する．

### 桂馬とび——フィボナッチの数列

次は，桂馬とびに加えたらどうなるだろうか（図2-14）．

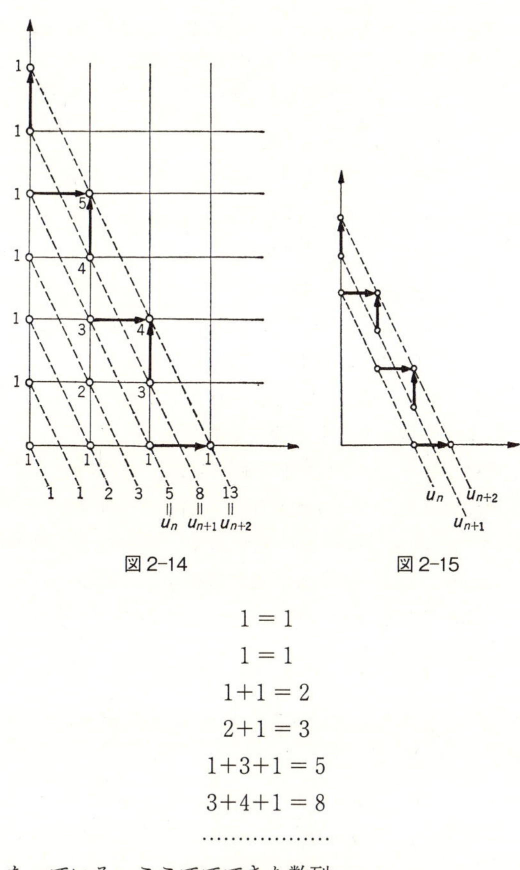


図 2-14　　図 2-15

$$1 = 1$$
$$1 = 1$$
$$1+1 = 2$$
$$2+1 = 3$$
$$1+3+1 = 5$$
$$3+4+1 = 8$$
………………

となっている．ここでてできた数列

$$1, 1, 2, 3, 5, 8, 13, 21, \cdots$$

は，隣合う2数を加えるとその次の数になる，という性質をもっている．

$$
\begin{aligned}
1+1 &= 2\\
1+2 &= 3\\
2+3 &= 5\\
3+5 &= 8\\
5+8 &= 13\\
&\cdots\cdots
\end{aligned}
$$

この数列の $n$ 番目の数を $u_n$ で表すと（図 2-15）

$$
\begin{cases}
u_1 = u_2 = 1\\
u_n + u_{n+1} = u_{n+2} \quad (n = 1, 2, \cdots)
\end{cases}
$$

このような数列を**フィボナッチ数列**という．

上式はフィボナッチ数列の漸化式であり，$u_1=u_2=1$ は初期条件である．フィボナッチ，本名レオナルド・ピサノ（1174?～1250?）は中世紀の数学者で，彼の主著『計算の書』（Liber Abaci）のなかにこの数列が出てくる．

パスカルの数三角形の性質から，上の関係式を導き出してみよう．

$$
u_1 = \binom{0}{0} = 1 \qquad u_2 = \binom{1}{1} = 1 \qquad u_3 = \binom{2}{2} + \binom{1}{0} = 2
$$

一般に

$$
u_{n+1} = \binom{n}{n} + \binom{n-1}{n-2} + \binom{n-2}{n-4} + \cdots + \binom{n-k}{n-2k} + \cdots
$$

となっている．右辺の項 $\binom{n-k}{n-2k}$ は，$n-2k \geqq 0$ つまり $n \geqq 2k$ までしかないから，$n$ が偶数 $2p$ なら，$k=p$，つまり

$$\binom{n-p}{0}=1$$

までゆくが，$n$ が奇数 $2p+1$ だと，$k=p$，つまり

$$\binom{n-p}{1}=n-p=p+1$$

までしかない．

さて，$u_{n+1}$ と $u_n$ とを1つ項をずらして書く．

$$u_{n+1}=\binom{n}{n}+\binom{n-1}{n-2}+\binom{n-2}{n-4}+\binom{n-3}{n-6}+\cdots$$

$$u_n=\qquad\binom{n-1}{n-1}+\binom{n-2}{n-3}+\binom{n-3}{n-5}+\cdots$$

これを加えて

$$\binom{n}{n}=\binom{n+1}{n+1},\ \binom{n-1}{n-2}+\binom{n-1}{n-1}=\binom{n}{n-1},$$

$$\binom{n-2}{n-4}+\binom{n-2}{n-3}=\binom{n-1}{n-3},\cdots$$

などに注意すると

$$u_{n+2}=\binom{n+1}{n+1}+\binom{n}{n-1}+\binom{n-1}{n-3}+\cdots$$

になる．

このフィボナッチ数列は植物の葉序と関係がある．植物の葉が幹や茎についているつき方には一定の法則がある．輪生，対生ではなく互生の場合には，ラセン状についているが，下から数えて $m+1$ 枚目でちょうど $n$ 回転しているとすると，相隣る葉の開きは $360°\times\dfrac{n}{m}$ となっているわけ

である．この分数 $\dfrac{n}{m}$ が $\dfrac{u_n}{u_{n+2}}$ となっているというのである．

植物の種類によって，この分数はいろいろと違っている．

$\dfrac{1}{2}$ ：イネ科

$\dfrac{1}{3}$ ：カヤツリグサ

$\dfrac{2}{5}$ ：サクラ，ウメ，バラ，カシ

$\dfrac{3}{8}$ ：イヌツゲ，オオバコ，ゴム

$\dfrac{5}{13}$ ：ヤナギ，タンポポ，スギ

等である．

**例題 8** $w_n = \dfrac{\left(\dfrac{1+\sqrt{5}}{2}\right)^n - \left(\dfrac{1-\sqrt{5}}{2}\right)^n}{\sqrt{5}}$ $(n=1, 2, \cdots)$ とおくと，この数列はフィボナッチ数列と一致することを証明せよ．

解

$$w_1 = \frac{\dfrac{1+\sqrt{5}}{2} - \dfrac{1-\sqrt{5}}{2}}{\sqrt{5}} = \frac{\sqrt{5}}{\sqrt{5}} = 1$$

$$w_2=\frac{\left(\frac{1+\sqrt{5}}{2}\right)^2-\left(\frac{1-\sqrt{5}}{2}\right)^2}{\sqrt{5}}$$

$$=\frac{\left(\frac{1+\sqrt{5}}{2}-\frac{1-\sqrt{5}}{2}\right)\left(\frac{1+\sqrt{5}}{2}+\frac{1-\sqrt{5}}{2}\right)}{\sqrt{5}}$$

$$=\frac{\sqrt{5}\cdot 1}{\sqrt{5}}=1$$

次に

$w_n+w_{n+1}$

$$=\frac{\left(\frac{1+\sqrt{5}}{2}\right)^n-\left(\frac{1-\sqrt{5}}{2}\right)^n}{\sqrt{5}}+\frac{\left(\frac{1+\sqrt{5}}{2}\right)^{n+1}-\left(\frac{1-\sqrt{5}}{2}\right)^{n+1}}{\sqrt{5}}$$

$$=\frac{\left(\frac{1+\sqrt{5}}{2}\right)^n+\left(\frac{1+\sqrt{5}}{2}\right)^{n+1}}{\sqrt{5}}-\frac{\left(\frac{1-\sqrt{5}}{2}\right)^n+\left(\frac{1-\sqrt{5}}{2}\right)^{n+1}}{\sqrt{5}}$$

$$=\frac{\left(\frac{1+\sqrt{5}}{2}\right)^n\left(1+\frac{1+\sqrt{5}}{2}\right)}{\sqrt{5}}-\frac{\left(\frac{1-\sqrt{5}}{2}\right)^n\left(1+\frac{1-\sqrt{5}}{2}\right)}{\sqrt{5}}$$

$$=\frac{\left(\frac{1+\sqrt{5}}{2}\right)^n\left(\frac{3+\sqrt{5}}{2}\right)}{\sqrt{5}}-\frac{\left(\frac{1-\sqrt{5}}{2}\right)^n\left(\frac{3-\sqrt{5}}{2}\right)}{\sqrt{5}}$$

$$=\frac{\left(\frac{1+\sqrt{5}}{2}\right)^n\left(\frac{6+2\sqrt{5}}{4}\right)}{\sqrt{5}}-\frac{\left(\frac{1-\sqrt{5}}{2}\right)^n\left(\frac{6-2\sqrt{5}}{4}\right)}{\sqrt{5}}$$

$$=\frac{\left(\frac{1+\sqrt{5}}{2}\right)^n\left(\frac{1+\sqrt{5}}{2}\right)^2}{\sqrt{5}}-\frac{\left(\frac{1-\sqrt{5}}{2}\right)^n\left(\frac{1-\sqrt{5}}{2}\right)^2}{\sqrt{5}}$$

$$=\frac{\left(\frac{1+\sqrt{5}}{2}\right)^{n+2}}{\sqrt{5}}-\frac{\left(\frac{1-\sqrt{5}}{2}\right)^{n+2}}{\sqrt{5}}=w_{n+2}$$ (証明終)

実は上の $w_n$ の式は，フィボナッチ数列の漸化式と初期値から導くこともできるが，ここではその逆を証明したのである．

## 2.3　2項係数の公式

以上では $\binom{n}{m}$ は $n, m$ の小さいものから加法によって順々に求めてきたが，それよりは巧妙な方法がある．それは乗法と除法を用いる方法である．

結果を書くと次のようになっている．

$$\binom{n}{m}=\frac{n!}{m!(n-m)!}$$

この公式に初めて厳密な証明を与えたのは，パスカル（1623～62）であった．

彼は『数三角形論』（Traité du triangle arithmétique）という論文のなかでこれを証明している．

これは数学的帰納法を最初に使ったという点でも有名である．以下においてパスカルの証明を紹介しよう．ただし，パスカルの原論文は記号が現代的でなく，一般の読者には親しみにくいので，現代式に改めて紹介することにする.

この証明の重点は，p. 102の（1），(2）を仮定して

$$\frac{\binom{n}{m}}{\binom{n}{m+1}}=\frac{m+1}{n-m}\quad(0\leqq m\leqq n-1)\qquad(*)$$

を導くことである．この式（∗）を証明するためにパスカルは数学的帰納法を利用したのである.

そのために，彼は次の2つのことを証明しようとした.

(1)　上の式（∗）は $n=1$ のときは成立する.

(2)　上の式（∗）が $n$ のとき成立すれば，$n+1$ のときも成立する.

(1) では $\binom{1}{0}=1$, $\binom{1}{1}=1$ だから

$$\frac{\binom{1}{0}}{\binom{1}{1}}=\frac{1}{1}=\frac{0+1}{1-0}$$

(2) は次のようにして証明する.

$n$ に対して（∗）が成立すると仮定しているから，$0\leqq m\leqq n-1$ となる $m$ に対して

$$\frac{\binom{n}{m}}{\binom{n}{m+1}}=\frac{m+1}{n-m}$$

が成り立っている.

$$\frac{\dbinom{n+1}{m+1}}{\dbinom{n}{m+1}}=\frac{\dbinom{n}{m}+\dbinom{n}{m+1}}{\dbinom{n}{m+1}}=\frac{\dbinom{n}{m}}{\dbinom{n}{m+1}}+1$$

$$=\frac{m+1}{n-m}+1=\frac{m+1+n-m}{n-m}=\frac{n+1}{n-m}$$

$$(0\leqq m\leqq n-1)$$

$$\frac{\dbinom{n+1}{m+2}}{\dbinom{n}{m+1}}=\frac{\dbinom{n}{m+1}+\dbinom{n}{m+2}}{\dbinom{n}{m+1}}=1+\frac{\dbinom{n}{m+2}}{\dbinom{n}{m+1}}$$

$$=1+\frac{n-m-1}{m+2}=\frac{n+1}{m+2}\quad(0\leqq m+1\leqq n-1)$$

以上の2つの式を割り算すると，$1\leqq m+1\leqq n-1$ となる $m$ に対して

$$\frac{\dbinom{n+1}{m+1}}{\dbinom{n+1}{m+2}}=\frac{n+1}{n-m}\div\frac{n+1}{m+2}$$

$$=\frac{m+2}{n-m}=\frac{m+2}{(n+1)-(m+1)}\qquad(**)$$

すなわち，（$*$）は $n+1$ の場合にも，$1\leqq m+1\leqq n-1$ に対しては成立する．

残っているのは，$m+1=0$ の場合と $m+1=n$ の場合だけである．

まず，$m+1=0$ のときは，証明すべき式（$**$）は

$$\frac{\binom{n+1}{0}}{\binom{n+1}{1}}=\frac{1}{n+1}$$

となるが，これは，記号 $\binom{n}{m}$ の性質 (1)，(2)（p. 102）と帰納法の仮定

$$\frac{\binom{n}{0}}{\binom{n}{1}}=\frac{1}{n} \qquad \text{すなわち} \qquad \binom{n}{1}=n$$

から

$$\frac{\binom{n+1}{0}}{\binom{n+1}{1}}=\frac{\binom{n+1}{0}}{\binom{n}{1}+\binom{n}{0}}=\frac{1}{n+1}$$

となって成り立つ．

また，$m+1=n$ のときは，証明すべき式は

$$\frac{\binom{n+1}{n}}{\binom{n+1}{n+1}}=n+1$$

となるが，これも帰納法の仮定

$$\frac{\dbinom{n}{n-1}}{\dbinom{n}{n}} = n \qquad \text{すなわち} \qquad \binom{n}{n-1} = n$$

から

$$\frac{\dbinom{n+1}{n}}{\dbinom{n+1}{n+1}} = \frac{\dbinom{n}{n} + \dbinom{n}{n-1}}{\dbinom{n+1}{n+1}} = \frac{1+n}{1} = n+1$$

となって成り立つ.

ここで数学的帰納法は完了した.

さて，この式を使って目的の公式を証明するには

$$\frac{\dbinom{n}{1}}{\dbinom{n}{0}} = \frac{n}{1}$$

$$\frac{\dbinom{n}{2}}{\dbinom{n}{1}} = \frac{n-1}{2}$$

$$\cdots\cdots\cdots\cdots\cdots\cdots$$

$$\frac{\dbinom{n}{m}}{\dbinom{n}{m-1}} = \frac{n-m+1}{m}$$

と書き並べて辺々掛け合わせると，$\binom{n}{0}=1$ だから

$$左辺 = \frac{\binom{n}{1}}{\binom{n}{0}}\cdot\frac{\binom{n}{2}}{\binom{n}{1}}\cdot\cdots\cdot\frac{\binom{n}{m}}{\binom{n}{m-1}} = \binom{n}{m}$$

$$右辺 = \frac{n}{1}\cdot\frac{n-1}{2}\cdot\cdots\cdot\frac{n-m+1}{m}$$

$$= \frac{n\cdot(n-1)\cdot\cdots\cdot(n-m+1)}{1\cdot 2\cdot\cdots\cdot m} = \frac{n!}{m!(n-m)!}$$

したがって

$$\binom{n}{m} = \frac{n!}{m!(n-m)!}$$

が得られる．

以上で，パスカルの証明は終わったが，ここで使われたのは，記号 $\binom{n}{m}$ の性質 (1), (2) (p. 102) のみであったから，この証明は，この性質 (1), (2) をもつ量は

$$\binom{n}{m} = \frac{n!}{m!(n-m)!}$$

に限られることを示しているのである．

## 2.4 組 合 せ

5つの椅子に3人の人が坐る仕方は5つのものから3つ取って並べる順列の数

$$5\cdot 4\cdot 3 = 60$$

通りある．ここで3人の人が占める3つの椅子を決める

と，そこに坐る人を入れかえる方法は

$$1\cdot 2\cdot 3 = 3! = 6$$

通りだけある.

次に，5つの椅子から3つの椅子を選ぶ仕方が $x$ 通りあるとすると

$$x\times 1\cdot 2\cdot 3 = 5\cdot 4\cdot 3$$

したがって

$$x = \frac{5\cdot 4\cdot 3}{1\cdot 2\cdot 3} = \frac{60}{6} = 10$$

| | | |
|---|---|---|
| 1 | 2 | 3 |
| 1 | 3 | 2 |
| 2 | 1 | 3 |
| 2 | 3 | 1 |
| 3 | 1 | 2 |
| 3 | 2 | 1 |

$3! = 6$

このように5つの椅子から3つの椅子を選ぶ方法は10通りだけある.

一般に $n$ 個のものから $m$ 個のものを選び出す方法を組合せといい，その数を ${}_n\mathrm{C}_m$ と書くと

$$\boldsymbol{{}_n\mathrm{C}_m = \frac{{}_n\mathrm{P}_m}{m!} = \frac{n(n-1)\cdots(n-m+1)}{m!}}$$

この式の右辺の分母と分子に $(n-m)!$ を掛けてやると

$${}_n\mathrm{C}_m = \frac{n(n-1)\cdots(n-m+1)(n-m)!}{m!\cdot(n-m)!}$$

$$= \frac{n!}{m!(n-m)!}$$

となる.

$m$ は選び出すものの個数だから，$l=n-m$ は残ったものの個数で，この数は

$${}_n\mathrm{C}_m = \frac{n!}{m!\,l!} \quad (m+l=n)$$

とも書ける.

上の椅子の例でいうと, 3人の人が坐る椅子を選び出すことは, 5つの椅子を, 人の坐る3つの椅子と坐らない2つの椅子に分けることと同じである.

これは, 前に述べた $\binom{n}{m}$ と一致する. 前の項で

$$\binom{n}{m} = \frac{n!}{m!(n-m)!}$$

であることをパスカルの数学的帰納法によって証明したが, このことは別の方法でも証明できる.

(0, 0) から $(l, m)$ へいくには, 右と上にいくのを次々に繰返していく. たとえば (0, 0) から (3, 2) にいくには, 図2-16のように右, 上, 右, 右, 上という順序になっている. これは5つの場所に右という字を3個入れる方法であるから

$$ {}_5C_3 = \frac{5!}{3!2!} = 10 $$

となるのである.

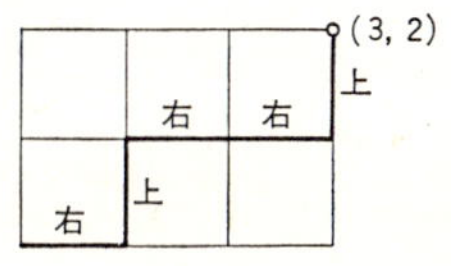


図 2-16

一般的に, $n$ 人の人を $m$ 人のAグループと $(n-m)$ 人のBグループに分ける仕方を考えてみよう.

$n$ 人の人に1から $n$ までの番号札を配り, 1から $m$ まで

に当たった人はAグループに，$m+1$ から $n$ までに当たった人はBグループに分けるものとする．

札の配り方の総数は，いうまでもなく $n!$ である．ところが，1から $m$ までに当たった人のグループの間で札をとりかえてもグループ分けは変わらない．$m$ 個の札を入れかえる仕方は $m!$ である．また，同じことが $m+1$ から $n$ までの番号を配られた人についてもいえる．

だから

$$n! \div m! \div (n-m)! = \frac{n!}{m!(n-m)!}$$

がグループ分けの数となる．つまり

$${}_n\mathrm{C}_m = \frac{n!}{m!(n-m)!}$$

**例題9**　次の等式を証明せよ．

$$\binom{n}{0}+\binom{n}{1}+\binom{n}{2}+\cdots+\binom{n}{n-1}+\binom{n}{n}=2^n$$

**解**　$n$ 個のものの集合のすべての部分集合の数は［例題3］によって $2^n$ であった．ところが，$(0, n)$ と分かれる仕方は $\binom{n}{0}$, $(1, n-1)$ と分かれる仕方は $\binom{n}{1}$, …，このようにして

$$\binom{n}{0}+\binom{n}{1}+\cdots+\binom{n}{n-1}+\binom{n}{n}$$

はすべての部分集合の数となる．だから

$$\binom{n}{0}+\binom{n}{1}+\cdots+\binom{n}{n-1}+\binom{n}{n}=2^n$$

## 2.5 2項定理

2項式 $a+b$ の $n$ 乗

$$(a+b)^n = \overbrace{(a+b)(a+b)\cdots(a+b)}^{n\text{ 個}}$$

を展開する式を作ってみよう.

右辺の各括弧の中から $a$ か $b$ を選んで掛け合わせると

$$a^k b^l \qquad (k+l=n)$$

という単項式が得られる. 次数は $n$ であるが, この単項式は, $n$ 個ある括弧のうち $k$ 個からは $a$ を選び, 残りの $l$ 個からは $b$ を選んだのである. だから, こうした項は $n$ 個の括弧を, $a$ を選ぶ $k$ 個のものと, $b$ を選ぶ $l$ 個のものとに分ける仕方の数だけ, つまり, 組合せの数

$${}_n\mathrm{C}_k = \frac{n(n-1)\cdots(n-k+1)}{k!} = \frac{n!}{k!l!} = \binom{n}{k}$$

だけある.

これが, 2項式の $n$ 乗 $(a+b)^n$ を展開したときの係数になるので, 別名**2項係数**ともいう.

この記号を使うと

$$\binom{n}{k} = \frac{n!}{k!(n-k)!}$$

で

$$(a+b)^n = a^n + \cdots + \binom{n}{k} a^k b^{n-k} + \cdots + b^n$$

となる．これが２項定理で，この公式によると

$$(a+b)^1 = a+b$$
$$(a+b)^2 = a^2+2ab+b^2$$
$$(a+b)^3 = a^3+3a^2b+3ab^2+b^3$$
$$(a+b)^4 = a^4+4a^3b+6a^2b^2+4ab^3+b^4$$

……………………………………………

いちばん上に，$(a+b)^0=1$ も書き加えて，係数だけ抜き出して書き並べると，前にも述べたパスカルの数三角形が得られる．

```
            1
          1   1
        1   2   1
      1   3   3   1
    1   4   6   4   1
  1   5  10  10   5   1
1   6  15  20  15   6   1
```

……………………………………………

２項定理は，$a=x, b=1$ とおいて

$$(1+x)^n = \binom{n}{0} + \binom{n}{1}x + \cdots + \binom{n}{k}x^k + \cdots + \binom{n}{n}x^n$$

の形で使うと便利なこともある．こうすると，$x^k$ の係数が $\binom{n}{k}$ になって覚えやすい．

この式で $x=1$ とおくことによって，［例題９］で求めた関係式

$$\binom{n}{0} + \binom{n}{1} + \cdots + \binom{n}{k} + \cdots + \binom{n}{n} = 2^n$$

が直ちに得られる．

また，$(1+x)^n=1+\cdots+x^n$ であるから，定数項 $\binom{n}{0}$ および最高次の係数 $\binom{n}{n}$ はともに1に等しい．

$$\binom{n}{0}=\binom{n}{n}=1$$

また，$(1+x)^n=(1+x)^{n-1}(1+x)$ として $x^k$ の係数を考えると

$$\begin{aligned}&(1+x)^{n-1}(1+x)\\&=\left(\cdots+\binom{n-1}{k-1}x^{k-1}+\binom{n-1}{k}x^k+\cdots\right)(1+x)\\&=\cdots+\binom{n-1}{k-1}x^k+\binom{n-1}{k}x^k+\cdots\end{aligned}$$

から

$$\binom{n}{k}=\binom{n-1}{k-1}+\binom{n-1}{k}$$

も導かれる．（p. 102 の（1），(2) 参照．）

**例題 10**　$\binom{m}{k}\binom{n}{0}+\binom{m}{k-1}\binom{n}{1}+\cdots+\binom{m}{0}\binom{n}{k}=\binom{m+n}{k}$ を証明せよ．

**解**

$$(1+x)^m=\binom{m}{0}+\binom{m}{1}x+\cdots+\binom{m}{k}x^k+\cdots+\binom{m}{m}x^m$$

$$(1+x)^n=\binom{n}{0}+\binom{n}{1}x+\cdots+\binom{n}{k}x^k+\cdots+\binom{n}{n}x^n$$

を辺々掛け合わせると

$$(1+x)^{m+n} = \left\{\binom{m}{0}+\binom{m}{1}x+\cdots+\binom{m}{k}x^k+\cdots+\binom{m}{m}x^m\right\}$$

$$\times\left\{\binom{n}{0}+\binom{n}{1}x+\cdots+\binom{n}{k}x^k+\cdots+\binom{n}{n}x^n\right\}$$

両辺の $x^k$ の係数を比較すると，左辺 $(1+x)^{m+n}$ における $x^k$ の係数は

$$\binom{m+n}{k}$$

右辺のそれは

$$\binom{m}{k}\binom{n}{0}+\binom{m}{k-1}\binom{n}{1}+\cdots+\binom{m}{0}\binom{n}{k}$$

となるから

$$\binom{m}{k}\binom{n}{0}+\binom{m}{k-1}\binom{n}{1}+\cdots+\binom{m}{0}\binom{n}{k} = \binom{m+n}{k}$$

これは［例題 6］(p. 102) と同じ問題である．この証明法では $x$ という文字が利用されているが，この $x$ には数を代入することはないし，最後には姿を消してしまう．$x$ は

$$f(x) = \binom{m}{0}+\binom{m}{1}x+\cdots+\binom{m}{k}x^k+\cdots+\binom{m}{m}x^m$$

とするときに，その係数によって $\binom{m}{k}$ という数を表すための手段にすぎない．

このような役割の文字 $x$ を含んだ式 $f(x)$ をその係数の**母関数**という．この方法は巧みに使うと，威力を発揮する．

# 3　重複組合せ

4人の生徒に5冊のノートを分ける仕方は幾通りあるだろうか．4人の生徒を4つの箱と考えて，たとえば

| 3 | 0 | 1 | 1 |
|---|---|---|---|

というように5冊のノートを入れるのである．もちろんノートはお互いに違ったところはないものとする．また，1冊ももらわない生徒がいてもかまわないとする．このとき

$$5 = 3+0+1+1$$

あるいは

$$5 = 0+5+0+0$$

というようなのが，それぞれ分ける仕方に対応しているから，これは，5を負でない4つの整数 $x_1, x_2, x_3, x_4$ の和に分ける仕方といっても同じである．

$$5 = x_1+x_2+x_3+x_4 \quad (x_1 \geqq 0, x_2 \geqq 0, x_3 \geqq 0, x_4 \geqq 0)$$

この分け方は，1つの箱にものがいくつはいってもいいから，**重複組合せ**とよんでいる．

これを考えるには，5冊のノートを並べておいてその間に＋の記号にあたる3(＝4−1)枚の仕切りの紙を入れることとしても同じである．

ノートを□で，仕切りを■で表すと

$$5 = 3+0+1+1$$

は

□□□■■□■□

と考えられる．この仕切りを入れられる場所は

$$5+(4-1)=8\ (個)$$

あり，それらのうちから3個を選べばよいから，その選び方の数は

$$\binom{8}{3}=\frac{8!}{3!(8-3)!}=\frac{8\cdot7\cdot6}{3\cdot2\cdot1}=56$$

となる．

一般化すると，$n$ 個のものを $m$ 個の箱のなかに重複を許して入れる仕方の数 ${}_m\mathrm{H}_n$ は

$$\boldsymbol{{}_m\mathrm{H}_n=\binom{m+n-1}{m-1}=\binom{m+n-1}{n}}$$

である．

**例題 11** 変数が $m$ 個で次数が $n$ の単項式は何種類あるか．

**解** 変数を $x_1, x_2, \cdots, x_m$ とする．単項式の形は ${x_1}^{\alpha_1}{x_2}^{\alpha_2}\cdot\cdots{x_m}^{\alpha_m}$ で，$\alpha_1+\alpha_2+\cdots+\alpha_m=n$ だから，これは，$n$ 個のものを $m$ 個の箱に入れるのと同じで，$\alpha_1, \alpha_2, \cdots, \alpha_m$ の配列の仕方は $\binom{m+n-1}{m-1}$ となる．

**例題 12** $x_1+x_2+x_3+x_4=10$ をみたす正の整数解はいくつあるか．

**解** この方程式を

$$(x_1-1)+(x_2-1)+(x_3-1)+(x_4-1)=6$$

と変形すればわかるように，これは

$$y_1+y_2+y_3+y_4 = 6$$

という方程式の負でない解（$y_1 \geqq 0,\ y_2 \geqq 0,\ y_3 \geqq 0,\ y_4 \geqq 0$）を求めるのと同じである．したがってその解の数は，重複組合せの数

$${}_4\mathrm{H}_6 = \binom{6+4-1}{6} = \binom{6+4-1}{4-1} = \binom{9}{3} = \frac{9\cdot 8\cdot 7}{3!} = 84$$

と同じである．

**別解**　方程式を少し広げて，不等式

$$x_1+x_2+x_3+x_4 \leqq 10$$

の正の整数解の個数を勘定する．

$$z_1 = x_1$$
$$z_2 = x_1+x_2$$
$$z_3 = x_1+x_2+x_3$$
$$z_4 = x_1+x_2+x_3+x_4$$

とおくと，$z_1, z_2, z_3, z_4$ は

$$1 \leqq z_1 < z_2 < z_3 < z_4 \leqq 10$$

をみたしていて，逆にこのような 4 つの整数から

$$x_1 = z_1,\ x_2 = z_2-z_1,\ x_3 = z_3-z_2,\ x_4 = z_4-z_3$$

によって，最初の不等式の正の解が得られる．

したがって，求める解の個数は，1 から 10 までの 10 個の整数から 4 個を選び出す仕方の数

$${}_{10}\mathrm{C}_4 = \binom{10}{4}$$

と同じである．

初めの方程式の正の解は，これから

$$x_1+x_2+x_3+x_4 \leqq 9$$

の正の解を除いたものだから，その個数は

$$\binom{10}{4}-\binom{9}{4}=\binom{9}{3}=\frac{9\cdot 8\cdot 7}{3!}=84$$

に等しいはずである．

この別解では，重複組合せの数 ${}_m\mathrm{H}_n$ の公式は使わなかったから，これから逆に

$${}_4\mathrm{H}_6=\binom{4+6}{4}-\binom{4+6-1}{4}=\binom{4+6-1}{3}$$

が結論される．だから，これを一般化すれば，公式

$${}_m\mathrm{H}_n=\binom{m+n}{m}-\binom{m+n-1}{m}=\binom{m+n-1}{m-1}$$

が証明される．

## 4 多項定理

$(a+b)^n$ の展開係数を与えるのが2項定理であったが，$(x_1+x_2+\cdots+x_m)^n$ の展開係数を与えるのが**多項定理**である．

**定理7（多項定理）** $(x_1+x_2+\cdots+x_m)^n$ の展開における ${x_1}^{k_1}{x_2}^{k_2}\cdots{x_m}^{k_m}$ の係数は

$$\frac{n!}{k_1!k_2!\cdots k_m!}=\frac{(k_1+k_2+\cdots+k_m)!}{k_1!k_2!\cdots k_m!}$$

である．

**証明**　多項式

$$(x_1+x_2+\cdots+x_m)^n$$

の展開を考える．この展開式の一般項は，係数を無視すると

$$x_1^{k_1}x_2^{k_2}\cdots x_m^{k_m} \quad (k_1+k_2+\cdots+k_m=n)$$

と書ける．

このような項の係数を考えるには，上の展開で，このような同じ項がいくつ出てくるかを調べればよい．

$(x_1+x_2+\cdots+x_m)^n$ を積の形に書くと

$$\underbrace{(x_1+x_2+\cdots+x_m)(x_1+x_2+\cdots+x_m)\cdots(x_1+x_2+\cdots+x_m)}_{n\text{個}}$$

となる．この $n$ 個の因数 $(x_1+x_2+\cdots+x_m)$ のうち，$k_1$ 個の因数からは $x_1$ を，$k_2$ 個の因数からは $x_2$ を，…，$k_m$ 個の因数からは $x_m$ をとって掛け合わせると，上の一般項が得られる．この $n$ 個の各因数からとり出した $x_i$ を，とり出した順に書くと，$k_1$ 個の $x_1$，$k_2$ 個の $x_2$，…，$k_m$ 個の $x_m$ の順列が得られる．したがってそのとり出し方の数は，$k_1$ 個の $x_1$，$k_2$ 個の $x_2$，…，$k_m$ 個の $x_m$ の順列の数と同じで

$$\frac{n!}{k_1!k_2!\cdots k_m!} \quad \left(\begin{array}{l} k_1+k_2+\cdots+k_m=n \text{ で } k_1, k_2, \cdots, k_m \text{ の} \\ \text{中には 0 になるものがあってもよい} \end{array}\right)$$

である（p. 96 参照）．

したがって，これが一般項の $x_1^{k_1}x_2^{k_2}\cdots x_m^{k_m}$ の係数になる．

**別証明**　2 項定理を次々に適用する．

$$(x_1+x_2+\cdots+x_m)^n$$

$$= \left.\begin{array}{l}(x_1+x_2+\cdots+x_m)\\ \times(x_1+x_2+\cdots+x_m)\\ \times(x_1+x_2+\cdots+x_m)\\ \cdots\cdots\cdots\cdots\cdots\cdots\\ \times(x_1+x_2+\cdots+x_m)\end{array}\right\}n\text{ 個}$$

で $n$ 個の因子から $k_1$ 個の $x_1$ を選ぶ回数は

$$\binom{n}{k_1}$$

であり，残りの $(n-k_1)$ 個の因数から $k_2$ 個の $x_2$ を選ぶ回数は

$$\binom{n-k_1}{k_2}$$

同じようにして，次々に $x_3, \cdots, x_m$ に対しては

$$\binom{n-k_1-k_2}{k_3},\ \cdots,\ \binom{n-k_1-k_2-\cdots-k_{m-1}}{k_m}$$

が得られる．したがって $x_1{}^{k_1}, \cdots, x_m{}^{k_m}$ を選ぶ回数は

$$\binom{n}{k_1}\binom{n-k_1}{k_2}\cdots\binom{n-k_1-\cdots-k_{m-1}}{k_m}$$

$$= \frac{n!}{k_1!(n-k_1)!}\cdot\frac{(n-k_1)!}{k_2!(n-k_1-k_2)!}\cdot\frac{(n-k_1-k_2)!}{k_3!(n-k_1-k_2-k_3)!}\cdots$$

$$\cdot\frac{(n-k_1-\cdots-k_{m-1})!}{k_m!(n-k_1-\cdots-k_m)!}$$

$$= \frac{n!}{k_1!k_2!\cdots k_m!}$$

# 5 乱　列

あるいたずらっ子が，$n$ 人の子どもの名札をみな違うように入れ替えたとしよう．このような入れ替え方の総数はいくらか．

この子がやったように，ある集合の要素を互いに入れ替えることを**置換**という．置換というのは動作のことで，置換の結果がすなわち順列である．いたずらっ子がやったのは，どの要素もすべて動かすような（不動な要素がひとつもないような）置換であるが，それをフランス語では dérangement とよんでいる．日本語にはまだ適当な訳語はないが，**乱列**とでも訳したらよいだろうか．

## 5.1　ふるいの技法

上に述べた問題を解くために，ふるいという技法について述べておく．

集合 E のなかに，部分集合 A があるとしよう．このとき，E の要素 $x$ が A に属するとき

$$f(x, \mathrm{A}) = 1$$

$x$ が A に属さないとき

$$f(x, \mathrm{A}) = 0$$

となるような関数 $f(x, \mathrm{A})$ を考え，これを A の**特性関数**という．

この特性関数は次の性質をもっている．

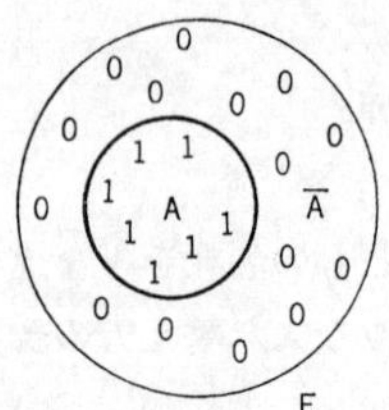


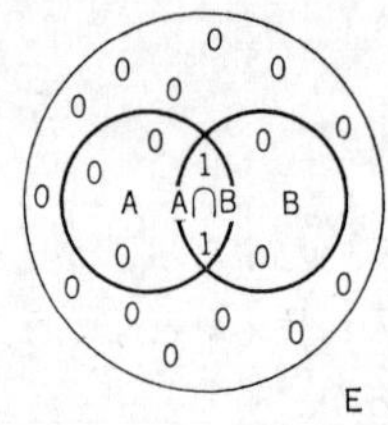


図 2-17

$$f(x, \mathrm{A} \cap \mathrm{B}) = f(x, \mathrm{A}) \cdot f(x, \mathrm{B})$$

また，A の補集合 $\overline{\mathrm{A}}$ に対しては

$$f(x, \overline{\mathrm{A}}) = 1 - f(x, \mathrm{A})$$

ここで，部分集合 $\mathrm{A}_1, \mathrm{A}_2, \cdots, \mathrm{A}_r$ のどれにも属さない要素の集合——すなわち，E から $\mathrm{A}_1, \mathrm{A}_2, \cdots, \mathrm{A}_r$ を「ふるい落とした」集合

$$\overline{\mathrm{A}}_1 \cap \overline{\mathrm{A}}_2 \cap \cdots \cap \overline{\mathrm{A}}_r$$

の特性関数を求めてみよう．

$$\begin{aligned}
&f(x, \overline{\mathrm{A}}_1 \cap \overline{\mathrm{A}}_2 \cap \cdots \cap \overline{\mathrm{A}}_r) \\
&\quad = f(x, \overline{\mathrm{A}}_1) \cdot f(x, \overline{\mathrm{A}}_2) \cdots f(x, \overline{\mathrm{A}}_r) \\
&\quad = (1 - f(x, \mathrm{A}_1))(1 - f(x, \mathrm{A}_2)) \cdots (1 - f(x, \mathrm{A}_r))
\end{aligned}$$

展開すると

$$\begin{aligned}
&= 1 - (f(x, \mathrm{A}_1) + f(x, \mathrm{A}_2) + \cdots + f(x, \mathrm{A}_r)) \\
&\quad + (f(x, \mathrm{A}_1) \cdot f(x, \mathrm{A}_2) + \cdots \\
&\qquad\qquad + f(x, \mathrm{A}_{r-1}) \cdot f(x, \mathrm{A}_r)) \\
&\quad - (f(x, \mathrm{A}_1) \cdot f(x, \mathrm{A}_2) \cdot f(x, \mathrm{A}_3) + \cdots \\
&\qquad\qquad + f(x, \mathrm{A}_{r-2}) \cdot f(x, \mathrm{A}_{r-1}) \cdot f(x, \mathrm{A}_r)) \\
&\quad + \cdots + (-1)^r f(x, \mathrm{A}_1) \cdot f(x, \mathrm{A}_2) \cdots f(x, \mathrm{A}_r)
\end{aligned}$$

ここでまた，$f(x,\mathrm{A})\cdot f(x,\mathrm{B})=f(x,\mathrm{A}\cap\mathrm{B})$ を使って変形すると

$$
\begin{aligned}
&=1-(f(x,\mathrm{A}_1)+\cdots+f(x,\mathrm{A}_r))\\
&\quad+(f(x,\mathrm{A}_1\cap\mathrm{A}_2)+\cdots+f(x,\mathrm{A}_{r-1}\cap\mathrm{A}_r))\\
&\quad-(f(x,\mathrm{A}_1\cap\mathrm{A}_2\cap\mathrm{A}_3)+\cdots\\
&\qquad\qquad+f(x,\mathrm{A}_{r-2}\cap\mathrm{A}_{r-1}\cap\mathrm{A}_r))\\
&\quad+\cdots+(-1)^r f(x,\mathrm{A}_1\cap\mathrm{A}_2\cap\cdots\cap\mathrm{A}_r) \qquad (1)
\end{aligned}
$$

この式をEのすべての要素 $x$ に対して加えてみる．つまり $\sum_x$ をほどこしてみる．

特性関数の性質からすぐわかることだが，一般に $\sum_x f(x,\mathrm{B})$ は集合Bの要素の個数である．$|\mathrm{B}|$ で集合Bの要素の個数を表すことにしよう．

(1) の両辺に $\sum_x$ をほどこすと

$$
\begin{aligned}
&|\overline{\mathrm{A}}_1\cap\overline{\mathrm{A}}_2\cap\cdots\cap\overline{\mathrm{A}}_r|\\
&\quad=|\mathrm{E}|-(|\mathrm{A}_1|+|\mathrm{A}_2|+\cdots+|\mathrm{A}_r|)\\
&\qquad+(|\mathrm{A}_1\cap\mathrm{A}_2|+\cdots+|\mathrm{A}_{r-1}\cap\mathrm{A}_r|)\\
&\qquad-(|\mathrm{A}_1\cap\mathrm{A}_2\cap\mathrm{A}_3|+\cdots+|\mathrm{A}_{r-2}\cap\mathrm{A}_{r-1}\cap\mathrm{A}_r|)\\
&\qquad+\cdots+(-1)^r|\mathrm{A}_1\cap\mathrm{A}_2\cap\cdots\cap\mathrm{A}_r| \qquad (2)
\end{aligned}
$$

これを**ふるいの公式**と名づける．

## 5.2　乱列の総数

ふるいの公式を使って次の問題を解いてみよう．

**例題 13**　$n$ 個のものの集合のなかで，$r$ 個の指定された要素をすべて動かすような置換の総数を求めよ．

解 その集合の要素を$\{1, 2, \cdots, n\}$という番号で表す．その置換の総数は，$n$個のものの順列の総数$n!$と同じであることに注意する．

$1, 2, \cdots, r$を動かさないすべての置換の集合をそれぞれ$A_1, A_2, \cdots, A_r$で表す．

そのとき

$$|A_1| = |A_2| = \cdots = |A_r| = (n-1)!$$

$$|A_1 \cap A_2| = |A_1 \cap A_3| = \cdots = |A_{r-1} \cap A_r| = (n-2)!$$

$$\cdots\cdots\cdots\cdots\cdots\cdots\cdots\cdots$$

$$|A_1 \cap A_2 \cap \cdots \cap A_{r-1}| = |A_1 \cap A_2 \cap \cdots \cap A_{r-2} \cap A_r| = \cdots$$
$$= |A_2 \cap A_3 \cap \cdots \cap A_r| = (n-r+1)!$$

$$|A_1 \cap A_2 \cap \cdots \cap A_r| = (n-r)!$$

これをふるいの公式に入れ，$|\overline{A}_1 \cap \overline{A}_2 \cap \cdots \cap \overline{A}_r|$を$D_n(1, 2, \cdots, r)$で表すと，$|E| = n!$だから

$$D_n(1, 2, \cdots, r) = n! - \binom{r}{1}(n-1)! + \binom{r}{2}(n-2)! - \cdots$$
$$+ (-1)^{r-1}\binom{r}{r-1}(n-r+1)! + (-1)^r\binom{r}{r}(n-r)!$$

ここですべての要素を動かす$D_n(1, 2, \cdots, r)$を$D_n$とすると，$r = n$だから

$$D_n = n! - \binom{n}{1}(n-1)! + \binom{n}{2}(n-2)! - \cdots$$
$$+ (-1)^{n-1}\binom{n}{n-1}\cdot 1! + (-1)^n\binom{n}{n}\cdot 0! \quad (3)$$

が得られる．$D_n$の表をつくると，次のようになっている．

| $n$ | 0 | 1 | 2 | 3 | 4 | 5 | 6 | 7 | 8 | 9 | 10 |
|---|---|---|---|---|---|---|---|---|---|---|---|
| $D_n$ | 1 | 0 | 1 | 2 | 9 | 44 | 265 | 1854 | 14833 | 133496 | 1334961 |

**例題 14**　この $D_n$ に対しては次の等式が成り立つ．

$$D_n = (n-1)(D_{n-1}+D_{n-2}) \quad (n \geqq 3)$$

**解**　集合 $\{1, 2, \cdots, n\}$ で 1 を他の番号たとえば 2 で入れ替える乱列全体の集合を考えてみよう．この集合を次の 2 つの部分集合に分けてみる．2 を 1 で置きかえる乱列の集合と，2 を 1 以外の番号で置きかえる集合とである．

前者は

$$\begin{array}{cccccc} 1, & 2, & 3, & 4, & \cdots, & n \\ \downarrow & \downarrow & \downarrow & \downarrow & & \downarrow \\ 2, & 1, & *, & *, & \cdots, & * \end{array}$$

で，$3, 4, \cdots, n$ のみを動かす乱列の集合と 1 対 1 に対応するから，その個数は $D_{n-2}$ となる．

後者は

$$\begin{array}{cccccc} 1, & 2, & 3, & 4, & \cdots, & n \\ \downarrow & \downarrow & \downarrow & \downarrow & & \downarrow \\ 2, & *, & *, & *, & \cdots, & * \end{array}$$

となり，$\{2, 3, 4, \cdots, n\}$ ですべてを動かす乱列と考えると，その数は $D_{n-1}$ に等しい．ただし，$*, *, \cdots, *$ のなかには 2 はなく 1 がはいっているが，その 1 を 2 と書き直してやれば，$\{2, 3, \cdots, n\}$ の乱列となるから，かまわないのである．

だから，1 を 2 で置きかえる乱列の数は $D_{n-1}+D_{n-2}$ である．

同じく，1を3, 4, …, $n$ で置きかえるものがそれぞれありうるから，総数は

$$(n-1)(D_{n-1}+D_{n-2})$$

となる．したがって

$$D_n = (n-1)(D_{n-1}+D_{n-2})$$

すなわち，$D_n$ は，［例題5］(p. 94) で述べた $n!$ の漸化式

$$n! = (n-1)((n-1)!+(n-2)!)$$

と同じ形の関係式を満足させる．

$n$ の値が小さいとき

$$D_3 = 2, \quad D_2 = 1, \quad D_1 = 0$$

は意味からすぐわかる．

この［例題14］の漸化式が $n=2$ に対しても成立するためには

$$1 = D_2 = 1\cdot(D_1+D_0) = D_0$$

から

$$D_0 = 1$$

としなければならないことがわかる．そうすれば，例題の漸化式は $n \geqq 2$ に対して成り立つ．

**例題 15**　$D_n$ に対しては，次の関係式が成り立つ．

$$D_n = nD_{n-1}+(-1)^n \quad (n \geqq 1)$$
$$D_0 = 1$$

**解**　前題で，$n \geqq 2$ のとき

$$D_n = (n-1)(D_{n-1}+D_{n-2}) = nD_{n-1}-D_{n-1}+(n-1)D_{n-2}$$

これから

$$D_n - nD_{n-1} = -D_{n-1} + (n-1)D_{n-2}$$
$$= -(D_{n-1} - (n-1)D_{n-2})$$

同じように

$$D_{n-1} - (n-1)D_{n-2} = -(D_{n-2} - (n-2)D_{n-3})$$

$$\cdots\cdots\cdots\cdots$$

これから

$$D_n - nD_{n-1} = (-1)^{n-2}(D_2 - 2D_1) = (-1)^n$$

これから

$$D_n = nD_{n-1} + (-1)^n \qquad (n \geqq 2)$$

$n=1$ のときにも，$0=D_1=D_0+(-1)=1+(-1)$ で成り立っている．

この関係式からも，公式 (3) (p. 136) を導き出すこともできる．

$$\begin{aligned} D_n &= nD_{n-1} + (-1)^n \\ &= n((n-1)D_{n-2} + (-1)^{n-1}) + (-1)^n \\ &= n(n-1)((n-2)D_{n-3} + (-1)^{n-2}) \\ &\quad + n(-1)^{n-1} + (-1)^n \\ &= n(n-1)(n-2)D_{n-3} + n(n-1)(-1)^{n-2} \\ &\quad + n(-1)^{n-1} + (-1)^n \\ &\quad \cdots\cdots\cdots\cdots \\ &= n(n-1)\cdots 1 \cdot D_0 + n(n-1)\cdots\cdot 2(-1)^1 + \cdots + (-1)^n \\ &= n! + (-1)^1 n(n-1)\cdots\cdot 2 + (-1)^2 n(n-1)\cdots\cdot 3 + \cdots \\ &\quad + (-1)^n \\ &= n! - \frac{n!}{1!} + \frac{n!}{2!} - \frac{n!}{3!} + \cdots + (-1)^n \end{aligned}$$

$$= n! - \frac{n!}{1!(n-1)!}(n-1)! + \frac{n!}{2!(n-2)!}(n-2)! - \cdots$$

$$+ (-1)^{n-1}\frac{n!}{(n-1)!1!}1! + (-1)^n\frac{n!}{n!0!}0!$$

$$= n! - \binom{n}{1}(n-1)! + \binom{n}{2}(n-2)! - \cdots$$

$$+ (-1)^{n-1}\binom{n}{n-1}\cdot 1! + (-1)^n\binom{n}{n}\cdot 0!$$

## 練習問題2

1 次の式を展開せよ.

(1) $(2x-3)^5$

(2) $(x+y+z)^4$

(3) $(1+x+x^2)^3$

(4) $(x+y)^3(x-y)^3$

(5) $\left(x^2+x+1+\dfrac{1}{x}+\dfrac{1}{x^2}\right)^3$

2 $(x_1+x_2+\cdots+x_n)^3$ における項の数を求めよ.

3 $\binom{n}{0}+\binom{n}{2}+\cdots=\binom{n}{1}+\binom{n}{3}+\cdots$ を証明せよ.

4 次の式を証明せよ.

$$\binom{n}{0}+\binom{n}{3}+\cdots=\frac{1}{3}\left(2^n+2\cos\frac{n\pi}{3}\right)$$

$$\binom{n}{1}+\binom{n}{4}+\cdots=\frac{1}{3}\left(2^n+2\cos\frac{(n-2)\pi}{3}\right)$$

$$\binom{n}{2}+\binom{n}{5}+\cdots=\frac{1}{3}\left(2^n+2\cos\frac{(n+2)\pi}{3}\right)$$

5　次の等式を証明せよ．

$$\binom{n}{0}^2+\binom{n}{1}^2+\cdots+\binom{n}{n-1}^2+\binom{n}{n}^2=\binom{2n}{n}$$

$$\binom{n}{0}^2-\binom{n}{1}^2+\binom{n}{2}^2-\cdots+(-1)^n\binom{n}{n}^2$$

$$=\begin{cases}(-1)^p\dfrac{(2p)!}{(p!)^2} & (n=2p\ (p\text{ は整数})\text{ のとき})\\ 0 & (n\text{：奇数のとき})\end{cases}$$

6　$n$ 個のものからなる集合を，それぞれ $k_1, k_2, \cdots, k_m$ 個の要素からなる $m$ 個の互いに交わらない部分集合に分ける方法の数は

$$\frac{n!}{k_1!k_2!\cdots k_m!}\qquad (k_1+k_2+\cdots+k_m=n)$$

に等しいことを証明せよ．

7　10段ある階段がある．これを登るとき，1段ずつ登っても，2段ずつ登ってもよく，また1段ずつと2段ずつとを混ぜて登ってもよいとすると，登るのに何通りの方法があるか．

一般に段数 $n$ の階段をこのようにして登る場合の登り方の数を $f(n)$ とするとき

$$f(n)=f(n-1)+f(n-2)$$

が成り立つことを示せ．$f(n)$ はどんな数になるか．

# 3　文字の数学

## 1　多 項 式

### 1.1　文字の表すもの

第1章では数の性質を述べたが，この章では文字のもつ諸法則を考えてみよう．ここでは

$$a, b, c, \cdots, x, y, z\cdots$$

という文字は，どのような数でもはいることのできる空箱のようなものと考えてよいだろう．

たとえば空箱の中に何かの数を書いた札を入れて，これに3を加えたら8になる，何という数がはいっているかという問いは，式で書くと

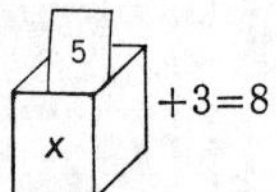


となり，空箱の代わりに$x$と書いて

$$x+3 = 8$$

と表すことができる．

このように，$x$は自由にどんな数でもはいることのできる空箱のようなものと考えられる．もっとも

$$x+3=8$$

という式のなかに出てくる文字 $x$ は，**未知の定数**である．空箱のなかにはいっている数はもう決まっているが，まだわかっていない．それを探そうというのが**方程式**なのである．

これに対して，たてが $a$ m，よこが $b$ m の長方形の面積 $S\,\mathrm{m}^2$ を求める公式

$$ab=S$$

のなかに出てくる $a, b$ には，どのような数でも代入することができる．このような文字 $a, b$ は**一般の定数**とよぶべきであろう．

ここで出てくる文字は，すべてこれまでの有理数，実数，複素数を代表するから，文字そのものが，加法，乗法の交換，結合，分配の諸法則を満足しているはずである．

$$a+b=b+a \qquad (a+b)+c=a+(b+c)$$
$$ab=ba \qquad (ab)c=a(bc)$$
$$a(b+c)=ab+ac$$

すべての $a$ に対して $a+(-a)=0$ となる数 $(-a)$ ——**反数**——が存在する．また，$a\neq0$ のときは $a\cdot\frac{1}{a}=1$ となる数 $\frac{1}{a}$ ——**逆数**——が存在する．

## 1.2 単項式，多項式

数と文字との積を**単項式**という．たとえば

$$2ab \qquad 3a^2bc \qquad -4xy^2 \qquad \cdots\cdots$$

などが単項式である．

単項式の和を**多項式**といい，それぞれの単項式をその**項**という．

$$3ab^2+2abc-4bc$$
$$-4x^2y+5xyz$$
$$\cdots\cdots\cdots\cdots\cdots$$

などは多項式である．

1つの単項式のなかで掛け合わさっている文字の個数をその単項式の**次数**という．係数は勘定に入れない．定数項は文字がないから，その次数は0である．$2ab^2, -\dfrac{4}{3}r^3$ は3次，$3abcd, -2x^4$ は4次である．

一般的にいって，単項式の次数が低いときは取扱いが楽であるが，次数が高くなるほど取扱いがむつかしくなる．つまり，次数は単項式の含む $a, b, c, \cdots, x, y, z$ などの文字の個数とともに，その単項式のむつかしさの尺度を与えるといってよい．

多項式の次数は，それをつくっている項の次数のうちの最大のものである．ただし，そのなかの同類項はすべてまとめておくものとする．

たとえば

$$-2x^2y+4xy-3y^2+x^2y-x^2+x^2y-5y+3$$

の次数はそのままでは3次のように見えるが，それは見かけの次数であり，同類項をまとめると

$$4xy-3y^2-x^2-5y+3$$

となるから，ほんとうの次数は2次である．

## 1.3 同次多項式

多項式のなかの項の次数は一般的には異なっているが，とくにすべての項の次数が等しいとき**同次式**という．同次の多項式はとくに**形式**とよぶことがある．

たとえば

$$x^2-2xy+5y^2$$

は2次の同次式である．だから**2次形式**とよぶこともある．

**定理8** 2つの同次多項式の積は同次多項式である．その次数はそれらの多項式の次数の和である．

**証明** 2つの単項式の積はやはり単項式であり，その次数はおのおのの単項式の次数の和である．

ところが，2つの多項式 $f, g$ の積は

$$f\cdot g = (\text{単項式}+\text{単項式}+\cdots)(\text{単項式}+\cdots)$$

となり，展開すればおのおの単項式の積の和となる．

$f, g$ の次数を $m, n$ とすれば $f, g$ は同次だから各項の次数もそれぞれ $m, n$ であり，その積の次数はみな同じ $m+n$ である．したがって $f\cdot g$ はまた同次式で，その次数は $m+n$ である．　(証明終)

この定理の逆も成り立つ．

**定理9** 2つの多項式のうち，少なくとも1つが同次でないとき，その積は同次ではない．

**証明** 多項式 $f, g$ のうち少なくとも1つ，たとえば $f$

が同次でないとする．

$$f = A + B$$

とし，$B$ は $f$ のなかの最低の次数の項の和のつくる同次多項式とし，$A$ はそれ以外の項の和とする．

同じく

$$g = A' + B'$$

とし，$B'$ は $g$ のなかの最低次数の項の和，$A'$ はそれより高次の項の和とする．もし $g$ が同次式だったら，$A'=0$ とする．

$$f \cdot g = (A+B)(A'+B') = AA' + AB' + BA' + BB'$$

ここで $AA'+AB'+BA'$ の次数は $BB'$ のそれより明らかに高い．だから $f \cdot g$ は同次式ではない． （証明終）

この定理の対偶として次の定理が成り立つ．

**定理 10** 同次多項式がいくつかの多項式の積に分解されるとき，それらの多項式はすべて同次である．

**証明** $h=f \cdot g$ が同次多項式であり，一方の $f$ が同次式でなかったら，前の定理 9 によって $h=f \cdot g$ は同次ではない．これは $h$ が同次であるという仮定に反するから，$f$ も $g$ も同次式でなければならない．

一般に $h$ が多くの多項式に分解される場合も，この定理を繰返して適用していけば証明できる． （証明終）

この定理は，いろいろの公式を記憶する際に誤りをチェックするのに役立つ．たとえば

$$a^2-b^2=(a+b)(a-b)$$

という公式で

$$a^2-b^2=(a+b)(a^2-b)$$

などとなっていれば誤りだとすぐわかる．なぜなら，左辺は同次式であるのに，右辺の $(a^2-b)$ は同次式ではないからである．

## 1.4 項の並べ方

1つの変数 $x$ の多項式の項の並べ方は簡単である．

たとえば，次数の大きい方から並べると

$$f(x)=a_0x^n+a_1x^{n-1}+\cdots+a_{n-1}x+a_n$$

の形になる．このような並べ方を**降ベキ**の順という．

反対に，次数の小さい方から並べることもできる．

$$f(x)=c_0+c_1x+c_2x^2+\cdots+c_nx^n$$

これは**昇ベキ**の順であるが，次数の小さい項に関心があるときに用いられる．たとえば，$x$ の値（絶対値）が小さいときなどは，高い次数の項の影響は少ないから，昇ベキの順に並べるのが適している．

多くの変数を含む多項式では，このように簡単に項を並べるわけにはいかないが，変数の順序を決めておいて，その順に降ベキに並べることはできる．それが**辞書式**といわれる方式である．

それは $ax_1{}^{\alpha_1}x_2{}^{\alpha_2}\cdots x_n{}^{\alpha_n}$ と $bx_1{}^{\beta_1}x_2{}^{\beta_2}\cdots x_n{}^{\beta_n}$ という項の指数を左から比べていって最初に異なった指数が出てくるのが $\alpha_k, \beta_k$ であったとする．そのとき $\alpha_1=\beta_1, \cdots, \alpha_{k-1}=\beta_{k-1}$ で，

$\alpha_k > \beta_k$ のときは，$ax_1^{\alpha_1}x_2^{\alpha_2}\cdots x_n^{\alpha_n}$ が $bx_1^{\beta_1}x_2^{\beta_2}\cdots x_n^{\beta_n}$ より先にくるものとするのである．

**例題1**　次の多項式の項を辞書式に並べかえよ．

$$2x_1x_2^2x_3^2-3x_1^2x_2x_3^3+4x_1x_2x_3^4-x_2^3x_3$$

解　$$-3x_1^2x_2x_3^3+2x_1x_2^2x_3^2+4x_1x_2x_3^4-x_2^3x_3$$

**例題2**　辞書式の配列で $A=ax_1^{\alpha_1}x_2^{\alpha_2}\cdots x_n^{\alpha_n}$ が $B=bx_1^{\beta_1}\cdot x_2^{\beta_2}\cdots x_n^{\beta_n}$ より先であり，$C=cx_1^{\gamma_1}x_2^{\gamma_2}\cdots x_n^{\gamma_n}$ が $D=dx_1^{\delta_1}\cdot x_2^{\delta_2}\cdots x_n^{\delta_n}$ より先にきたら，$AC$ は $BD$ より先にくる（$a, b, c, d$ は0でないとする）．

解
$$AC = acx_1^{\alpha_1+\gamma_1}x_2^{\alpha_2+\gamma_2}\cdots x_n^{\alpha_n+\gamma_n}$$
$$BD = bdx_1^{\beta_1+\delta_1}x_2^{\beta_2+\delta_2}\cdots x_n^{\beta_n+\delta_n}$$

で $\alpha_i+\gamma_i$ と $\beta_i+\delta_i$ を比較すると

$$\alpha_1 = \beta_1,\ \alpha_2 = \beta_2,\ \cdots,\ \alpha_{k-1} = \beta_{k-1},\ \alpha_k > \beta_k$$
$$\gamma_1 = \delta_1,\ \cdots,\ \gamma_{l-1} = \delta_{l-1},\ \gamma_l > \delta_l$$

となり，$k \leqq l$ ならば

$$\alpha_1+\gamma_1 = \beta_1+\delta_1$$
$$\alpha_2+\gamma_2 = \beta_2+\delta_2$$
$$\cdots\cdots\cdots\cdots\cdots\cdots$$
$$\alpha_{k-1}+\gamma_{k-1} = \beta_{k-1}+\delta_{k-1}$$
$$\alpha_k+\gamma_k > \beta_k+\delta_k$$

$k>l$ のときも，$l$ に対して同じ論法をほどこせばよい．

（証明終）

$n$ 個の変数 $x_1, x_2, \cdots, x_n$ の多項式 $f(x_1, x_2, \cdots, x_n)$ の次数

が $m$ のとき，その $m$ 次の項だけ加えた

$$g_0(x_1, x_2, \cdots, x_n)$$

はいうまでもなく同次式である．$f$ からこの $g_0$ を引き去った

$$f_1(x_1, x_2, \cdots, x_n) = f(x_1, x_2, \cdots, x_n) - g_0(x_1, x_2, \cdots, x_n)$$

は次数が $(m-1)$ 以下の多項式である．そこで，その $(m-1)$ 次の項だけ加えた $g_1(x_1, x_2, \cdots, x_n)$ をつくってそれを $f_1$ からまた引くと

$$f_2 = f - g_0 - g_1$$

はさらに次数が低くなる．

これを繰返してゆくと，ついには次数0，つまり定数にゆきつくから

$$f = g_0 + g_1 + \cdots + g_m$$

と書け，$g_k(x_1, x_2, \cdots, x_n)$ は $(m-k)$ 次の同次多項式とできる．

これは，1変数のときの降ベキの順の，ある意味での拡張になっている．

また，つくり方から，$g_k$ は $f$ が与えられると決まってしまうので，$f$ の**同次成分**（$(m-k)$ 次の）といわれる．

**例題3**　［例題1］の多次式を同次成分に分けよ．

**解**　最高次6次の項が $-3x_1{}^2x_2x_3{}^3+4x_1x_2x_3{}^4$ で，5次の項が $2x_1x_2{}^2x_3{}^2$，4次の項が $-x_2{}^3x_3$ だから

$$f = (-3x_1{}^2x_2x_3{}^3+4x_1x_2x_3{}^4) + (2x_1x_2{}^2x_3{}^2) + (-x_2{}^3x_3)$$

## 1.5 多項式の除法

次のような除法を考えてみよう.

$$
\begin{array}{r}
211 \\
213 \overline{)44978} \\
\underline{426\phantom{00}} \\
237\phantom{0} \\
\underline{213\phantom{0}} \\
248 \\
\underline{213} \\
35
\end{array}
$$

ここで

$$213 = 2\cdot10^2+1\cdot10+3$$

$$44978 = 4\cdot10^4+4\cdot10^3+9\cdot10^2+7\cdot10+8$$

であるから, 前の乗法は

$$
\begin{array}{r}
\mathbf{2}\cdot10^2+\mathbf{1}\cdot10+\mathbf{1} \\
\mathbf{2}\cdot10^2+\mathbf{1}\cdot10+\mathbf{3}\,\overline{)\mathbf{4}\cdot10^4+\mathbf{4}\cdot10^3+\mathbf{9}\cdot10^2+\mathbf{7}\cdot10+\mathbf{8}} \\
\underline{\mathbf{4}\cdot10^4+\mathbf{2}\cdot10^3+\mathbf{6}\cdot10^2\phantom{+\mathbf{7}\cdot10+\mathbf{8}}} \\
\mathbf{2}\cdot10^3+\mathbf{3}\cdot10^2+\mathbf{7}\cdot10\phantom{+\mathbf{8}} \\
\underline{\mathbf{2}\cdot10^3+\mathbf{1}\cdot10^2+\mathbf{3}\cdot10\phantom{+\mathbf{8}}} \\
\mathbf{2}\cdot10^2+\mathbf{4}\cdot10+\mathbf{8} \\
\underline{\mathbf{2}\cdot10^2+\mathbf{1}\cdot10+\mathbf{3}} \\
\mathbf{3}\cdot10+\mathbf{5}
\end{array}
$$

となる. ここで10の代わりに$x$とおくと, 次のような多項式の除法になる.

$$
\begin{array}{r}
2x^2+1\cdot x+1 \\
2x^2+1\cdot x+3\,\overline{)\,4x^4+4x^3+9x^2+7x+8} \\
\underline{4x^4+2x^3+6x^2\phantom{+7x+8}} \\
2x^3+3x^2+7x\phantom{+8} \\
\underline{2x^3+1\cdot x^2+3x\phantom{+8}} \\
2x^2+4x+8 \\
\underline{2x^2+1\cdot x+3} \\
3x+5
\end{array}
$$

数の除法では，余りは除数より小さくなければならないが，多項式の除法では，余りの次数が除式の次数より小さくなければならない．

**例題 4**　$3x^5-4x^4-2x^3+6x^2-5x-2$ を $x^2+2x-3$ で割れ．

**解**

$$
\begin{array}{r}
3x^3-10x^2+27x-78 \\
x^2+2x-3\,\overline{)\,3x^5-4x^4-2x^3+6x^2-5x-2} \\
\underline{3x^5+6x^4-9x^3\phantom{+6x^2-5x-2}} \\
-10x^4+7x^3+6x^2\phantom{-5x-2} \\
\underline{-10x^4-20x^3+30x^2\phantom{-5x-2}} \\
27x^3-24x^2-5x\phantom{-2} \\
\underline{27x^3+54x^2-81x\phantom{-2}} \\
-78x^2+76x-2 \\
\underline{-78x^2-156x+234} \\
232x-236
\end{array}
$$

商は $3x^3-10x^2+27x-78$ で，余りは $232x-236$ である．

ここで，文字 $x^n$ を省略して係数だけで計算することもできる.

例題 5　$(2x^3-5x^2-6x+3)\div(x^2+3x-2)$ を計算せよ.

解

$$
\begin{array}{r|rrrr}
 & & & 2 & -11 \\
\hline
1\ 3\ -2 & 2 & -5 & -6 & 3 \\
 & 2 & 6 & -4 & \\
\hline
 & & -11 & -2 & 3 \\
 & & -11 & -33 & 22 \\
\hline
 & & & 31 & -19
\end{array}
$$

商は $2x-11$ で, 余りは $31x-19$ である.

## 組立除法

除式がとくに1次式のときは, 除法の簡単な計算法がある. たとえば, $ax^3+bx^2+cx+d$ を $x-\alpha$ で割ったときの商が $a'x^2+b'x+c'$ で, 余りが $R$ であるとすれば

$$
\begin{aligned}
ax^3+bx^2+cx+d &= (a'x^2+b'x+c')(x-\alpha)+R \\
&= a'x^3+(b'-a'\alpha)x^2 \\
&\qquad +(c'-b'\alpha)x+R-c'\alpha
\end{aligned}
$$

係数を比較することによって

$$
\begin{array}{lcl}
a = a' & \text{これから} & a' = a \\
b = b'-a'\alpha & & b' = b+a'\alpha \\
c = c'-b'\alpha & & c' = c+b'\alpha \\
d = R-c'\alpha & & R = d+c'\alpha
\end{array}
$$

したがって, 商と余りの係数を求めるには次のようにすればよい.

$$\begin{array}{lllll|l} a & b & c & d & & \underline{\alpha} \\ & a'\alpha & b'\alpha & c'\alpha & & \\ \hline a' & b+a'\alpha=b' & c+b'\alpha=c' & d+c'\alpha=R & & \end{array}$$

$\underbrace{\qquad\qquad\qquad\qquad}_{\text{商の係数}}$ $\qquad$ 余り（$R$）

これを**組立除法**という.

**例題 6** $x^4+x^3+x^2+x+2$ を $x+2$ で割れ.

**解** $x+2=0$ の解は

$$x=-2$$

だから, 右の組立除法により

$$\begin{array}{rrrrr|l} 1 & 1 & 1 & 1 & 2 & \underline{-2} \\ & -2 & 2 & -6 & 10 & \\ \hline 1 & -1 & 3 & -5 & 12 & \end{array}$$

商：$x^3-x^2+3x-5$

余り：12

## 1.6 $c$ を中心とする展開

$x$ の多項式

$$f(x)=a_0x^n+a_1x^{n-1}+\cdots+a_{n-1}x+a_n$$

があったとき, これを

$$x-c=t \quad (c \text{ は定数})$$

の多項式に書きかえる必要がしばしば起こってくる.

直接計算したければ

$$x=t+c$$

を上の式に代入して

$$f(t+c)=a_0(t+c)^n+a_1(t+c)^{n-1}+\cdots+a_{n-1}(t+c)+a_n$$

とし, 各項を 2 項定理（第 2 章 2.5）で展開して整理し

$$f(t+c)=b_0t^n+b_1t^{n-1}+\cdots+b_{n-1}t+b_n$$

とすればよい．ここで再び，$t=x-c$ とおき直すと

$$f(x) = b_0(x-c)^n+b_1(x-c)^{n-1}+\cdots+b_{n-1}(x-c)+b_n$$

となる．

与えられた多項式 $f(x)$ を $x-c$ の多項式に変形することを，$c$ を中心として展開するという．普通の多項式は，0 を中心として展開されているわけである．

さて

$$f(x) = (b_0(x-c)^{n-1}+\cdots+b_{n-1})(x-c)+b_n$$

だから，$b_n$ が，$f(x)$ を $x-c$ で割ったときの余りであることは明らかである．その商は

$$b_0(x-c)^{n-1}+\cdots+b_{n-1}$$

となるが，この式を $x-c$ で割った余りが $b_{n-1}$ である．以下同様に，商を次々に $x-c$ で割っていくと，出てきた余りが，すなわち $c$ を中心とする展開の係数になっている．

だから，多項式を展開するには，組立除法を反復して利用すればよい．

例題7　$x$ に関する多項式 $3x^3-5x^2+2x-7$ を $x-2$ の多項式に直せ．

解

| | | | | |
|---|---|---|---|---|
| 3 | −5 | 2 | −7 | 2 |
| | 6 | 2 | 8 | |
| 3 | 1 | 4 | 1 | |
| | 6 | 14 | | |
| 3 | 7 | 18 | | |
| | 6 | | | |
| 3 | 13 | | | |

したがって，実際

$$
\begin{aligned}
3x^3-5x^2+2x-7 &= (3x^2+x+4)(x-2)+1 \\
&= [(3x+7)(x-2)+18](x-2)+1 \\
&= [\{3(x-2)+13\}(x-2)+18](x-2) \\
&\qquad +1 \\
&= 3(x-2)^3+13(x-2)^2+18(x-2)+1
\end{aligned}
$$

次々に割ってゆくこの手続きは，第1章2.（p. 14）に述べた2進法などへの変形と似ている．

## 1.7 最大公約式

2つの整数の最大公約数を求めるには，互除法が用いられた（第1章5.1，p. 29）．互除法を多項式の場合に当てはめると，次のようになる．

たとえば，$2x^3+3x^2-4x+5$ と $x^2+2x+4$ の最大公約式を求めるには

$$
\begin{array}{r|l}
 & 2x-1 \\
x^2+2x+4 & 2x^3+3x^2-4x+5 \\
 & 2x^3+4x^2+8x \\
 & -x^2-12x+5 \\
 & -x^2-2x-4 \\
 & -10x+9
\end{array}
\qquad
\begin{array}{r|l}
 & -\frac{1}{10}x-\frac{29}{100} \\
-10x+9 & x^2+2x+4 \\
 & x^2-\frac{9}{10}x \\
 & \frac{29}{10}x+4 \\
 & \frac{29}{10}x-\frac{261}{100} \\
 & \frac{661}{100}
\end{array}
$$

このように最高次の係数が1でない整係数の多項式で割

るときは，あらかじめ割られる多項式を，この場合は$10^2$ $=100$倍しておくと分数が現われなくて計算が楽になる．

$$
\begin{array}{rr|rrr}
 & & & -10 & -29 \\
\cline{3-5}
-10 & 9 & 100 & 200 & 400 \\
 & & 100 & -90 & \\
\cline{3-5}
 & & & 290 & 400 \\
 & & & 290 & -261 \\
\cline{4-5}
 & & & & 661
\end{array}
$$

ただし，最後に商も余りもまた100で割っておくことを忘れてはならない．

ただし有理係数の範囲内でよければ，最大公約式の定数倍はまた最大公約式であるから，その必要はないともいえる．

したがって最大公約式は $\dfrac{661}{100}$ である．

例題8　$12x^3+8x^2-x+21$ と $6x^2+x-12$ の最大公約式を求めよ．

解

$$
\begin{array}{r|l}
 & \phantom{12x^3+8x^2-}\;2x+1 \\
\cline{2-2}
6x^2+x-12 & 12x^3+8x^2-\phantom{24}x+21 \\
 & 12x^3+2x^2-24x \\
\cline{2-2}
 & \phantom{12x^3+}6x^2+23x+21 \\
 & \phantom{12x^3+}6x^2+\phantom{23}x-12 \\
\cline{2-2}
 & \phantom{12x^3+6x^2+}22x+33
\end{array}
\qquad
\begin{array}{r|l}
 & \dfrac{3}{11}x-\dfrac{4}{11} \\
\cline{2-2}
22x+33 & 6x^2+\phantom{9}x-12 \\
 & 6x^2+9x \\
\cline{2-2}
 & \phantom{6x^2}-8x-12 \\
 & \phantom{6x^2}-8x-12 \\
\cline{2-2}
 & \phantom{6x^2-8x-1}0
\end{array}
$$

したがって，最大公約式は$22x+33$あるいは$2x+3$である．

# 2　多項式と方程式

**方程式**という言葉は数学のなかでもっともひんぱんに出てくる言葉の１つである．しかもこの言葉はもっとも古い言葉の１つである．中国最古の数学書といわれる『九章算術』の第八章は「方程」となっていて，今日でいう連立１次方程式を扱っている．『大日本数学史』を書いた遠藤利貞によると，「方程」とは「量を比べる」という意味であるという．

たしかに

$$x+3=8$$

という方程式は左辺の量と右辺の量を比べて，それが等しいといっているのだから，その解釈はもっともだと思われる．

## 2.1　方程式の根

さまざまな方程式を解くことは代数学のなかの大きな部分を占めている．

一般に，$f_1(x_1, x_2, \cdots, x_n)$, $f_2(x_1, x_2, \cdots, x_n)$, $\cdots$, $f_m(x_1, x_2, \cdots, x_n)$ がすべて多項式であるとき，それらを連立させて

$$\begin{cases} f_1(x_1, x_2, \cdots, x_n) = 0 \\ f_2(x_1, x_2, \cdots, x_n) = 0 \\ \cdots\cdots\cdots\cdots\cdots\cdots\cdots\cdots \\ f_m(x_1, x_2, \cdots, x_n) = 0 \end{cases}$$

を同時に満足する $x_1, x_2, \cdots, x_n$ の組を発見することが問題となるが，ここではまず，$n=1$, $m=1$ の場合から始めていこう．

つまり $f(x)$ を $x$ の多項式であるとしたとき，$f(x)=0$ となる $x$ をどうして発見するか，その方法を探究することから始めよう．$f(x)$ を具体的に書くと次のようになる．

$$f(x) = a_0x^n+a_1x^{n-1}+\cdots+a_{n-1}x+a_n = 0$$

ここで $a_0 \neq 0$ とする．このような方程式を **$\boldsymbol{n}$ 次の代数方程式**という．

$n$ が1のときは

$$a_0x+a_1 = 0 \quad (a_0 \neq 0)$$

$$a_0x = -a_1$$

$$x = -\frac{a_1}{a_0}$$

というただ1つの**根**（解ともいう）が得られる．

これは係数 $a_0, a_1$ の属する体のなかで根が発見できる．なぜなら，体は四則に対して閉じているからである（p. 43 参照）．

次に，$n=2$ の場合に移ろう．

$$a_0x^2+a_1x+a_2 = 0 \quad (a_0 \neq 0)$$

のときは $a_0$ で両辺を割る．

$$x^2+\frac{a_1}{a_0}x+\frac{a_2}{a_0} = 0$$

これから

$$\left(x+\frac{a_1}{2a_0}\right)^2-\frac{{a_1}^2}{4{a_0}^2}+\frac{a_2}{a_0}=0$$

$$\left(x+\frac{a_1}{2a_0}\right)^2=\frac{{a_1}^2-4a_0a_2}{4{a_0}^2}$$

$$x+\frac{a_1}{2a_0}=\pm\frac{\sqrt{{a_1}^2-4a_0a_2}}{2a_0}$$

したがって

$$x=-\frac{a_1}{2a_0}\pm\frac{\sqrt{{a_1}^2-4a_0a_2}}{2a_0}$$

なお，平方根のなかの式

$$D={a_1}^2-4a_0a_2$$

を 2 次方程式の**判別式**という．

一般の 3 次方程式の解法については後述することにし（p. 244 参照），しばらく他の問題について考えよう．

## 2.2 剰余の定理

変数が 1 個の多項式

$$f(x)=a_0x^n+a_1x^{n-1}+\cdots+a_{n-1}x+a_n$$

と，それを 0 とおいた代数方程式

$$f(x)=0$$

の根との間には深い関係がある．

実際，$f(x)$ を 1 次式 $x-c$ で割ったときの商を $\varphi(x)$，余りを $R$ とすると，恒等的に

$$f(x)=\varphi(x)(x-c)+R$$

が成り立つ．

この式で，$x=c$ とおくと

$$f(c)=\varphi(c)(c-c)+R=R$$

つまり，次の定理が成り立つ．

**定理 11（剰余定理）** $f(x)$ を $x-c$ で割ったときの余りが $f(c)$ に当たる．とくに $f(x)$ が $x-c$ で割り切れるときは，$f(c)=0$ つまり $c$ は $f(x)=0$ の根である．

$f(c)=0$ の場合，定理 11 が次のように言いかえられることは明らかである．

**定理 12（因数定理）** $c$ が $f(x)=0$ の根であるとき，$f(x)$ は $x-c$ で割り切れ，$f(x)=(x-c)\varphi(x)$ と書ける．ただし $\varphi(x)$ の次数は $f(x)$ の次数より 1 だけ小さい．

これらの定理から，$x=c$ における関数値 $f(c)$ を求めるには，$f(x)$ を $x-c$ で割った余りを求めればよいから，組立除法が利用できる．

**例題 9** $f(x)=x^4+2x^2+x+2$ のとき，$f(1)$ と $f(-2)$ を求めよ．

**解**

$$\begin{array}{rrrrr|l} 1 & 0 & 2 & 1 & 2 & 1 \\ & 1 & 1 & 3 & 4 & \\ \hline 1 & 1 & 3 & 4 & 6 & \end{array} \qquad \begin{array}{rrrrr|l} 1 & 0 & 2 & 1 & 2 & -2 \\ & -2 & 4 & -12 & 22 & \\ \hline 1 & -2 & 6 & -11 & 24 & \end{array}$$

したがって，$f(1)=6$，$f(-2)=24$

このことから，また次の定理が得られる．

**定理 13**　$n$ 次の方程式 $f(x)=0$ は $n$ 個より多くの異なった根をもつことはない．

**証明**　$f(x) = a_0x^n+a_1x^{n-1}+\cdots+a_{n-1}x+a_n \quad (a_0 \neq 0)$ とし，数学的帰納法を用いる．

$n=1$ のときは明らかに定理は成り立つ．

$(n-1)$ 次までは定理は正しいとする．

いま，$c_1, c_2, \cdots, c_n, c_{n+1}$ が $f(x)=0$ の異なる根であるとしよう．

$f(c_1)=0$ だから，定理 12 によって

$$f(x) = (x-c_1)\varphi(x)$$

と書ける．$\varphi(x)$ は $(n-1)$ 次の多項式である．

$f(x)$ は $c_1$ のほかに $c_2, c_3, \cdots, c_n, c_{n+1}$ という $n$ 個の根をもつとしたから

$$f(c_2) = (c_2-c_1)\varphi(c_2) = 0$$
$$f(c_3) = (c_3-c_1)\varphi(c_3) = 0$$
$$\cdots\cdots\cdots\cdots\cdots\cdots\cdots\cdots\cdots\cdots\cdots\cdots$$
$$f(c_{n+1}) = (c_{n+1}-c_1)\varphi(c_{n+1}) = 0$$

となり，$c_2-c_1, c_3-c_1, \cdots, c_{n+1}-c_1$ は 0 でないから

$$\varphi(c_2) = \varphi(c_3) = \cdots = \varphi(c_{n+1}) = 0$$

となる．つまり $(n-1)$ 次の多項式が $n$ 個の根をもつことになり，矛盾である．だから，$n$ 次方程式 $f(x)=0$ は $n$ 個より多くの根をもち得ない．　(証明終)

この定理から次のことがいえる．

**定理 13′**　高々 $n$ 次の方程式 $f(x)=0$ が $n$ 個より多く

の異なった根をもつならば，$f(x)$ のすべての係数は 0 である．

**証明**　$f(x)$ の係数のうち 0 でないものがあるとし，そのうちの最高次の係数が $x^k$ の係数であるとすると*，$f(x)=0$ は $k$ 次 $(1\leqq k\leqq n)$ の方程式になる．ところが仮定から，これが $k$ 個より多くの異なる根をもつことになるから矛盾である．それゆえ，$f(x)$ の係数のうちには 0 でないものは存在しない．　（証明終）

**定理 14（一致の定理）**　$f(x), g(x)$ はともに $n$ 次の多項式とする．このとき，$x$ の $(n+1)$ 個の異なる値に対して $f(x), g(x)$ が同じ値をとるならば，$f(x), g(x)$ のすべての係数は一致し，したがって，$f(x), g(x)$ は $x$ のあらゆる値に対して恒等的に等しくなる．

**証明**

$$f(x) = a_0x^n+a_1x^{n-1}+\cdots+a_{n-1}x+a_n$$
$$g(x) = b_0x^n+b_1x^{n-1}+\cdots+b_{n-1}x+b_n$$

として

$$h(x) = f(x)-g(x)$$

とおけば，$h(x)$ は高々 $n$ 次である．

$x = c_1, c_2, \cdots, c_{n+1}$ に対して $f(x)$ と $g(x)$ が同じ値をとるとすれば

$$h(c_1) = f(c_1)-g(c_1) = 0$$
$$h(c_2) = f(c_2)-g(c_2) = 0$$
$$\cdots\cdots\cdots\cdots\cdots\cdots\cdots\cdots$$

---

*　$k=0$ ではあり得ない．

$$h(c_{n+1}) = f(c_{n+1}) - g(c_{n+1}) = 0$$

となり，定理 13′ によって $h(x)$ のすべての係数は 0 となる．

$$a_0 - b_0 = 0 \quad したがって \quad a_0 = b_0$$
$$a_1 - b_1 = 0 \quad したがって \quad a_1 = b_1$$
$$\cdots\cdots\cdots\cdots\cdots\cdots\cdots\cdots\cdots\cdots\cdots$$
$$a_n - b_n = 0 \quad したがって \quad a_n = b_n$$

このとき，いかなる $x$ の値に対しても

$$f(x) = g(x)$$

（証明終）

**定理 15**　$f(x), g(x)$ が $n$ 次の多項式で $n$ 次の係数が等しいとき，$f(x), g(x)$ が $x$ の $n$ 個の異なる値に対して等しくなるならば，$x$ のすべての値に対して等しくなる．

**証明**　$h(x) = f(x) - g(x)$ は $n$ 次の項が消えて，$n-1$ 次以下となるから，$f(x)$ と $g(x)$ の係数はすべて等しくなり，$x$ のすべての値に対して等しくなる．（証明終）

### 練習問題 3. 1

1　多項式 $f(x)$ を 2 次式 $(x-a)(x-b)$ で割ったときの余りを求めよ．ただし，$a \neq b$ とする．

2　多項式 $f(x)$ を 2 次式 $(x-a)^2$ で割ったときの余りを求めよ．

## 2. 3　根と係数との関係

多項式 $f(x)$ を 0 とおいた方程式

$$f(x) = a_0x^n + a_1x^{n-1} + \cdots + a_{n-1}x + a_n = 0$$

が根 $\alpha_1$ をもてば，因数定理によって，$f(x)$ は $x-\alpha_1$ で割り切れて

$$f(x) = (x-\alpha_1)\varphi_1(x)$$

と書ける．この方程式がさらに異なった根 $\alpha_2$ をもてば

$$0 = f(\alpha_2) = (\alpha_2-\alpha_1)\varphi_1(\alpha_2)$$

で，$\alpha_2-\alpha_1 \neq 0$ であるから

$$\varphi_1(\alpha_2) = 0$$

でなければならない．つまり $\alpha_2$ は方程式

$$\varphi_1(x) = 0$$

の根である．したがって再び因数定理によって，$\varphi_1(x)$ は $x-\alpha_2$ で割り切れるから

$$f(x) = (x-\alpha_1)(x-\alpha_2)\varphi_2(x)$$

の形に書ける．

$f(x)=0$ が $n$ 個の異なった根 $\alpha_1, \alpha_2, \cdots, \alpha_n$ をもつときは，$f(x)$ は $(x-\alpha_1)(x-\alpha_2)\cdots(x-\alpha_n)$ で割り切れて

$$f(x) = (x-\alpha_1)(x-\alpha_2)\cdots(x-\alpha_n)\varphi(x)$$

の形に書ける．

$f(x)$ が $n$ 次の場合には，$\varphi(x)$ は0次，つまり定数であるが，両辺の $x^n$ の係数を比較してみればわかるように，それは $a_0$ となる．したがって

$$f(x) = a_0(x-\alpha_1)(x-\alpha_2)\cdots(x-\alpha_n) \tag{1}$$

の形に1次因数に完全に分解される．

右辺の1次因数の積を展開してみると

$$(x-\alpha_1)(x-\alpha_2)\cdots(x-\alpha_n)$$

$$
\begin{aligned}
&= x^n-(\alpha_1+\alpha_2+\cdots+\alpha_n)x^{n-1} \\
&\quad +(\alpha_1\alpha_2+\alpha_1\alpha_3+\cdots+\alpha_{n-1}\alpha_n)x^{n-1}+\cdots \\
&\quad +(-1)^{n-1}(\alpha_1\alpha_2\cdots\alpha_{n-1}+\cdots+\alpha_2\alpha_3\cdots\alpha_n)x \\
&\quad +(-1)^n\alpha_1\alpha_2\cdots\alpha_n \qquad (2)
\end{aligned}
$$

となるから，上の (1) 式の両辺の係数を比較して

$$
\left.
\begin{aligned}
&\alpha_1+\alpha_2+\cdots+\alpha_n = -\frac{a_1}{a_0} \\
&\alpha_1\alpha_2+\alpha_1\alpha_3+\cdots+\alpha_{n-1}\alpha_n = \frac{a_2}{a_0} \\
&\cdots\cdots\cdots\cdots\cdots\cdots\cdots\cdots\cdots \\
&\alpha_1\alpha_2\cdots\alpha_{n-1}+\cdots+\alpha_2\alpha_3\cdots\alpha_n = (-1)^{n-1}\frac{a_{n-1}}{a_0} \\
&\alpha_1\alpha_2\cdots\alpha_n = (-1)^n\frac{a_n}{a_0}
\end{aligned}
\right\} \qquad (3)
$$

が得られる．一般に，$f(x)$ の係数 $(-1)^k\dfrac{a_k}{a_0}$ は，$\alpha_1, \alpha_2, \cdots, \alpha_n$ のなかから $k$ 個を選んで積をつくり，そうしてできた $\dbinom{n}{k}$ 個の項を加えたものに等しい．

この因数分解 (1) と (3) との関係は，$\alpha_1, \alpha_2, \cdots, \alpha_n$ のなかに等しいものがあっても成り立つことに注意しよう．(1) から (3) を導く過程では，これらの数が異なるという仮定は用いなかったから．

また，(1) と (3) の間は，恒等式 (2) が結んでいるから，逆に (2) という関係があれば，$\alpha_1, \alpha_2, \cdots, \alpha_n$ は代数方程式 (1) の根であることもいえる．

たとえば

$$\alpha+\beta = b_1 \qquad \alpha\beta = b_2$$

という関係があれば，$\alpha, \beta$ は2次方程式

$$f(x) = x^2 - b_1 x + b_2$$

の根である．

## 3 補間法

### 3.1 1次関数の場合

$f(x)$ が1次の多項式であるときは

$$f(x) = a_0 x + a_1 \quad (a_0 \neq 0)$$

と書ける．一般に $a_0, a_1$ は複素数でもよいが，ここでは特に実数であるとすれば，$y = a_0 x + a_1$ のグラフは $(x, y)$ 平面上で直線になる．

ここでもし，平面上の2点 $(x_1, y_1), (x_2, y_2)$ を通るという条件を与えると

$$y_1 = a_0 x_1 + a_1$$
$$y_2 = a_0 x_2 + a_1$$

となり（図3-1），ひき算をすると

$$y_1 - y_2 = a_0(x_1 - x_2) \qquad a_0 = \frac{y_1 - y_2}{x_1 - x_2}$$

また，第2式に $x_1$ を掛け第1式に $x_2$ を掛けて引くと

$$x_1 y_2 - x_2 y_1 = a_1(x_1 - x_2) \qquad a_1 = \frac{x_1 y_2 - x_2 y_1}{x_1 - x_2}$$

となり，$a_0, a_1$ が決まり，求める1次式が得られる．

$$y = \frac{(y_1 - y_2)x + x_1 y_2 - x_2 y_1}{x_1 - x_2}$$

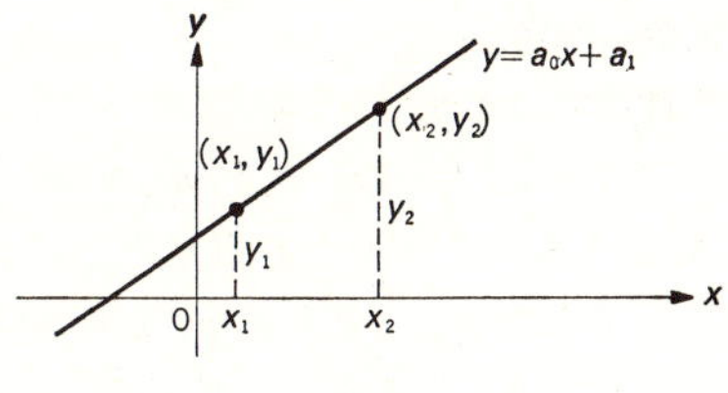


図 3–1

これは $f(x)$ という $x$ の 1 次式で表された関数である. 1 次関数 $y=f(x)$ の 2 点 $x_1, x_2$ における値 $y_1, y_2$ から, この式が得られると, $x$ のあらゆる値に対する $f(x)=y$ の値が求まる. すなわち, $x_1, x_2$ の間もしくは外部の未知であった値もわかるということである. 図形的にいうと 2 点の間を直線でつなぐことである (図 3–2). 間を補うということから, この方法を**補間法**という.

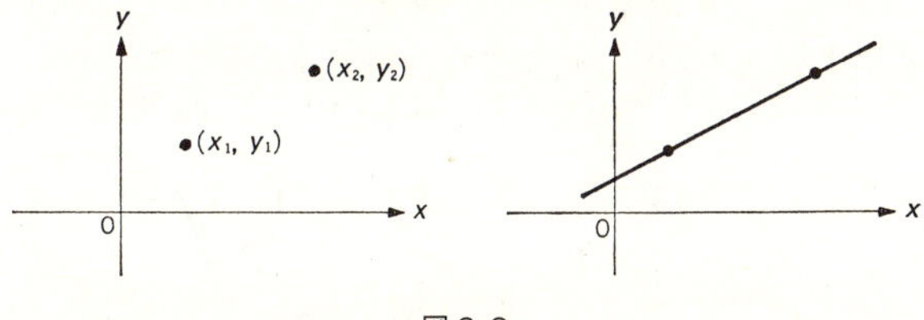


図 3–2

1 次関数 $y=a_0x+a_1$ は未定の係数として $a_0, a_1$ の 2 個をもっているから,「2 点を通る」という 2 個の条件から, それを決めることができたわけである.

## 3.2 2次関数の場合

では，2次関数ではどうだろうか．

$$f(x) = a_0x^2 + a_1x + a_2$$

という2次関数をみると，$a_0, a_1, a_2$ は未定であるから，そのグラフが指定された3点を通るように定めれば，この関数を決めることができるだろう．

$y = a_0x^2 + a_1x + a_2$ が，たとえば，$(0,1), (-1,1), (1,3)$ という3点を通ることを式に書くと

$$\begin{cases} 1 = a_0 \cdot 0^2 + a_1 \cdot 0 + a_2 & (1) \\ 1 = a_0(-1)^2 + a_1(-1) + a_2 & (2) \\ 3 = a_0 \cdot 1^2 + a_1 \cdot 1 + a_2 & (3) \end{cases}$$

となる．(1) から

$$a_2 = 1$$

(2) と (3) から

$$a_0 = 1 \qquad a_1 = 1$$

が求まる．つまり，$a_0 = a_1 = a_2 = 1$ で，求める2次式は

$$f(x) = x^2 + x + 1$$

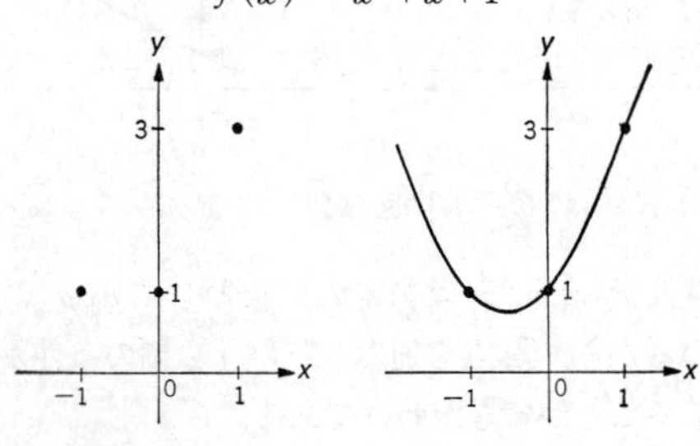


図 3-3

であることがわかる（図 3-3）.

## 3.3 *n* 次関数の場合

同じようにして，一般の $n$ 次関数

$$f(x) = a_0x^n + a_1x^{n-1} + \cdots + a_{n-1}x + a_n$$

でも，$n+1$ 個の点 $(x_1, y_1), \cdots, (x_{n+1}, y_{n+1})$ を通るという条件を式に書くと

$$\begin{cases} y_1 = a_0{x_1}^n + a_1{x_1}^{n-1} + \cdots + a_{n-1}x_1 + a_n \\ y_2 = a_0{x_2}^n + a_1{x_2}^{n-1} + \cdots + a_{n-1}x_2 + a_n \\ \cdots\cdots\cdots\cdots\cdots\cdots\cdots\cdots\cdots\cdots\cdots\cdots \\ y_{n+1} = a_0{x_{n+1}}^n + a_1{x_{n+1}}^{n-1} + \cdots + a_{n-1}x_{n+1} + a_n \end{cases}$$

という連立1次方程式になるが，未定の係数 $a_0, a_1, \cdots, a_n$ の個数が $(n+1)$ 個であるから，忠実に解いていけば $a_0, a_1, \cdots, a_n$ が求められるわけである.

しかし，この連立方程式を真正直に解くことは大へんやっかいであって，$n$ が少し大きくなると，ほとんど不可能に近くなる.

そこで，もっと簡単に，しかも見通しよく解く方法が工夫された.

まず，初めに $x=x_1, x_2, \cdots, x_{n+1}$ という点のうち，1点たとえば $x_1$ の点で1になり他の点ではすべて0になる $n$ 次の関数をつくってみる．それを $\varphi_1(x)$ とする．同じく $x=x_2$ で1になり他の点ではすべて0になるような $n$ 次の関数をつくり，それを $\varphi_2(x)$ とする．このようにして

$$\varphi_1(x),\ \ \varphi_2(x),\ \ \cdots,\ \ \varphi_{n+1}(x)$$

がつくられたものとしよう.

このような関数$\varphi_1(x), \varphi_2(x), \cdots, \varphi_{n+1}(x)$から

$$y_1\varphi_1(x)+y_2\varphi_2(x)+\cdots+y_{n+1}\varphi_{n+1}(x)=f(x) \qquad (4)$$

をつくると,このような$f(x)$が求める関数になるというのである.果たしてそうなっているだろうか.

$x=x_1$とおいてみると

$$f(x_1)=y_1\varphi_1(x_1)+y_2\varphi_2(x_1)+\cdots+y_{n+1}\varphi_{n+1}(x_1)$$

これは$\varphi_1(x), \varphi_2(x), \cdots, \varphi_{n+1}(x)$の定義により

$$=y_1\cdot 1+y_2\cdot 0+\cdots+y_{n+1}\cdot 0=y_1$$

となる.

また$x=x_2$とおくと

$$f(x_2)=y_1\varphi_1(x_2)+y_2\varphi_2(x_2)+\cdots+y_{n+1}\varphi_{n+1}(x_2)$$

となり,やはり,定義によって

$$=y_1\cdot 0+y_2\cdot 1+y_3\cdot 0+\cdots+y_{n+1}\cdot 0=y_2$$

となる.$x=x_3, \cdots, x_{n+1}$についてもまったく同様に

$$f(x_3)=y_3$$

$$\cdots\cdots\cdots\cdots\cdots$$

$$f(x_{n+1})=y_{n+1}$$

が得られ,条件の全部が満たされる.

さて,この章の2.2の定理14 (p.162) によって,2つの$n$次の多項式$f(x), g(x)$は,$(n+1)$個の異なった値$x_1, x_2, \cdots, x_{n+1}$において一致した値をとれば多項式としても一致するから,これらの$x_1, x_2, \cdots, x_{n+1}$でそれぞれ値$y_1, y_2, \cdots, y_{n+1}$をとる$n$次関数は,今求めた

$$f(x)=y_1\varphi_1(x)+y_2\varphi_2(x)+\cdots+y_{n+1}\varphi_{n+1}(x)$$

以外にはない.

では, このような $\varphi_1(x), \varphi_2(x), \cdots, \varphi_{n+1}(x)$ をどのようにしてつくることができるだろうか.

$\varphi_1(x)$ はまず $x_2, x_3, \cdots, x_{n+1}$ で 0 になる $n$ 次の関数だから, それらを根にもっている. したがって因数定理によって, $x-x_2, x-x_3, \cdots, x-x_{n+1}$ で割り切れ

$$\varphi_1(x) = c_1(x-x_2)(x-x_3)\cdots(x-x_{n+1})$$

の形に書ける. $c_1$ はある定数である. 次に $\varphi_1(x_1)=1$ という条件から

$$1 = \varphi_1(x_1) = c_1(x_1-x_2)(x_1-x_3)\cdots(x_1-x_{n+1})$$

となり

$$c_1 = \frac{1}{(x_1-x_2)(x_1-x_3)\cdots(x_1-x_{n+1})}$$

が得られ, 結局

$$\varphi_1(x) = \frac{(x-x_2)(x-x_3)\cdots(x-x_{n+1})}{(x_1-x_2)(x_1-x_3)\cdots(x_1-x_{n+1})}$$

となる. $\varphi_2(x), \cdots, \varphi_{n+1}(x)$ についてもまったく同様に

$$\varphi_2(x) = \frac{(x-x_1)(x-x_3)\cdots(x-x_{n+1})}{(x_2-x_1)(x_2-x_3)\cdots(x_2-x_{n+1})}$$

$$\cdots\cdots\cdots\cdots\cdots\cdots\cdots\cdots\cdots\cdots\cdots\cdots$$

$$\varphi_{n+1}(x) = \frac{(x-x_1)(x-x_2)\cdots(x-x_n)}{(x_{n+1}-x_1)(x_{n+1}-x_2)\cdots(x_{n+1}-x_n)}$$

とすればよい.

だが, この形はすこし複雑であり, また計算にも便利ではない. そこでこの形をもうすこし簡潔にすることを次節

で考えてみよう.

# 4 多項式の微分

## 4.1 微 分 法

この本の趣旨からみれば，やや逸脱の感じがするが，微分について簡単に述べておこう．前にも述べたように

$$f(x) = a_0x^n + a_1x^{n-1} + \cdots + a_{n-1}x + a_n$$

($a_0, a_1, \cdots, a_n$ は実数とする)

で，$x$ の代わりに $t+c$ とおきかえて，番号を逆につけて

$$f(t+c) = b_nt^n + b_{n-1}t^{n-1} + \cdots + b_1t + b_0$$

とし，$t$ をもとの $x-c$ に直すと

$$f(x) = b_0 + b_1(x-c) + b_2(x-c)^2 + \cdots + b_n(x-c)^n$$

という形になる.

$x$ が $c$ に近いときは $x-c$ は小さいが

$$(x-c), (x-c)^2, \cdots, (x-c)^n$$

は，さきにいくほど次第に小さくなる.

ここで，初めの2項だけとり出してみると

$$b_0 + b_1(x-c)$$

となる．これは1次関数であるから $(x, y)$ 平面上で直線を表す．第3項からさきは $x-c$ よりさらに小さいから，$x$ が $c$ に近づけば極めて小さくなる．だから，$b_0+b_1(x-c)$ は $x=c$ における $y=f(x)$ のグラフの接線を表す．(図3-4)

だから，このとき $b_1$ は $x=c$ における接線の勾配を表

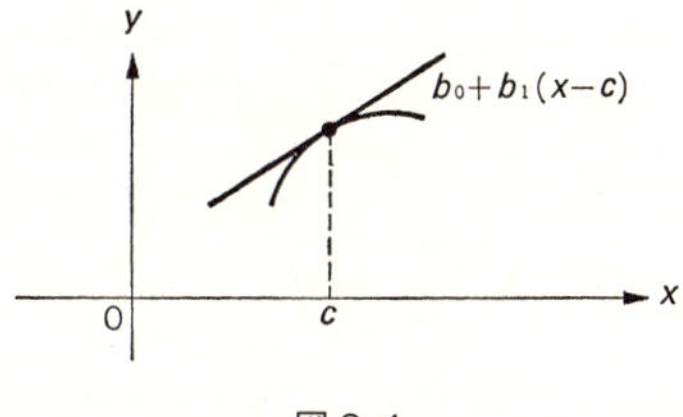


図 3-4

す．$b_0$ は前にも述べたように $x=c$ における $f(x)$ の値 $f(c)$ である（p. 160 定理 11）．

$$f(x) = f(c)+b_1(x-c)+b_2(x-c)^2+\cdots$$

$$\frac{f(x)-f(c)}{x-c} = b_1+b_2(x-c)+\cdots$$

ここで，$x$ を $c$ に近づけると，$b_2(x-c)+b_3(x-c)^2+\cdots$ は 0 に近づく．だから $b_1$ は $\dfrac{f(x)-f(c)}{x-c}$ で $x$ を $c$ に近づけたとき近づく値で，微分学の記号によると

$$b_1 = \lim_{x\to c}\frac{f(x)-f(c)}{x-c}$$

となる．

これを $x=c$ における $f(x)$ の**微分係数**といい，$f'(c)$ で表す．$f'(c)$ は $c$ によって決まり，$c$ の関数となるから，$c$ の代わりに $x$ と書いて $f'(x)$ を $f(x)$ の**導関数**ともいう．$f(x)$ から導関数 $f'(x)$ をつくり出すことを，$f(x)$ を**微分するという**．記号的には

$$\frac{df(x)}{dx} = f'(x)$$

と書く.

$$f(x) = ax^n \quad (a \text{ は定数})$$

を微分すると

$$\frac{ax^n - ac^n}{x-c} = \frac{a(x^n - c^n)}{x-c} = a(x^{n-1} + cx^{n-2} + \cdots + c^{n-1})$$

ここで $x$ を $c$ に近づけると，右辺は $a \cdot n \cdot c^{n-1}$ に近づき，$f'(c) = nac^{n-1}$ となる．つまり，$ax^n$ を微分すると $nax^{n-1}$ となる．

すなわち

$$\frac{d(ax^n)}{dx} = nax^{n-1}$$

同じように

$$\frac{da(x-c)^n}{dx} = na(x-c)^{n-1}$$

また

$$\frac{d}{dx}(f(x) \pm g(x)) = \frac{df(x)}{dx} \pm \frac{dg(x)}{dx}$$

が得られる．

$f(x)$ が定数のときは

$$\frac{df(x)}{dx} = 0$$

である．また

$$f(x) = f(c) + f'(c)(x-c) + \cdots$$
$$g(x) = g(c) + g'(c)(x-c) + \cdots$$

のとき

$$f(x)g(x)$$
$$= f(c)g(c)+(f'(c)g(c)+f(c)g'(c))(x-c)+\cdots$$

となるから，$x=c$ における $f(x)g(x)$ の微分係数は

$$f'(c)g(c)+f(c)g'(c)$$

となる．

したがって

$$\frac{d}{dx}(f(x)g(x)) = \frac{df(x)}{dx}\cdot g(x)+f(x)\frac{dg(x)}{dx}$$

この積の公式を繰返して使うと

$$\frac{d}{dx}f(x)g(x)\cdots k(x)$$
$$= \frac{df(x)}{dx}\cdot g(x)\cdots k(x)+f(x)\cdot\frac{dg(x)}{dx}h(x)\cdots k(x)+\cdots$$
$$+f(x)g(x)\cdots\frac{dk(x)}{dx}$$

すなわち，どれか１つの因数を微分して他の因数を掛け，そうした積をすべて加えればよい．

## 4.2 テイラーの公式

この微分を適用すると

$$f(x) = b_0+b_1(x-c)+b_2(x-c)^2+\cdots+b_n(x-c)^n$$

という展開における係数 $b_0, b_1, \cdots, b_n$ を求めることができる．

$x=c$ を代入して両辺を比較すると

$$f(c) = b_0$$

1回微分すると

$$f'(x) = b_1+2b_2(x-c)+\cdots+nb_n(x-c)^{n-1}$$

$x=c$ を代入すると

$$f'(c) = b_1$$

次に，得られた $f'(x)$ をまた $x$ で微分してみよう．このように，ひき続いて2回微分して得られた式を，2階導関数といい

$$\frac{d^2f(x)}{dx^2} = f''(x)$$

と表す．同じように，ひき続いて $m$ 回微分して得られる $m$ 階導関数を

$$\frac{d^mf(x)}{dx^m} = f^{(m)}(x)$$

と書く．階数 $m$ の値が比較的小さいときにのみ

$$f'(x),\ f''(x),\ f'''(x)$$

などの記号を使う．

さて，$f'(x)$ を $x$ で微分すると

$$f''(x) = 2b_2+3\cdot 2b_3(x-c)+\cdots+n(n-1)b_n(x-c)^{n-2}$$

$x=c$ とおくと

$$f''(c) = 2b_2$$

以下同様にして

$$f'''(c) = 3\cdot 2b_3$$

$$\cdots\cdots\cdots\cdots\cdots\cdots\cdots\cdots\cdots$$

$$f^{(n)}(c) = n(n-1)\cdots 2b_n$$

したがって

$$b_2 = \frac{f''(c)}{2}$$

$$b_3 = \frac{1}{3\cdot 2}f'''(c)$$

……………………………………

$$b_n = \frac{1}{n(n-1)\cdots 2}f^{(n)}(c) = \frac{f^{(n)}(c)}{n!}$$

したがって，

$$\boldsymbol{f(x) = f(c)+f'(c)(x-c)+\frac{f''(c)}{2!}(x-c)^2+\cdots}$$
$$\boldsymbol{+\frac{f^{(n)}(c)}{n!}(x-c)^n}$$

これをテイラーの公式という．

## 4.3　ラグランジュの補間公式

ここで前に残した $\varphi_1(x)$ を求めよう．

$$F(x) = (x-x_1)(x-x_2)\cdots(x-x_{n+1})$$

とおいて，この $F(x)$ を微分してみよう．積の微分法を適用すると

$$\begin{aligned}F'(x) &= \frac{d}{dx}F(x)\\ &= (x-x_2)\cdots(x-x_{n+1})\\ &\quad +(x-x_1)(x-x_3)\cdots(x-x_{n+1})+\cdots\\ &\quad +(x-x_1)(x-x_2)\cdots(x-x_n)\end{aligned}$$

ここで，$x=x_1$ とおくと

$$F'(x_1) = (x_1-x_2)(x_1-x_3)\cdots(x_1-x_{n+1})$$

これを先の補間の公式の $\varphi_1(x)$ に入れると

$$\varphi_1(x) = \frac{(x-x_2)\cdots(x-x_{n+1})}{(x_1-x_2)\cdots(x_1-x_{n+1})}$$

$$= \frac{(x-x_2)\cdots(x-x_{n+1})}{F'(x_1)} = \frac{F(x)}{(x-x_1)F'(x_1)}$$

同様にして

$$\varphi_i(x)$$

$$= \frac{(x-x_1)\cdots(x-x_{i-1})(x-x_{i+1})\cdots(x-x_{n+1})}{(x_i-x_1)\cdots(x_i-x_{i-1})(x_i-x_{i+1})\cdots(x_i-x_{n+1})}$$

$$= \frac{(x-x_1)\cdots(x-x_{i-1})(x-x_i)(x-x_{i+1})\cdots(x-x_{n+1})}{(x_i-x_1)\cdots(x_i-x_{i-1})(x-x_i)(x_i-x_{i+1})\cdots(x_i-x_{n+1})}$$

$$= \frac{F(x)}{(x-x_i)F'(x_i)}$$

となる．これを先の公式（p. 170 (4) 式）に入れると

$$\boldsymbol{f(x) = \frac{y_1F(x)}{(x-x_1)F'(x_1)} + \frac{y_2F(x)}{(x-x_2)F'(x_2)}}$$

$$\boldsymbol{+\cdots+\frac{y_{n+1}F(x)}{(x-x_{n+1})F'(x_{n+1})}}$$

これを整理すると

$$\boldsymbol{f(x) = F(x)\left(\frac{y_1}{F'(x_1)(x-x_1)} + \frac{y_2}{F'(x_2)(x-x_2)}\right.}$$

$$\boldsymbol{\left.+\cdots+\frac{y_{n+1}}{F'(x_{n+1})(x-x_{n+1})}\right)}$$

これをラグランジュの補間公式という．

**例題 10** $(-1,2),(0,-1),(2,3)$ を通る 2 次関数を求めよ.

**解**

$$F(x)=(x+1)(x-0)(x-2)=x^3-x^2-2x$$
$$F'(x)=3x^2-2x-2$$
$$F'(-1)=3 \qquad F'(0)=-2 \qquad F'(2)=6$$

$$f(x)=\frac{2(x-0)(x-2)}{3}+\frac{(-1)(x+1)(x-2)}{-2}+\frac{3(x+1)(x-0)}{6}$$
$$=\frac{1}{6}\{4x(x-2)+3(x+1)(x-2)+3(x+1)x\}$$
$$=\frac{1}{6}(4x^2-8x+3x^2-3x-6+3x^2+3x)$$
$$=\frac{1}{6}(10x^2-8x-6)=\frac{5}{3}x^2-\frac{4}{3}x-1$$

**例題 11** 次の 4 点を通る 3 次関数を求めよ.

| $x$ | $-3$ | $-2$ | $0$ | $2$ |
|---|---|---|---|---|
| $y$ | $-3$ | $-1$ | $2$ | $-1$ |

**解**

$$F(x)=(x+3)(x+2)(x-0)(x-2)$$
$$=x(x+3)(x^2-4)=x^4+3x^3-4x^2-12x$$
$$F'(x)=4x^3+9x^2-8x-12$$
$$F'(-3)=4\cdot(-3)^3+9\cdot(-3)^2-8\cdot(-3)-12=-15$$
$$F'(-2)=8$$

$$F'(0) = -12$$

$$F'(2) = 40$$

$$(x+2)x(x-2) = x^3-4x$$

$$(x+3)x(x-2) = x^3+x^2-6x$$

$$(x+3)(x+2)(x-2) = x^3+3x^2-4x-12$$

$$(x+3)(x+2)x = x^3+5x^2+6x$$

$$\begin{aligned} f(x) &= \frac{(-3)(x^3-4x)}{-15}+\frac{(-1)(x^3+x^2-6x)}{8} \\ &\quad +\frac{2(x^3+3x^2-4x-12)}{-12}+\frac{(-1)(x^3+5x^2+6x)}{40} \\ &= \frac{1}{120}\{24(x^3-4x)-15(x^3+x^2-6x) \\ &\qquad -20(x^3+3x^2-4x-12)-3(x^3+5x^2+6x)\} \\ &= \frac{1}{120}(-14x^3-90x^2+56x+240) \\ &= -\frac{7}{60}x^3-\frac{3}{4}x^2+\frac{7}{15}x+2 \end{aligned}$$

## 練習問題 3.2

1 次の3点を通る2次関数を求めよ.

(1)

| $x$ | $-1$ | $1$ | $2$ |
|---|---|---|---|
| $y$ | $3$ | $-3$ | $6$ |

(2)

| $x$ | $-2$ | $1$ | $3$ |
|---|---|---|---|
| $y$ | $-7$ | $5$ | $-7$ |

(3)

| $x$ | $1$ | $2$ | $4$ |
|---|---|---|---|
| $y$ | $-2$ | $3$ | $-5$ |

(4)

| $x$ | $-4$ | $-2$ | $0$ |
|---|---|---|---|
| $y$ | $4$ | $0$ | $4$ |

(5)

| $x$ | 0 | 1 | 2 |
|---|---|---|---|
| $y$ | 2 | 0 | 0 |

2 次の 4 点を通る 3 次関数を求めよ．

(1)

| $x$ | $-1$ | 1 | 2 | 3 |
|---|---|---|---|---|
| $y$ | 1 | $-3$ | $-5$ | 1 |

(2)

| $x$ | $-1$ | 0 | 1 | 2 |
|---|---|---|---|---|
| $y$ | 9 | $-4$ | $-7$ | $-12$ |

(3)

| $x$ | $-1$ | 0 | 1 | 2 |
|---|---|---|---|---|
| $y$ | 0 | 0 | 0 | 1 |

(4)

| $x$ | $-1$ | 0 | 1 | 2 |
|---|---|---|---|---|
| $y$ | $-4$ | 0 | 0 | 2 |

# 5 因数分解

## 5.1 整数係数の多項式の因数分解

多項式は単項式の和の形をしているが，それを他の多項式の積の形に分解することは，一般には容易でない．しかし，もしそれができたとすれば，因数の次数はもとの多項式の次数より小さいから，問題を次数の低い，より単純な場合に帰着できて都合のよいこともある．しばらく，こうした因数分解の問題を考えていこう．

普通**因数分解**といわれるのは，有理数を係数とする多項式を有理数を係数とする多項式の積に分解することである．

有理数を係数とする多項式はおのおのの係数を通分すると，同分母にして

$$\frac{a_0x^n+a_1x^{n-1}+\cdots+a_{n-1}x+a_n}{k}$$

とすることができる．ここで係数の $a_0, a_1, \cdots, a_n$ はすべて整数である．

だから，ここ当分整数を係数とする多項式だけを取扱うことにする．

ここで，整数係数の多項式

$$f(x) = a_0x^n + a_1x^{n-1} + \cdots + a_{n-1}x + a_n$$

の係数の最大公約数を $[f(x)]$ で表すことにする．

特に $[f(x)]=1$ は，$f(x)$ の係数の公約数が1しかないことを意味する．

$[f(x)]$ については，次の重要な定理が成立つ．

**定理 16**

$$[f(x)g(x)] = [f(x)]\cdot[g(x)]$$

**証明**　まず $[f(x)]=1$, $[g(x)]=1$ のとき，$[f(x)\cdot g(x)]=1$ となることを証明しよう．

もし $[f(x)g(x)]$ が1でなかったら，$f(x)g(x)$ のすべての係数は少なくともある1つの素数 $p$ で割り切れるはずである．

$$f(x) = a_0x^m + a_1x^{m-1} + \cdots + a_{m-1}x + a_m$$
$$g(x) = b_0x^n + b_1x^{n-1} + \cdots + b_{n-1}x + b_n$$

としよう．そのとき，左から順々に $p$ で割り切れるかどうかを当たってみて，最初に割り切れない係数をそれぞれ $a_k, b_l$ としよう．もしこのような $a_k, b_l$ がなかったら，すべての係数が $p$ で割り切れることになって，$[f(x)]=1$, $[g(x)]=1$ に矛盾する．

そこで，

$$f(x) = p(a_0'x^m + \cdots + a_{k-1}'x^{m-k+1}) + (a_kx^{m-k} + \cdots)$$

$$g(x) = p(b_0'x^n + \cdots + b_{l-1}'x^{n-l+1}) + (b_l x^{n-l} + \cdots)$$

この2つを掛け合わせると

$$\begin{aligned} f(x)g(x) \\ &= p^2(a_0'x^m + \cdots + a_{k-1}'x^{m-k+1})(b_0'x^n + \cdots + b_{l-1}'x^{n-l+1}) \\ &\quad + p(a_0'x^m + \cdots + a_{k-1}'x^{m-k+1})(b_l x^{n-l} + \cdots) \\ &\quad + p(b_0'x^n + \cdots + b_{l-1}'x^{n-l+1})(a_k x^{m-k} + \cdots) \\ &\quad + (a_k x^{m-k} + \cdots)(b_l x^{n-l} + \cdots) \end{aligned}$$

ここで $x^{m-k} \cdot x^{n-l}$ の係数は

$$a_k b_l + p(\cdots)$$

という形になっている．この係数が $p$ で割り切れるためには $a_k b_l$ が $p$ で割り切れなければならない．しかし $a_k$ も $b_l$ も素数 $p$ で割り切れないのだから，第1章5.5の定理4（p. 39）によってその積 $a_k b_l$ もまた $p$ で割り切れるはずはない．つまり，$[f(x)g(x)]$ はいかなる素数でも割り切れない．そのような整数は1である．だから

$$[f(x)g(x)] = 1$$

となる．さらに一般的に

$$[f(x)] = F \qquad [g(x)] = G$$

とすれば

$$f(x) = F \cdot f_1(x) \qquad [f_1(x)] = 1$$
$$g(x) = G \cdot g_1(x) \qquad [g_1(x)] = 1$$

とできる．

$$f(x) \cdot g(x) = Ff_1(x) \cdot Gg_1(x) = FGf_1(x)g_1(x)$$
$$[f(x)g(x)] = FG[f_1(x)g_1(x)]$$

前に証明したように，$[f_1(x)] = 1$, $[g_1(x)] = 1$ なら

$[f_1(x)g_1(x)]=1$ だから

$$[f(x)g(x)] = FG\cdot 1 = FG = [f(x)]\cdot[g(x)]$$

この定理から次の定理が得られる.

**定理 17**　$a_0=1$ である整数係数の多項式

$$f(x) = x^n + a_1x^{n-1} + \cdots + a_{n-1}x + \cdots$$

が, 最高次の係数が１である有理数係数の２つの多項式 $g(x), h(x)$ の積に分解されたとすると, その $g(x), h(x)$ は整数係数の多項式である.

**証明**

$$f(x) = g(x)\cdot h(x)$$
$$= (x^k + b_1x^{k-1} + \cdots)(x^l + c_1x^{l-1} + \cdots) \quad (k+l=n)$$

とする. このとき $g(x), h(x)$ の係数を通分して

$$g(x) = \frac{b}{a}g_1(x) \qquad h(x) = \frac{b'}{a'}h_1(x)$$

$a, b, a', b'$ は整数で, $g_1(x), h_1(x)$ は整数係数の多項式, しかも

$$(a, b) = 1 \qquad (a', b') = 1$$
$$[g_1(x)] = 1 \qquad [h_1(x)] = 1$$

とすることができる.

$$f(x) = g(x)\cdot h(x) = \frac{b}{a}g_1(x)\cdot\frac{b'}{a'}h_1(x)$$

$$= \frac{bb'}{aa'}g_1(x)\cdot h_1(x)$$

分母をはらうと

$$aa'f(x) = bb'g_1(x)\cdot h_1(x)$$

$$[\text{左辺}] = [aa'f(x)] = aa'[f(x)]$$

係数 $a_0=1$ だから $[f(x)]=1$，したがって

$$[\text{左辺}] = aa'$$

$$\begin{aligned}[\text{右辺}] &= [bb'g_1(x)\cdot h_1(x)] \\ &= bb'[g_1(x)\cdot h_1(x)] \\ &= bb'[g_1(x)]\cdot[h_1(x)] \\ &= bb'\cdot 1\cdot 1 = bb'\end{aligned}$$

したがって

$$aa' = bb'$$

となり

$$f(x) = g_1(x)h_1(x)$$

$g_1(x), h_1(x)$ は整数係数で $a_0=1$ だから

$$g_1(x) = \pm x^k+\cdots \qquad h_1(x) = \pm x^l+\cdots$$

となるほかはない．

すると

$$ag(x) = bg_1(x) \qquad a'h(x) = b'h_1(x)$$

の最高次の係数を見比べて

$$a = \pm b \qquad a' = \pm b'$$

となるから

$$g(x) = \pm g_1(x) \qquad h(x) = \pm h_1(x)$$

は整数係数の多項式でなくてはならない．

これは多項式の因数分解を行なうときに，きわめて威力のある定理である．なぜなら

$$x^n+a_1x^{n-1}+\cdots+a_n$$

という形の整数係数の多項式の因子を探すとき

$$x^k+b_1x^{k-1}+\cdots$$

という形の整数係数の多項式だけを探せばよいからである.

## 5.2 2次式の因数分解

一般論はこれくらいにして，具体的な問題に移ろう．まず手始めとして，よく知られている2次式を取り上げる.

前節の結論から

$$f(x) = x^2+a_1x+a_2$$

という形の整数係数の多項式だけを問題とすればよい．2次方程式

$$f(x) = x^2+a_1x+a_2 = 0$$

については，根の公式

$$x = \frac{-a_1 \pm \sqrt{{a_1}^2-4a_2}}{2} \qquad (1)$$

がつくられている（第3章2.1，p. 159）．これは

$$(2x+a_1)^2 = {a_1}^2-4a_2 \qquad (2)$$

から導かれたものであった.

もし，2次式 $f(x)$ が分解されるとしたら，それは2つの1次因数の積となるほかはないから，その2つの根はいずれも整数でなくてはならない．したがって，(2) によって判別式

$$D = {a_1}^2-4a_2$$

は平方数になっている．

逆に，判別式$D$が平方数であるとしよう．

$$D = k^2$$

すると，(1) によって

$$x = \frac{-a_1 \pm k}{2} \qquad (3)$$

である．ここで2つの場合に分ける．

$a_1$が偶数の場合には，$D=a_1{}^2-4a_2$は偶数であるから$k$も偶数である．したがって，(3) で$x$の2つの値はともに整数になる．

$a_1$が奇数の場合には，$D=a_1{}^2-4a_2$は奇数であるから$k$も奇数である．したがって (3) の分子は偶数になるから$x$の2つの値はともに整数になる．

いずれの場合にも，$f(x)$は2つの1次因数に分解される．つまり，2次式$x^2+a_1x+a_2$は可約である．このことから次の定理が成り立つ．

**定理 18**　整数係数の2次式$f(x)=x^2+a_1x+a_2$が可約であるための条件は，判別式

$$D = a_1{}^2-4a_2$$

が平方数となることである．

## 5.3　3次式の因数分解

**例題 12**　$f(x)=x^3+5x^2+4x-6$を因数に分解せよ．

**解**　まずこの式は3次だから，分解されるとしたら1次

式と2次式に分解されるはずである.

$$f(x) = (x^2+b_1x+b_2)(x-c_1) = x^3+\cdots-b_2c_1$$

$b_1, b_2, c_1$ はもちろん整数としてよい.

ここで $b_2c_1=6$ だから $c_1$ は6の約数でなければならない.

6の約数は $\pm1, \pm2, \pm3, \pm6$ である. $x-c_1$ という因子をもつなら $f(c_1)=0$ でなければならない.

これを1つ1つ試してみると

$f(1) = 4$　$f(-1) = -6$　$f(2) = 30$　$f(-2) = -2$

$f(3) = 78$　$f(-3) = 0$　$f(6) = 414$　$f(-6) = -66$

だから $x+3$ が因子であることがわかる.

$$f(x) = (x^2+2x-2)(x+3)$$

この方法はもっとも巧妙な方法とはいえないが, もっとも確実な方法ではある.

この方法で1次の因子が存在しないときは, この3次式は整数係数の多項式には分解されないと断言して差支えない.

**例題13**　$x^3+2x^2-5x-3$ は整数係数の多項式に分解できるか.

解　$-3$ の約数として, $\pm1, \pm3$ が得られる. これを代入してみると $f(x)=x^3+2x^2-5x-3$ として

$f(1) = -5$　$f(-1) = 3$　$f(3) = 27$　$f(-3) = 3$

すなわち0になるところはない. だからこの多項式は整係数の多項式には分解されない.

このような多項式を**既約**であるという.

**例題 14** $t^3+t^2-3t-1$ は既約であることを証明せよ.

**解** $c_1=\pm 1$ とおいて

$$f(t) = t^3+t^2-3t-1$$

に代入すると

$$f(1) = -2 \neq 0 \qquad f(-1) = 2 \neq 0$$

だから，この多項式は既約である. (証明終)

**例題 15** $f(x)=x^3-3x-1$ は既約であることを証明せよ.

**解** $c_1=\pm 1$ として

$$f(1) = 1^3-3\cdot 1-1 = -3 \neq 0$$

$$f(-1) = (-1)^3-3(-1)-1 = 1 \neq 0$$

したがって，既約である. (証明終)

最高次の係数が 1 でないときは，どうしたらよいだろうか.

$$f(x) = a_0x^n+a_1x^{n-1}+\cdots+a_{n-1}x+a_n$$

このときは ${a_0}^{n-1}$ を掛けてみる.

$${a_0}^{n-1}f(x)$$

$$= {a_0}^nx^n+a_1{a_0}^{n-1}x^{n-1}+a_2{a_0}^{n-1}x^{n-2}+\cdots+a_n{a_0}^{n-1}$$

ここで $a_0x=y$ とおくと

$$= y^n+a_1y^{n-1}+a_2a_0y^{n-2}+\cdots+a_n{a_0}^{n-1}$$

となり，これは整数係数で最高次の係数が 1 の多項式であるから，これまでの論法が成り立つ.

最後に $y$ を $a_0x$ と入れかえておけばよい．

## 5.4　4次式の因数分解

3次式の因数分解は以上の方法で比較的簡単にできるが，4次式以上になると，それほど簡単ではない．

$$f(x) = x^4+a_1x^3+a_2x^2+a_3x+a_4$$

という4次式は，1次式 ×3次式の他に，2次式 ×2次式という分解のされ方をするかも知れないからである．1次式 ×3次式に分解されるときは，3次式の分解とまったく同様に行なうことができるが，2次式 ×2次式に分解されるときはすこし複雑である．この準備としてまず次の定理を証明する．

**定理19**　$f(x)=x^n+a_1x^{n-1}+\cdots+a_{n-1}x+a_n=0$ の複素数の根は，存在するとしたら，$|x|<1+M$ の範囲内にある．ただし $M$ は，$|a_1|,|a_2|,\cdots,|a_n|$ のうちの最大値である．

**証明**　$n$ 次の多項式

$$f(x) = x^n+a_1x^{n-1}+\cdots+a_{n-1}x+a_n$$

の複素数の根がもし存在するとしたら，どのような範囲内にあるかを考えてみよう．

まず係数の絶対値 $|a_1|,|a_2|,\cdots,|a_n|$ のうちで最大のものを $M$ としよう．

第1章7.4［例題3］の最後に述べた (p.78) 絶対値の関係から

$$
\begin{aligned}
|f(x)| &\geqq |x^n| - |a_1x^{n-1}+a_2x^{n-2}+\cdots+a_n| \\
&\geqq |x|^n - |a_1x^{n-1}| - |a_2x^{n-2}| - \cdots - |a_n| \\
&= |x|^n - |a_1||x|^{n-1} - |a_2||x|^{n-2} - \cdots - |a_n| \\
&\geqq |x|^n - M(|x|^{n-1}+|x|^{n-2}+\cdots+1) \\
&= |x|^n - M\frac{|x|^n-1}{|x|-1} = |x|^n - \frac{M|x|^n}{|x|-1} + \frac{M}{|x|-1}
\end{aligned}
$$

すなわち

$$|f(x)| \geqq |x|^n\left(1-\frac{M}{|x|-1}\right)+\frac{M}{|x|-1}$$

そこで

$$1-\frac{M}{|x|-1} \geqq 0$$

となるように $x$ を選んでみよう．すなわち

$$1 \geqq \frac{M}{|x|-1}$$

さらに $|x|>1$ に選ぶと

$$|x|-1 \geqq M$$

$$|x| \geqq M+1$$

となる．このような $|x|$ に対しては，無論 $|x|>1$ でしかも

$$1-\frac{M}{|x|-1} \geqq 0$$

が成り立つから

$$|f(x)| \geqq |x|^n\left(1-\frac{M}{|x|-1}\right)+\frac{M}{|x|-1} > 0$$

したがって，$|x| \geqq 1+M$ ならば $|f(x)|>0$ だから，$f(x)$

$=0$ になるのは $|x|<1+M$ の場合に限る. (証明終)

さて, 4次式 $f(x)$ が

$$f(x) = x^4+a_1x^3+a_2x^2+a_3x+a_4$$
$$= (x^2+b_1x+b_2)(x^2+c_1x+c_2)$$

の形に分解されるとき, $b_2c_2=a_4$ は明らかであるから, $b_2$ は $a_4$ の約数でなければならない. だから, 3次式のときと同じに選べばよい. 次に $b_1$ であるが, これは $x^2+b_1x+b_2=0$ の2根を $\beta_1, \beta_2$ とするとき

$$b_1 = -\beta_1-\beta_2$$

となる. ところが $\beta_1, \beta_2$ は4次方程式 $f(x)=0$ の根であるから, この定理19を適用すると

$$|\beta_1|, |\beta_2| < 1+M$$

の範囲内にある. ただし $M$ は $|a_1|, |a_2|, |a_3|, |a_4|$ のうちの最大値である.

$$|b_1| \leqq |\beta_1|+|\beta_2| < 2(1+M)$$

このような $|b_1|$ の種類はもちろん有限個しかない.

したがって $x^2+b_1x+b_2$ という2次式の種類も有限である. この2次式が $f(x)$ の因子になっているかどうかは, 多項式の除法によって確かめることができる.

**例題16** 次の4次式を因数分解せよ.

$$x^4+2x^2+x+2$$

**解** 1次の因子があるかどうかは, 2の約数 $\pm1, \pm2$ を代入して0になるかどうかをみればよい.

$$f(x) = x^4+2x^2+x+2$$

とおくと

$$\begin{array}{rrrrr|l} 1 & 0 & 2 & 1 & 2 & 1 \\ & 1 & 1 & 3 & 4 & \\ \hline 1 & 1 & 3 & 4 & 6 & \end{array} \qquad \begin{array}{rrrrr|l} 1 & 0 & 2 & 1 & 2 & 2 \\ & 2 & 4 & 12 & 26 & \\ \hline 1 & 2 & 6 & 13 & 28 & \end{array}$$

$$\begin{array}{rrrrr|l} 1 & 0 & 2 & 1 & 2 & -1 \\ & -1 & 1 & -3 & 2 & \\ \hline 1 & -1 & 3 & -2 & 4 & \end{array} \qquad \begin{array}{rrrrr|l} 1 & 0 & 2 & 1 & 2 & -2 \\ & -2 & 4 & -12 & 22 & \\ \hline 1 & -2 & 6 & -11 & 24 & \end{array}$$

$$f(1) = 6 \quad f(-1) = 4$$
$$f(2) = 28 \quad f(-2) = 24$$

で，いずれも 0 にならないから，1 次因数は存在しない．

そこで，2 次の因子を調べよう．

$b_2$ は 2 の約数だから

$$b_2 = \pm 1,\ \pm 2$$

の 4 つの値をとり得る．

$|a_1|=0$, $|a_2|=2$, $|a_3|=1$, $|a_4|=2$ だから

$$M = 2$$
$$|b_1| \leqq |\beta_1|+|\beta_2| < (1+M)+(1+M) = 6$$

したがって

$$|b_1| \leqq 5$$

で，$b_1$ としては，0, ±1, ±2, ±3, ±4, ±5 の 11 個の値が可能である．

したがって，一方の因数

$$g(x) = x^2+b_1x+b_2$$

の数は，11×4=44 個あり得る．

これでは場合の数が多すぎるので，他の方法でその数を

減らさなければならない.

もう一方の因数 $h(x)=x^2+c_1x+c_2$ も考えて

$$x^4+2x^2+x+2=(x^2+b_1x\pm1)(x^2+c_1x\pm2)$$

(複号同順)

と分解されたとすると, $x^3$ の係数を比較して

$$b_1+c_1=0$$

はすぐにわかる. 次に $x=-1$ を代入してみると

$$(1-b_1\pm1)(1-c_1\pm2)=4$$

となり, この左辺の因数の和は

$$(1-b_1\pm1)+(1-c_1\pm2)=2\pm3=5 \text{ か } -1$$

である. したがって, これらの因数は2次方程式

$$t^2-5t+4=0 \text{ か } t^2+t+4=0$$

の根でなくてはならない. ところが, 後の方は実根をもたないから除外され, 前の方から

$$t=1,4$$

が得られる. いいかえると, 複号のうち可能なのは正の方のみで

$$1-b_1+1=1 \text{ か } 4$$
$$b_1=1 \text{ か } -2$$

こうして, $g(x)$ の可能性は

$$x^2+x+1 \qquad x^2-2x+1$$

の2つにしぼられた.

実際割ってみると,

$$\begin{array}{r|rrrrr} & & & 1 & -1 & 2 \\ \hline 1\ \ 1\ \ 1 & 1 & 0 & 2 & 1 & 2 \\ & 1 & 1 & 1 & & \\ \cline{2-4} & & -1 & 1 & 1 & \\ & & -1 & -1 & -1 & \\ \cline{3-6} & & & 2 & 2 & 2 \\ & & & 2 & 2 & 2 \\ \cline{4-6} & & & & & 0 \end{array} \qquad \begin{array}{r|rrrrr} & & & 1 & 2 & 5 \\ \hline 1\ \ -2\ \ 1 & 1 & 0 & 2 & 1 & 2 \\ & 1 & -2 & 1 & & \\ \cline{2-4} & & 2 & 1 & 1 & \\ & & 2 & -4 & 2 & \\ \cline{3-6} & & & 5 & -1 & 2 \\ & & & 5 & -10 & 5 \\ \cline{4-6} & & & & 9 & -3 \end{array}$$

$x^2+x+1$ のみが因数で

$$x^4+2x^2+x+2 = (x^2+x+1)(x^2-x+2)$$

と分解される.

**例題 17**　次の 4 次式は既約であることを証明せよ.

$$x^4+x^3+x^2+x+1$$

**解**　1 次の因子 $x+b$ があるかどうかは, 1 の約数 $\pm1$ を代入して 0 になるかどうかをみればよい.

$$f(x) = x^4+x^3+x^2+x+1$$

とおくと

$$f(1) = 5 \qquad f(-1) = 1$$

となるから 1 次の因子は含まない.

次に 2 次の因子を調べてみよう.

$b_2=\pm1$ で, $|a_1|=|a_2|=|a_3|=|a_4|=1$ だから

$$M = 1$$

$$|b_1| \leqq |\beta_1|+|\beta_2| < (1+M)+(1+M) = 4$$

したがって

$$|b_1| \leqq 3$$

$b_1$ は $-3, -2, -1, 0, +1, +2, +3$ の値をとり得る. これ

は $b_1$ のとり得る値が 7 つの場合である．$b_2$ は 2 つの値 $\pm1$ をとり得るから $x^2+b_1x+b_2$ の種類は $7\times2=14$ である．

そこで，［例題 16］と同様に

$$x^4+x^3+x^2+x+1=(x^2+b_1x\pm1)(x^2+c_1x\pm1)$$

とおいて，$b_1, c_1$ の値の範囲を狭める努力をする．

まず，$x^3$ の係数の比較から

$$b_1+c_1=1$$

である．次に，$x=-1$ を代入すると

$$(1-b_1\pm1)(1-c_1\pm1)=1$$

$$\begin{aligned}(1-b_1\pm1)+(1-c_1\pm1) &= 2-(b_1+c_1)\pm2\\ &= 1\pm2=3 \text{ または } -1\end{aligned}$$

したがって，左辺の因数は 2 次方程式

$$t^2-3t+1=0 \quad \text{か} \quad t^2+t+1=0$$

の根でなくてはならないが，後者は実根を有せず，前者は実根はもっていても判別式が平方数ではないから，整数の根はもたない．

適当な $b_1$ の値がないので，この多項式は既約である．

## 5.5 $n$ 次式の因数分解

さらに一般的な整数係数の $n$ 次式の分解は，このような方法を拡張していけばよい．

$$f(x)=x^n+a_1x^{n-1}+a_2x^{n-2}+\cdots+a_{n-1}x+a_n$$

が，$f(x)=g(x)h(x)$ のように $m$ 次の因子 $g(x)$ と $n-m$ 次の因子 $h(x)$ に分解されるかどうかをみるには，$g(x)$ の

方が $h(x)$ より次数が大きくないとしてもよいから

$$m \leqq n-m$$

$$m \leqq \frac{n}{2}$$

として，$m$ 次の因子

$$g(x) = x^m + b_1x^{m-1} + \cdots + b_{m-1}x + b_m$$

をもつかどうかをみればよい．この根を $\beta_1, \beta_2, \cdots, \beta_m$ とすれば，これらはすべて $f(x)=0$ の根でもあるから，定理19によって

$$|\beta_i| < 1+M \quad (i=1, 2, \cdots, m) \qquad (1)$$

ただし，$M$ は $|a_1|, |a_2|, \cdots, |a_n|$ のうちの最大値である．

$b_k$ は根と係数の関係によって

$$b_k = (-1)^k(\beta_1\beta_2\cdots\beta_k + \cdots + \beta_{m-k+1}\beta_{m-k+2}\cdots\beta_m)$$

$$|b_k| \leqq |\beta_1||\beta_2|\cdots|\beta_k| + \cdots + |\beta_{m-k+1}||\beta_{m-k+2}|\cdots|\beta_m|$$

これに (1) を代入すると，項の数は $\binom{m}{k}$ だから

$$|b_k| < \binom{m}{k}(1+M)^k$$

$M$ が大きくなると右辺は次第に大きくなるが，ともかく $|b_k|$ のとり得る値の範囲は有限である．このような $b_k$ でつくられた $g(x)$ の種類も有限であるから，そのような $g(x)$ で $f(x)$ を割っていって，割り切れる $g(x)$ があったら，それは $f(x)$ の因子であるし，割り切れるものがなかったら，$f(x)$ は $m$ 次の因子をもたないことがわかる．

この手続きを $\frac{n}{2}$ を超さない次数 $1, 2, 3, \cdots$ のすべてに対して行なっていって，因子がないことが確かめられたら，

$f(x)$ は既約であると断定してよいわけである.

原理的にはこれでよいのであるが，実際にはその確かめの数は厖大になってかなり大変である．そこで，ためす多項式 $g(x)$ の可能性を減らすためにいろいろな智恵をしぼる．上の例題では，$x=0, \pm 1, \pm 2$ などの簡単な値を代入して，$g(x)$ の係数を縛る条件を導き出したのであった．そのほかにも，整数係数で $c$ が整数なら，$g(x)$ が $f(x)$ の因数となるためには，関数の値 $g(c)$ が $f(c)$ の約数とならなくてはならないから，$f(c)$ がなるべく約数の少ない，たとえば素数となるような $x=c$ をいくつか選んで，それらの約数の組合せから，補間法によって $g(x)$ を求めてためしてみるなどの方法もある．

ともかく，整数係数の多項式が既約であるかどうかの判定は，有限回の整数の四則計算によって行ない得ることがわかった．

## 5.6 アイゼンシュタインの既約判定条件

以上述べた方法はあらゆる場合に適用できる万能な方法であるが，それだけに面倒である．これに対して適用の範囲は限られているが，簡明な方法が数多く工夫されている．その1つとして次の条件がある．

**定理20（アイゼンシュタインの既約判定条件）** ある素数 $p$ があり

$$f(x) = a_0x^n + a_1x^{n-1} + \cdots + a_{n-1}x + a_n$$

の係数 $a_0$ は $p$ で割り切れないが，$a_1, \cdots, a_n$ はすべて $p$ で割り切れ，$a_n$ は $p^2$ では割り切れないとき $f(x)$ は既約である．

**証明** $f(x)=g(x)h(x)$，$g(x), h(x)$ はそれぞれ $k$ 次，$l$ 次，$k, l>0$ とする．

$$g(x) = b_0x^k+b_1x^{k-1}+\cdots+b_k$$
$$h(x) = c_0x^l+c_1x^{l-1}+\cdots+c_l$$

$b_kc_l=a_n$ で $a_n$ は $p$ で割り切れるから，第1章5.5定理4 (p. 39) により $b_k, c_l$ のうち，少なくとも1つ，たとえば $b_k$ は $p$ で割り切れねばならない．しかし $c_l$ は $p$ では割り切れない．なぜなら $a_n=b_kc_l$ は $p^2$ では割り切れないからである．

一方，$a_0=b_0c_0$ は $p$ では割り切れないから，$b_0$ も $c_0$ も $p$ では割り切れない．$g(x)$ の係数で後ろから数えて最初に $p$ で割り切れない係数を $b_j$ とすると

$$g(x) = (b_0x^k+\cdots+b_jx^{k-j})+p(b_{j+1}'x^{k-j-1}+\cdots+b_k')$$

と書ける．

$$\begin{aligned} g(x)h(x) &= \{(b_0x^k+\cdots+b_jx^{k-j})+p(b_{j+1}'x^{k-j-1}+\cdots+b_k')\} \\ &\quad \times(c_0x^l+\cdots+c_l) \\ &= (b_0x^k+\cdots+b_jx^{k-j})(c_0x^l+\cdots+c_l) \\ &\quad +p(b_{j+1}'x^{k-j-1}+\cdots+b_k')(c_0x^l+\cdots+c_l) \end{aligned}$$

ここで，$x^{k-j}$ の係数は $a_{k-j}=b_jc_l+p\cdot s$ という形をしている．$b_j$ も $c_l$ も $p$ では割り切れないので $b_jc_l$ は $p$ では割り切れない．だから $a_{k-j}=b_jc_l+p\cdot s$ も $p$ では割り切れない．これは最初の仮定に反する．だから，$f(x)$ は $g(x)h(x)$

という形に分解されることはない．

つまり，$f(x)$ は既約である．　　(証明終)

**例題 18**　アイゼンシュタインの既約判定条件を用いて

$$f(x)=x^4+x^3+x^2+x+1$$

が既約であることを証明せよ．

**解**　$x=t+1$ とおく．組立除法を連続して用いて $x-1=t$ の多項式に直す．

$$\begin{array}{ccccc|l}
1 & 1 & 1 & 1 & 1 & \underline{1} \\
 & 1 & 2 & 3 & 4 & \\
\hline
1 & 2 & 3 & 4 & 5 & \\
 & 1 & 3 & 6 & & \\
\hline
1 & 3 & 6 & 10 & & \\
 & 1 & 4 & & & \\
\hline
1 & 4 & 10 & & & \\
 & 1 & & & & \\
\hline
1 & 5 & & & &
\end{array}$$

$$\begin{aligned} f(t+1) &= (t+1)^4+(t+1)^3+(t+1)^2+(t+1)+1 \\ &= t^4+5t^3+10t^2+10t+5 \end{aligned}$$

$p=5$ とすると，アイゼンシュタインの条件を満足させる．だから，この多項式は既約である．

この問題は［例題 17］と同じであるが，アイゼンシュタインの条件を利用したために簡単にかたづいた．

**例題 19**　次の多項式は既約であることを証明せよ．

$$(x-a_1)(x-a_2)\cdots(x-a_n)-1$$

ただし，$a_1, a_2, \cdots, a_n$ は相異なる整数とする．

解　$$f(x)=(x-a_1)(x-a_2)\cdots(x-a_n)-1$$
$$=g(x)h(x)$$
と分解されたとしよう．
$$g(x)=x^k+b_1x^{k-1}+\cdots+b_{k-1}x+b_k$$
$$h(x)=x^l+c_1x^{l-1}+\cdots+c_{l-1}x+c_l$$
$$k+l=n$$
$$f(a_i)=g(a_i)h(a_i)=-1\quad(i=1,2,\cdots,n)$$
であるから
$$g(a_i)=-h(a_i)=\pm 1$$
したがって
$$g(x)+h(x)$$
は次数が $(n-1)$ 以下で，しかも一方で
$$g(a_i)+h(a_i)=0\quad(i=1,2,\cdots,n)$$
である．したがって，$g(x)+h(x)$ は恒等的に 0 である．

したがって
$$f(x)=g(x)h(x)=-g(x)^2$$
となって，$f(x)$ の $x^n$ の係数は 1 であるが，$-g(x)^2$ のそれは $-1$ であり，矛盾である．

だから，$f(x)$ は既約でなければならない．

## 練習問題 3.3

次の多項式を既約な因子に分解せよ．

(1)　$x^4+1$

(2)　$x^6+x^3+1$

(3)　$3x^5-4x^4+x^3-6x^2+8x-2$

(4)　$x^4+2x+1$

(5)　$x^4-4x^3+5x^2-2$

(6)　$x^4-2x^3-7x^2-10x-2$

# 6　対 称 式

## 6.1　基本対称式

多項式のなかの文字をどのように入れかえてもその多項式が変わらないとき，その多項式を**対称式**と名づける．たとえば

$$x^2+y^2 \qquad x^2y+xy^2 \qquad a^2+b^2+c^2$$

などは対称式であり

$$x^2-y^2 \qquad x^2y+y^3 \qquad a^2+2b^2+3c^2$$

などは対称式ではない．

$n$ 変数 $x_1, x_2, \cdots, x_n$ の対称式を $S(x_1, x_2, \cdots, x_n), S'(x_1, x_2, \cdots, x_n)$ とすれば

$$S(x_1, x_2, \cdots, x_n) \pm S'(x_1, x_2, \cdots, x_n)$$
$$S(x_1, x_2, \cdots, x_n) \cdot S'(x_1, x_2, \cdots, x_n)$$

も対称式であることは，定義から明らかであろう．

なお定数は次数0の対称式と考えてよい．また1文字の多項式は特別な対称式と考える．

$n$ 個の2項式 $x-x_1, x-x_2, \cdots, x-x_n$ を掛け合わせると

$$(x-x_1)(x-x_2)\cdots(x-x_n)$$
$$= x^n-(x_1+x_2+\cdots+x_n)x^{n-1}$$
$$+(x_1x_2+x_1x_3+\cdots+x_{n-1}x_n)x^{n-2}-\cdots$$
$$+(-1)^n x_1x_2\cdots x_n$$

となり，その係数は，$x_1, x_2, \cdots, x_n$ の多項式である．

ところが，左辺の積は文字 $x_1, x_2, \cdots, x_n$ をどのように入れかえても変わらないから，右辺も同様で，したがって各係数は $x_1, x_2, \cdots, x_n$ をどのように入れかえても変わらない．つまり

$$\sigma_1 = x_1+x_2+\cdots+x_n$$
$$\sigma_2 = x_1x_2+x_1x_3+\cdots+x_{n-1}x_n$$
$$\sigma_3 = x_1x_2x_3+\cdots+x_{n-2}x_{n-1}x_n$$
$$\cdots\cdots\cdots\cdots\cdots\cdots$$
$$\sigma_n = x_1x_2\cdots x_n$$

は，$x_1, x_2, \cdots, x_n$ の対称式である．この式は，無数にある対称式のなかでも特に重要なので，**基本対称式**と名づけられている．

それは，任意の対称式 $S(x_1, x_2, \cdots, x_n)$ は，この $\sigma_1, \sigma_2, \cdots, \sigma_n$ を $+, -, \times$ で結合することによって，いいかえれば $\sigma_1, \sigma_2, \cdots, \sigma_n$ の多項式として表されるからである．

**例題 20**　$x_1^2+x_2^2$ を $\sigma_1, \sigma_2$ で表せ．

**解**　$x_1^2+x_2^2 = (x_1+x_2)^2-2x_1x_2 = \sigma_1^2-2\sigma_2$

**例題 21**　$x_1^3+x_2^3$ を $\sigma_1, \sigma_2$ で表せ．

**解**　$(x_1+x_2)^3 = x_1^3+3x_1^2x_2+3x_1x_2^2+x_2^3$

だから

$$x_1{}^3+x_2{}^3 = (x_1+x_2)^3-3x_1{}^2x_2-3x_1x_2{}^2$$
$$= (x_1+x_2)^3-3(x_1+x_2)x_1x_2 = \sigma_1{}^3-3\sigma_1\sigma_2$$

**例題22**　$f(x_1, x_2, x_3)=x_1{}^3+x_2{}^3+x_3{}^3$ を $\sigma_1, \sigma_2, \sigma_3$ で表せ．

**解**　$$f(x_1, x_2, 0) = x_1{}^3+x_2{}^3$$

$\sigma_1, \sigma_2, \sigma_3$ で $x_3$ を 0 とおいた式を $(\sigma_1)_0, (\sigma_2)_0, (\sigma_3)_0$ とおくと

$$(\sigma_1)_0 = x_1+x_2,\quad (\sigma_2)_0 = x_1x_2,\quad (\sigma_3)_0 = 0$$

となり，$(\sigma_1)_0, (\sigma_2)_0$ は２文字の基本対称式である．

だから，［例題21］によって

$$f(x_1, x_2, 0) = (\sigma_1)_0{}^3-3(\sigma_1)_0(\sigma_2)_0$$

ここで，０をとった式を $f$ から引いて

$$f(x_1, x_2, x_3)-\sigma_1{}^3+3\sigma_1\sigma_2$$

をつくると，これは無論 $x_1, x_2, x_3$ の対称式である．しかも $x_3=0$ とおくと０になる．だから因数定理によって，$x_3$ という因数をもつ．しかし，対称式だから $x_1, x_2$ という因数ももつ．結局 $x_1x_2x_3=\sigma_3$ という因数をもつことになる．だから

$$f(x_1, x_2, x_3)-\sigma_1{}^3+3\sigma_1\sigma_2 = k\sigma_3$$

となる．両辺とも３次だから $k$ は定数でなければならない．$k$ を求めるには，たとえば $x_1=x_2=x_3=1$ とおけばよい．

$$f(x_1, x_2, x_3) = 1^3+1^3+1^3 = 3$$
$$\sigma_1 = 3 \qquad \sigma_2 = 3 \qquad \sigma_3 = 1$$

だから

$$3-3^3+3\cdot3\cdot3=k\cdot1$$
$$k=3$$

したがって

$$x_1{}^3+x_2{}^3+x_3{}^3=\sigma_1{}^3-3\sigma_1\sigma_2+3\sigma_3$$

この結果から

$$\begin{aligned}&x_1{}^3+x_2{}^3+x_3{}^3-3x_1x_2x_3\\&\quad=\sigma_1{}^3-3\sigma_1\sigma_2\\&\quad=\sigma_1(\sigma_1{}^2-3\sigma_2)\\&\quad=(x_1+x_2+x_3)(x_1{}^2+x_2{}^2+x_3{}^2-x_1x_2-x_2x_3-x_3x_1)\end{aligned}$$

がわかる．つまり，この3次多項式は，$x_1+x_2+x_3$ で割り切れる．

**例題 23** $x_1{}^2x_2+x_2{}^2x_3+x_3{}^2x_1+x_1x_2{}^2+x_2x_3{}^2+x_3x_1{}^2$ を $\sigma_1, \sigma_2, \sigma_3$ で表せ．

**解**

$$f(x_1, x_2, x_3)=x_1{}^2x_2+x_2{}^2x_3+x_3{}^2x_1+x_1x_2{}^2+x_2x_3{}^2+x_3x_1{}^2$$

とおくと

$$\begin{aligned}f(x_1, x_2, 0)&=x_1{}^2x_2+x_1x_2{}^2=(x_1+x_2)x_1x_2\\&=(\sigma_1)_0(\sigma_2)_0\end{aligned}$$

$f(x_1, x_2, x_3)-\sigma_1\sigma_2$ は前と同じ理由で $\sigma_3$ を因数にもち，しかも3次だから，$k\sigma_3$（$k$ は定数）の形となる．

$$f(x_1, x_2, x_3)-\sigma_1\sigma_2=k\sigma_3$$

$x_1=x_2=x_3=1$ とおけば

$$f(1,1,1)=6 \qquad \sigma_1=3 \qquad \sigma_2=3 \qquad \sigma_3=1$$

だから

$$6-3\cdot 3 = k\cdot 1$$
$$k = -3$$

したがって

$$f(x_1, x_2, x_3) = \sigma_1\sigma_2-3\sigma_3$$

**定理 21** 対称式を異なる次数の同次式の和として表したとき，おのおのの同次式はまた対称式である．

**証明** $f(x_1, x_2, \cdots, x_n)$ は対称式であるとし

$$f(x_1, x_2, \cdots, x_n) = g_1(x_1, x_2, \cdots, x_n)+g_2(x_1, x_2, \cdots, x_n)+\cdots +g_m(x_1, x_2, \cdots, x_n)$$

で，$g_1, g_2, \cdots, g_m$ は同次式であり，その次数は異なっていて，大きい方から小さい方へと並んでいるものとする．

$f$ に文字の入れかえを行なったとき，$f, g_1, \cdots, g_m$ が $f'$, $g_1', \cdots, g_m'$ に移ったとしよう．$f=f'$ だから

$$f = g_1+g_2+\cdots+g_m$$
$$f' = g_1'+g_2'+\cdots+g_m'$$

となる．同次式は必ず同じ次数の同次式に移るから，$g_1'$, $g_2', \cdots, g_m'$ は次数の異なる同次式で，やはり次数の大きい方から小さい方へと並んでいる．

したがって，同次式分解の一意性（p. 149）から

$$g_1' = g_1 \quad g_2' = g_2 \quad \cdots \quad g_m' = g_m$$

すなわち，$g_1, g_2, \cdots, g_m$ は対称式である．

## 6.2 基底定理

**定理 22（対称式の基底定理）** $n$ 変数の対称式は，基本対称式の多項式として表される．

**証明** 定理 21 によって，同次の対称式について証明しておけばよい．文字の数 $n$ と，その次数 $m$ について，2 重の**数学的帰納法**を適用する．

すなわち，次の 2 つのことを証明すればよい．

(1) まず，次数が 1 で文字の数が一般の $n$ であるとき，この定理は正しい．次に，変数の数が 1 で，次数が一般の $m$ であるときも定理は成り立つ．

(2) 次数が $m$ 以下で，文字の数が $n-1$ 以下のときと，次数が $m-1$ 以下で，変数の数が $n$ 以下のとき，定理が正しいという仮定の下で，次数が $m$，文字の数が $n$ のとき，この定理は正しい．

以上の (1), (2) が証明されれば，定理は証明されたことになる．図 3-5 でその理由を考えてみよう．

まず，(1) から最低の水平線上と最も左の鉛直線上で正しい．

次に，点 $(m, n)$（△印）で正しくないとすれば，(2) から図の ○ をつけた点のどれかで正しくないはずである．その点に × をつけることにしよう．それを次々に進めていくと，× は下もしくは左に移っていって，最低の水平線か最も左の鉛直線に到達する．つまり，$n=1$ もしくは $m=1$ のとき，定理が正しくないことになって，(1) に反する．

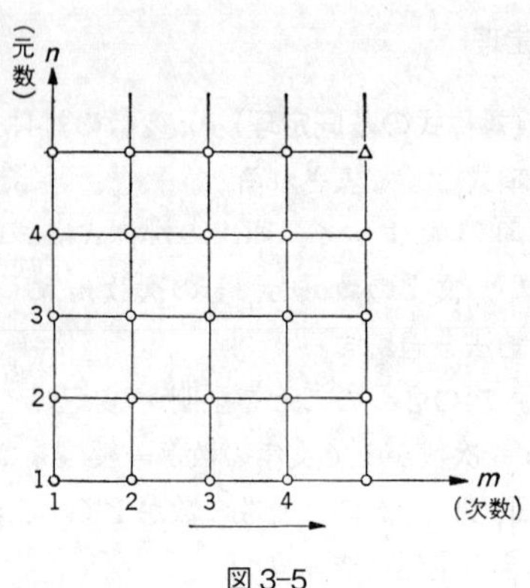

図 3-5

だから，$(m,n)$ で定理が成り立たないという仮定は間違っており，定理はどんな $(m,n)$ に対しても成り立つ．これが二重帰納法の原理である．

そこでこの2つのことを示そう．

(1) については，文字の数が1のときはそのまま対称式だから，もちろん定理は正しい．次数が1のときは

$$f(x_1, x_2, \cdots, x_n) = a_1x_1 + a_2x_2 + \cdots + a_nx_n$$

が対称式であるためには

$$a_1 = a_2 = \cdots = a_n$$

でなければならないから

$$f(x_1, x_2, \cdots, x_n) = a_1(x_1 + x_2 + \cdots + x_n) = a_1\sigma_1$$

となり，この定理は成り立つ．

(2) $f(x_1, x_2, \cdots, x_{n-1}, x_n)$ が $m$ 次であるとする．ここで

$f(x_1, x_2, \cdots, x_{n-1}, 0)$ は，$(n-1)$ 文字の対称式であるから，帰納法の仮定により

$$x_1+\cdots+x_{n-1} = (\sigma_1)_0$$
$$x_1x_2+\cdots+x_{n-2}x_{n-1} = (\sigma_2)_0$$
$$\cdots\cdots\cdots\cdots\cdots\cdots\cdots\cdots$$
$$x_1x_2\cdots x_{n-1} = (\sigma_{n-1})_0$$

の多項式で表される．

$$f(x_1, x_2, \cdots, x_{n-1}, 0) = \varphi((\sigma_1)_0, (\sigma_2)_0, \cdots, (\sigma_{n-1})_0)$$

ここで

$$f(x_1, x_2, \cdots, x_{n-1}, x_n)-\varphi(\sigma_1, \sigma_2, \cdots, \sigma_n)$$

をつくると，これは $n$ 文字 $x_1, x_2, \cdots, x_{n-1}, x_n$ の対称式である．しかも，$x_n=0$ とおくと

$$f(x_1, x_2, \cdots, x_{n-1}, 0)-\varphi((\sigma_1)_0, (\sigma_2)_0, \cdots, (\sigma_{n-1})_0) = 0$$

したがって，因数定理によって $x_n$ という因数をもつ．また，対称式であるから，$x_1, x_2, x_3, \cdots, x_{n-1}$ という因数をもつ．ゆえに $\sigma_n=x_1x_2\cdots x_n$ という因数をもつ．だから

$$f(x_1, x_2, \cdots, x_n)-\varphi(\sigma_1, \sigma_2, \cdots, \sigma_n) = \sigma_n\psi(x_1, \cdots, x_n)$$

となる．ここで，$\psi(x_1, x_2, \cdots, x_n)$ は対称式であり，しかも，その次数は $m-n$ である．だから，$\psi$ は帰納法の仮定によって，$\sigma_1, \sigma_2, \cdots, \sigma_n$ の多項式

$$\psi(x_1, x_2, \cdots, x_n) = \rho(\sigma_1, \sigma_2, \cdots, \sigma_n)$$

で表されているはずである．すなわち

$$\begin{aligned} f(x_1, x_2, \cdots, x_n) &= \varphi(\sigma_1, \sigma_2, \cdots, \sigma_n)+\sigma_n\rho(\sigma_1, \sigma_2, \cdots, \sigma_n) \\ &= h(\sigma_1, \sigma_2, \cdots, \sigma_n) \end{aligned}$$

（証明終）

この証明の過程を振返ってみると，計算は＋，−，×だけで，÷は1回も使用していないから，$h(\sigma_1, \sigma_2, \cdots, \sigma_n)$の係数には，$f(x_1, x_2, \cdots, x_n)$の係数に＋，−，×をほどこしたものしかはいってこない．だから$f(x_1, x_2, \cdots, x_n)$の係数がすべて整数であったら，$h(\sigma_1, \sigma_2, \cdots, \sigma_n)$の係数もすべて整数である．

**例題 24**　$x_1{}^2x_2{}^2+x_2{}^2x_3{}^2+x_3{}^2x_1{}^2$ を $\sigma_1, \sigma_2, \sigma_3$ で表せ．

**解**　$f(x_1, x_2, x_3)=x_1{}^2x_2{}^2+x_2{}^2x_3{}^2+x_3{}^2x_1{}^2$ とおく．

$$f(x_1, x_2, 0) = x_1{}^2x_2{}^2 = (\sigma_2)_0{}^2$$

$$f(x_1, x_2, x_3) = \sigma_2{}^2+\varphi(x_1, x_2, x_3)\sigma_3$$

$\varphi$は1次だから，$k\sigma_1$とおける．

$$f(x_1, x_2, x_3) = \sigma_2{}^2+k\sigma_1\sigma_3$$

$x_1=x_2=x_3=1$とおくと

$$f(1,1,1) = 3 \qquad \sigma_1 = 3 \qquad \sigma_2 = 3 \qquad \sigma_3 = 1$$

だから

$$3 = 3^2+k\cdot 3\cdot 1 = 9+3k$$

$$k = -2$$

したがって

$$x_1{}^2x_2{}^2+x_2{}^2x_3{}^2+x_3{}^2x_1{}^2 = \sigma_2{}^2-2\sigma_1\sigma_3$$

**問**　次の対称式を基本対称式で表せ．

(1)　$x_1{}^2x_2{}^2x_3+x_2{}^2x_3{}^2x_1+x_3{}^2x_1{}^2x_2$

(2)　$x_1{}^3x_2+x_2{}^3x_3+x_3{}^3x_1+x_1x_2{}^3+x_2x_3{}^3+x_3x_1{}^3$

(3)　$x_1{}^4+x_2{}^4+x_3{}^4$

(4)　$x_1{}^5+x_2{}^5+x_3{}^5$

(5)　$(x_1-x_2)^2(x_2-x_3)^2(x_3-x_1)^2$

## 6.3　2元連立方程式

対称式を利用して，対称式からなる連立方程式を解くことができる．

**例題 25**　$\begin{cases} \alpha_1+\alpha_2=-3 \\ \alpha_1\alpha_2=2 \end{cases}$　を解け．

**解**

$$\begin{aligned}(x-\alpha_1)(x-\alpha_2) &= x^2-(\alpha_1+\alpha_2)x+\alpha_1\alpha_2 \\ &= x^2-(-3)x+2 \\ &= x^2+3x+2\end{aligned}$$

となるから，$x^2+3x+2=(x+1)(x+2)=0$ を解けばよい．

答は

$$\begin{cases} \alpha_1=-1 \\ \alpha_2=-2 \end{cases} \qquad \begin{cases} \alpha_1=-2 \\ \alpha_2=-1 \end{cases}$$

**例題 26**　$\begin{cases} x+y=1 \\ x^2+y^2=3 \end{cases}$　を解け．

**解**　$x^2+y^2=(x+y)^2-2xy$

$$xy=\frac{1}{2}((x+y)^2-(x^2+y^2))=\frac{1}{2}(1^2-3)=-1$$

これは

$$\begin{cases} x+y=1 \\ xy=-1 \end{cases}$$

と同じになるから

$$X^2-X-1=0$$

を解けばよい．

$$X=\frac{1\pm\sqrt{1+4}}{2}=\frac{1\pm\sqrt{5}}{2}$$

答

$$\begin{cases} x=\dfrac{1+\sqrt{5}}{2} \\ y=\dfrac{1-\sqrt{5}}{2} \end{cases} \quad \begin{cases} x=\dfrac{1-\sqrt{5}}{2} \\ y=\dfrac{1+\sqrt{5}}{2} \end{cases}$$

**例題 27** $\begin{cases} x+y=5 \\ x^3+y^3=35 \end{cases}$ を解け．

解 $$x^3+y^3=\sigma_1{}^3-3\sigma_1\sigma_2$$

ここで $x^3+y^3=35$, $\sigma_1=x+y=5$ を代入すると

$$35=5^3-3\cdot5\cdot\sigma_2=125-15\cdot\sigma_2$$

$$xy=\sigma_2=\frac{125-35}{15}=\frac{90}{15}=6$$

そこで

$$\begin{cases} x+y=5 \\ xy=6 \end{cases}$$

で２次方程式をつくると

$$X^2-5X+6=0$$

根は $X=2,3$ である．だから答は

$$\begin{cases} x=2 \\ y=3 \end{cases} \quad \begin{cases} x=3 \\ y=2 \end{cases}$$

**例題 28**　$\begin{cases} x+y=3 \\ x^5+y^5=33 \end{cases}$　を解け．

**解**

$$f(x,y)=x^5+y^5$$

とおく．

$$f(x,0)=x^5$$

$$f(x,y)=\sigma_1{}^5+\sigma_2\psi(x,y)$$

$$\begin{aligned} f(x,y)-\sigma_1{}^5 &= x^5+y^5-(x^5+5x^4y+10x^3y^2+10x^2y^3+5xy^4+y^5) \\ &= -5xy(x^3+y^3)-10x^2y^2(x+y) \\ &= -5\sigma_2(\sigma_1{}^3-3\sigma_1\sigma_2)-10\sigma_2{}^2\sigma_1 \end{aligned}$$

$$\begin{aligned} x^5+y^5 = f(x,y) &= \sigma_1{}^5-5\sigma_1{}^3\sigma_2+15\sigma_1\sigma_2{}^2-10\sigma_1\sigma_2{}^2 \\ &= \sigma_1{}^5-5\sigma_1{}^3\sigma_2+5\sigma_1\sigma_2{}^2 \end{aligned}$$

この式に $x^5+y^5=33$，$\sigma_1=x+y=3$ を代入すると

$$\begin{aligned} 33 &= 3^5-5\cdot 3^3\cdot\sigma_2+5\cdot 3\cdot\sigma_2{}^2 \\ &= 243-135\sigma_2+15\sigma_2{}^2 \end{aligned}$$

$$15\sigma_2{}^2-135\sigma_2+210=0$$

$$\sigma_2{}^2-9\sigma_2+14=0$$

$$\sigma_2=2,7$$

この $\sigma_2$ の値を使って，連立方程式を立てれば

$$\begin{cases} \sigma_1=x+y=3 \\ \sigma_2=xy=2 \end{cases} \quad (1) \qquad \begin{cases} \sigma_1=x+y=3 \\ \sigma_2=xy=7 \end{cases} \quad (2)$$

(1) から

$$X^2-3X+2=0$$

$$X=\frac{3\pm\sqrt{3^2-4\cdot 2}}{2}=\frac{3\pm\sqrt{1}}{2}=\begin{cases} 2 \\ 1 \end{cases}$$

(2) から

$$X^2-3X+7=0$$

$$X=\frac{3\pm\sqrt{3^2-4\cdot 7}}{2}=\frac{3\pm\sqrt{-19}}{2}=\frac{3\pm\sqrt{19}i}{2}$$

答

$$\begin{cases}x=1\\y=2\end{cases}\quad\begin{cases}x=2\\y=1\end{cases}\quad\begin{cases}x=\dfrac{3+\sqrt{19}i}{2}\\y=\dfrac{3-\sqrt{19}i}{2}\end{cases}\quad\begin{cases}x=\dfrac{3-\sqrt{19}i}{2}\\y=\dfrac{3+\sqrt{19}i}{2}\end{cases}$$

**例題 29** $\begin{cases}x^2+y^2=4\\x^3+y^3=8\end{cases}$ を解け.

**解**

$$x^2+y^2=\sigma_1{}^2-2\sigma_2=4 \tag{1}$$

$$x^3+y^3=\sigma_1{}^3-3\sigma_1\sigma_2=8 \tag{2}$$

(1) から

$$\sigma_2=\frac{\sigma_1{}^2}{2}-2$$

を求め，(2) に代入すると

$$\sigma_1{}^3-3\sigma_1\left(\frac{\sigma_1{}^2}{2}-2\right)=-\frac{\sigma_1{}^3}{2}+6\sigma_1=8$$

$$\sigma_1{}^3-12\sigma_1+16=0$$

$\sigma_1=2$ とおくと左辺は0になるから，$\sigma_1-2$ を因子にもつ.

$$\sigma_1{}^3-12\sigma_1+16=(\sigma_1-2)(\sigma_1{}^2+2\sigma_1-8)$$

$$\sigma_1{}^2+2\sigma_1-8=0$$

を解くと

$$\sigma_1 = -1\pm\sqrt{9} = -1\pm 3 = \begin{cases} \ \ 2 \\ -4 \end{cases}$$

$\sigma_1=2$ であったら

$$\sigma_2 = \frac{{\sigma_1}^2}{2}-2 = 0$$

$\sigma_1=-4$ であったら

$$\sigma_2 = \frac{(-4)^2}{2}-2 = \frac{16}{2}-2 = 6$$

となる.

$$\begin{cases} \sigma_1 = x+y = 2 \\ \sigma_2 = xy = 0 \end{cases}$$

から $x, y$ を解くと

$$\begin{cases} x = 2 \\ y = 0 \end{cases} \qquad \begin{cases} x = 0 \\ y = 2 \end{cases}$$

が得られる.

$$\begin{cases} \sigma_1 = x+y = -4 \\ \sigma_2 = xy = 6 \end{cases}$$

を解くには

$$X^2+4X+6 = 0$$

を解けばよい.

$$X = -2\pm\sqrt{2^2-6} = -2\pm\sqrt{-2} = -2\pm\sqrt{2}i$$

したがって, 答は

$$\begin{cases} x = 2 \\ y = 0 \end{cases} \begin{cases} x = 0 \\ y = 2 \end{cases} \begin{cases} x = -2+\sqrt{2}i \\ y = -2-\sqrt{2}i \end{cases} \begin{cases} x = -2-\sqrt{2}i \\ y = -2+\sqrt{2}i \end{cases}$$

### 練習問題 3.4

次の連立方程式を解け.

(1) $\begin{cases} x+y=7 \\ \dfrac{x}{y}+\dfrac{y}{x}=\dfrac{25}{12} \end{cases}$ (2) $\begin{cases} \dfrac{x^2}{y}+\dfrac{y^2}{x}=18 \\ x+y=12 \end{cases}$

(3) $\begin{cases} x+y=4 \\ x^4+y^4=82 \end{cases}$ (4) $\begin{cases} x^2+xy+y^2=49 \\ x^4+x^2y^2+y^4=931 \end{cases}$

(5) $\begin{cases} (x-y)(x^2-y^2)=16 \\ (x+y)(x^2+y^2)=40 \end{cases}$ (6) $\begin{cases} x+y=a \\ x^7+y^7=a^7 \end{cases}$ $(a\neq 0)$

## 6.4 3元連立方程式

次に，3元の連立方程式に移ろう.

$$\begin{cases} x+y+z=6 \\ xy+yz+zx=11 \\ xyz=6 \end{cases}$$

を解くために

$$\begin{aligned} f(X) &= (X-x)(X-y)(X-z) \\ &= X^3-(x+y+z)X^2+(xy+yz+zx)X-xyz \\ &= X^3-6X^2+11X-6=0 \end{aligned}$$

をつくり

$$f(X)=X^3-6X^2+11X-6$$

に $X=1$ を代入すると

$$f(1)=0$$

となるから，$f(X)$ は $X-1$ で割り切れる.

$$f(X) = (X-1)(X^2-5X+6)$$
$$= (X-1)(X-2)(X-3)$$
$$X = 1, 2, 3$$

$\{x, y, z\}$ は集合として $\{1, 2, 3\}$ となる.

答 $\begin{cases} x=1 \\ y=2 \\ z=3 \end{cases}$ $\begin{cases} x=1 \\ y=3 \\ z=2 \end{cases}$ $\begin{cases} x=2 \\ y=1 \\ z=3 \end{cases}$

$\begin{cases} x=2 \\ y=3 \\ z=1 \end{cases}$ $\begin{cases} x=3 \\ y=1 \\ z=2 \end{cases}$ $\begin{cases} x=3 \\ y=2 \\ z=1 \end{cases}$

2元の場合と同じく3元のときも, この形の方程式に直すように努める.

**例題 30** 次の連立方程式を解け.

$$\begin{cases} x+y+z = 2 \\ x^2+y^2+z^2 = 6 \\ x^3+y^3+z^3 = 8 \end{cases}$$

解 $x^2+y^2+z^2 = (x+y+z)^2-2(xy+yz+zx)$
$$= \sigma_1{}^2-2\sigma_2$$
$$6 = 2^2-2\sigma_2$$
$$\sigma_2 = -1$$
$$x^3+y^3+z^3 = \sigma_1{}^3-3\sigma_1\sigma_2+3\sigma_3$$
$$8 = 2^3-3\cdot2\cdot(-1)+3\sigma_3$$
$$3\sigma_3 = 8-2^3-6 = -6$$
$$\sigma_3 = -2$$

だから，上の方程式は

$$\begin{cases}\sigma_1 = 2 \\ \sigma_2 = -1 \\ \sigma_3 = -2\end{cases}$$

となる．

$$\begin{aligned} X^3-\sigma_1X^2+\sigma_2X-\sigma_3 &= X^3-2X^2-X+2 \\ &= X^2(X-2)-(X-2) = (X^2-1)(X-2) \\ &= (X+1)(X-1)(X-2) = 0 \end{aligned}$$

$$X = -1, 1, 2$$

だから $\{x, y, z\}$ は集合として $\{-1, 1, 2\}$ と一致する．

答

$$\begin{cases}x = -1 \\ y = 1 \\ z = 2\end{cases} \quad \begin{cases}x = -1 \\ y = 2 \\ z = 1\end{cases} \quad \begin{cases}x = 1 \\ y = -1 \\ z = 2\end{cases}$$

$$\begin{cases}x = 1 \\ y = 2 \\ z = -1\end{cases} \quad \begin{cases}x = 2 \\ y = -1 \\ z = 1\end{cases} \quad \begin{cases}x = 2 \\ y = 1 \\ z = -1\end{cases}$$

## 練習問題 3.5

次の連立方程式を解け．

(1) $\begin{cases}x+y+z = -2 \\ xy+yz+zx = -1 \\ xyz = 2\end{cases}$ (2) $\begin{cases}x+y+z = a \\ x^2+y^2+z^2 = a^2 \\ x^3+y^3+z^3 = a^3\end{cases}$

(3) $\begin{cases} x+y+z=9 \\ \dfrac{1}{x}+\dfrac{1}{y}+\dfrac{1}{z}=1 \\ xy+yz+zx=27 \end{cases}$ (4) $\begin{cases} x+y+z=a \\ xy+yz+zx=a^2 \\ xyz=a^3 \end{cases}$

(5) $\begin{cases} x+y+z=\dfrac{13}{3} \\ \dfrac{1}{x}+\dfrac{1}{y}+\dfrac{1}{z}=\dfrac{13}{3} \\ xyz=1 \end{cases}$

(6) $\begin{cases} xy+yz+zx=11 \\ xy(x+y)+yz(y+z)+zx(z+x)=48 \\ xy(x^2+y^2)+yz(y^2+z^2)+zx(z^2+x^2)=118 \end{cases}$

# 4 種々の方程式と多項式

## 1　1の累乗根

### 1.1　円周の等分

第1章では数の諸性質を述べ，第3章では文字のもついろいろな現象を見てきたが，この両者をつなぐものが実は方程式である．方程式については，すでに第3章でもかなり説明してきたが，この章ではさらにくわしく種々の方程式や多項式を調べてゆこう．

まず円周の等分に関する方程式を解いてみよう．

**例題1**　$x^3=1$ を解け．

**解**　$x^3-1=0$ には，明らかに $x=1$ という根がある．だから，因数定理によって $x-1$ という因子をもつ．

$$x^3-1 = (x-1)(x^2+x+1) = 0$$

次に $x^2+x+1=0$ を解くと

$$x = \frac{-1\pm\sqrt{1-4}}{2} = \frac{-1\pm\sqrt{3}\sqrt{-1}}{2} = \frac{-1\pm\sqrt{3}i}{2}$$

これをガウス平面上にとってみると，図4-1のようになる．

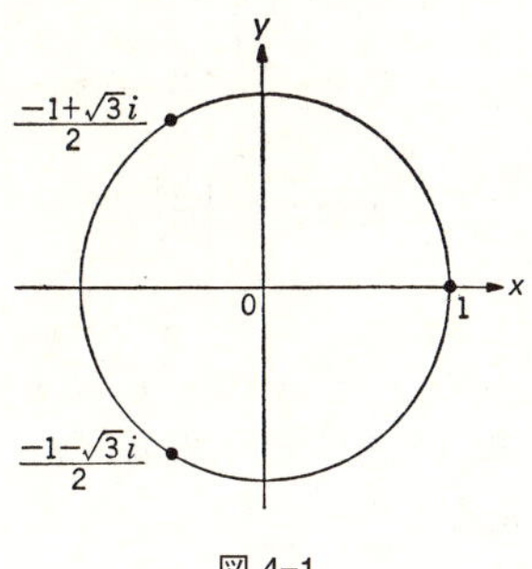


図 4-1

すこし別の観点から解いてみると

$$x^3 = 1$$

$$|x|^3 = 1$$

$$|x| = 1$$

$$\arg x^3 = 3\arg x = \arg 1$$

$$3\arg x = 2n\pi \quad (n=0, \pm1, \pm2, \cdots)$$

$\arg x$ を $0 \leqq \arg x < 2\pi$ とすると

$$3\arg x = \begin{cases} 0 \\ 2\pi \\ 4\pi \end{cases}$$

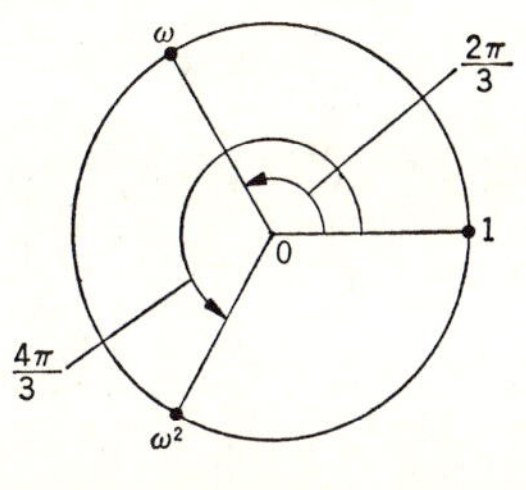


図 4-2

$$\therefore \quad \arg x = \begin{cases} \dfrac{0}{3} = 0 \\ \dfrac{2\pi}{3} \\ \dfrac{4\pi}{3} \end{cases}$$

したがって，根は絶対値 $r=1$ で偏角 $\theta=\arg x$ が $0, \dfrac{2\pi}{3}, \dfrac{4\pi}{3}$ の複素数である．

だから（p. 63）

$$\cos 0 + i \sin 0 = 1$$

$$\cos\frac{2\pi}{3} + i \sin\frac{2\pi}{3} = \frac{-1+\sqrt{3}i}{2}$$

$$\cos\frac{4\pi}{3} + i \sin\frac{4\pi}{3} = \frac{-1-\sqrt{3}i}{2}$$

これら3つの根は，0を中心とする半径1の円を3等分した点である．

ここで

$$\cos\frac{2\pi}{3} + i \sin\frac{2\pi}{3} = \frac{-1+\sqrt{3}i}{2} = \omega$$

とおく．$\omega$ は1の3乗根の1つである．もちろん

$$\omega^3 = 1 \qquad \omega^2+\omega+1 = 0$$

また

$$\omega^2+\omega\cdot\omega^3+1 = 0$$

から

$$(\omega^2)^3 = 1 \qquad (\omega^2)^2+\omega^2+1 = 0$$

一般に，$x^n=1$ という形の方程式を**円分方程式**という．単位円を $n$ 等分した点がその根になっているからである．

**例題 2**　$x^4=1$ を解け．

**解**　$x^4-1=(x^2-1)(x^2+1)=(x-1)(x+1)(x^2+1)$

$x-1=0$ から $x=1$

$x+1=0$ から $x=-1$

$x^2+1=0$ から $x^2=-1,\ x=\pm\sqrt{-1}=\pm i$

絶対値と偏角によって求めると

$$x^4=1 \text{ から } |x|^4=1,\quad |x|=1$$

$$\arg x^4=4\arg x=\arg 1$$

$$\therefore \qquad \arg x=0,\ \frac{2\pi}{4},\ \frac{4\pi}{4},\ \frac{6\pi}{4}$$

$$\text{根は } x=\begin{cases}\cos 0+i\sin 0=1\\ \cos\dfrac{2\pi}{4}+i\sin\dfrac{2\pi}{4}\\ \quad =i\\ \cos\dfrac{4\pi}{4}+i\sin\dfrac{4\pi}{4}\\ \quad =-1\\ \cos\dfrac{6\pi}{4}+i\sin\dfrac{6\pi}{4}\\ \quad =-i\end{cases}$$

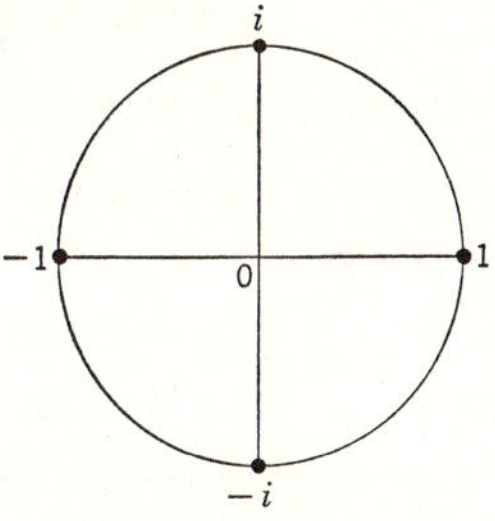

図 4-3

すなわち 0 を中心とした半径 1 の円を 4 等分した点である．

**例題 3**　$x^5=1$ を解け．

解　絶対値と偏角から解くと

$$|x| = 1$$

$$\arg x = 0, \frac{2\pi}{5}, \frac{4\pi}{5}, \frac{6\pi}{5}, \frac{8\pi}{5}$$

だから，根は0を中心とした半径1の円を5等分した点である．

$$x = \begin{cases} \cos 0 + i \sin 0 = 1 \\ \cos\frac{2\pi}{5} + i \sin\frac{2\pi}{5} \\ \cos\frac{4\pi}{5} + i \sin\frac{4\pi}{5} \\ \cos\frac{6\pi}{5} + i \sin\frac{6\pi}{5} \\ \cos\frac{8\pi}{5} + i \sin\frac{8\pi}{5} \end{cases}$$

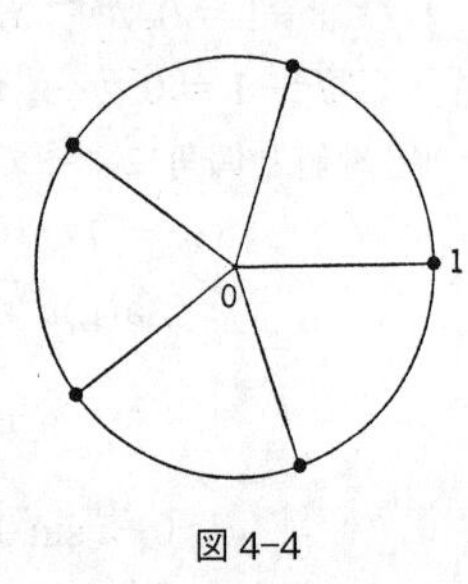

図4-4

代数的に解くには

$$x^5 - 1 = (x-1)(x^4 + x^3 + x^2 + x + 1) = 0$$

となるから

$$x^4 + x^3 + x^2 + x + 1 = 0$$

を解く．これを解くために，$x^2$ で両辺を割ってみる．

$$x^2 + x + 1 + x^{-1} + x^{-2} = 0$$

$$(x^2 + x^{-2}) + (x + x^{-1}) + 1 = 0$$

$x + x^{-1} = t$ とおき，両辺を2乗すると

$$x^2 + 2 + x^{-2} = t^2$$

$$x^2 + x^{-2} = t^2 - 2$$

これを代入すると

$$(t^2-2)+t+1=0$$
$$t^2+t-1=0$$
$$t=\frac{-1\pm\sqrt{1+4}}{2}=\frac{-1\pm\sqrt{5}}{2}$$

この値を $x+x^{-1}=t$ に代入して，$x$ を解くと

$$x^2-tx+1=0$$
$$x=\frac{t\pm\sqrt{t^2-4}}{2}$$
$$t^2-4=1-t-4=-t-3$$
$$=\frac{1\mp\sqrt{5}}{2}-3=\frac{-5\mp\sqrt{5}}{2}$$

$$x=\frac{-1\pm\sqrt{5}}{4}\pm\frac{\sqrt{\dfrac{5\pm\sqrt{5}}{2}}}{2}i$$

ここで $-1\pm\sqrt{5}$ と $5\pm\sqrt{5}$ の複号は同順である．

したがって

$$x=\begin{cases}1 & =\cos 0+i\sin 0\\ \dfrac{-1+\sqrt{5}}{4}+\dfrac{\sqrt{5+\sqrt{5}}}{2\sqrt{2}}i & =\cos\dfrac{2\pi}{5}+i\sin\dfrac{2\pi}{5}\\ \dfrac{-1-\sqrt{5}}{4}+\dfrac{\sqrt{5-\sqrt{5}}}{2\sqrt{2}}i & =\cos\dfrac{4\pi}{5}+i\sin\dfrac{4\pi}{5}\\ \dfrac{-1-\sqrt{5}}{4}-\dfrac{\sqrt{5-\sqrt{5}}}{2\sqrt{2}}i & =\cos\dfrac{6\pi}{5}+i\sin\dfrac{6\pi}{5}\\ \dfrac{-1+\sqrt{5}}{4}-\dfrac{\sqrt{5+\sqrt{5}}}{2\sqrt{2}}i & =\cos\dfrac{8\pi}{5}+i\sin\dfrac{8\pi}{5}\end{cases}$$

このように，$x^5=1$ という方程式を解けば，その5個の根は半径1の円を5等分した点になるから，それを直線で結ぶと正5角形がつくられる．同じように $x^n=1$ を解けば正 $n$ 角形がつくられる．だから，正 $n$ 角形を作図するという幾何学の問題は，$x^n=1$ という $n$ 次方程式を解くという代数学の問題と同じになる．このことに初めて気付いたのはガウスであった．

$x^5=1$ の根は＋，－，×，÷と $\sqrt{\ }$ の組合せで求められるから，定規とコンパスだけで作図できるのである．$x^n=1$ が＋，－，×，÷と $\sqrt{\ }$ だけで解けたら，正 $n$ 角形が定規とコンパスだけで作図できるはずである．

ガウスはこの考えを進めていって，$x^{17}=1$ がその条件を満足することを発見したのであった．彼が18歳のときであった．彼は年少のころから数学と語学に並はずれた天才を現わし，そのころまで数学者になろうか言語学者になろうかと迷っていたが，正17角形の作図法を発見したことから，数学者になる決心をしたそうである．

正 $n$ 角形が定規とコンパスで作図できるためにガウスが発見した必要かつ十分な条件は，次の通りである．

$$n = 2^k \cdot p_1 p_2 \cdots p_m$$

$k$ は0または任意の正の整数，$p_1, p_2, \cdots, p_m$ はいずれも

$$p_i = 2^{(2^r)}+1 \quad (r \text{ は0もしくは正の整数})$$

という形の互いに異なる素数である．

$$2^{2^0}+1 = 2^1+1 = 3$$
$$2^{2^1}+1 = 2^2+1 = 5$$

$$2^{2^2}+1 = 2^4+1 = 17$$
$$2^{2^3}+1 = 2^8+1 = 257$$

$n=7$ はガウスの条件に適合しないから，正７角形は定規とコンパスだけでは作図できないはずである．

しかし，ともかく解いてみよう．

**例題４**　$x^7=1$ を解け．

**解**　$x^7-1=(x-1)(x^6+x^5+x^4+x^3+x^2+x+1)=0$

$x-1=0$ から $x=1$

$x^6+x^5+x^4+x^3+x^2+x+1=0$ を $x^3$ で割ると

$$x^3+x^2+x+1+x^{-1}+x^{-2}+x^{-3} = 0$$
$$(x^3+x^{-3})+(x^2+x^{-2})+(x+x^{-1})+1 = 0 \qquad (*)$$

$x^5=1$ のときと同じように

$$x+x^{-1} = t$$

とおき，２乗すると

$$x^2+2+x^{-2} = t^2$$
$$x^2+x^{-2} = t^2-2$$

３乗すると

$$x^3+3x+3x^{-1}+x^{-3} = t^3$$
$$x^3+x^{-3} = t^3-3t$$

これらを（$*$）に代入すると

$$(t^3-3t)+(t^2-2)+t+1 = 0$$
$$t^3+t^2-2t-1 = 0$$

この３次方程式を解いて，３つの根 $t_1, t_2, t_3$ に対して $x+x^{-1}=t$，すなわち $x^2-tx+1=0$ を解けばよい．

そして6個の根が得られる．これと $x=1$ をあわせて根は7個になる．

正7角形の作図を最初に研究したのはアルキメデスであった．

### 練習問題 4.1

次の方程式を解け．

(1) $x^6=1$

(2) $x^8=1$

(3) $x^{10}=1$

(4) $x^{12}=1$

## 1.2 一般の累乗根

次は，任意の複素数の累乗根を考えてみよう．まず平方根から．

**例題 5** $z^2=c=a+bi$ を解け．

**解** $z=x+yi$ とおくと

$$z^2 = (x^2-y^2)+2xyi$$

$$\begin{cases} x^2-y^2 = a & (1) \\ 2xy = b & (2) \end{cases}$$

これを解くと

$$(x^2-y^2)^2+4x^2y^2 = a^2+b^2 = (x^2+y^2)^2$$

$$x^2+y^2 = \sqrt{a^2+b^2} \qquad (3)$$

(3) に (1) を加えると

$$2x^2 = \sqrt{a^2+b^2}+a$$

(3) から (1) を引くと

$$2y^2 = \sqrt{a^2+b^2}-a$$

$$\therefore \quad \begin{cases} x = \pm\sqrt{\dfrac{\sqrt{a^2+b^2}+a}{2}} \\ y = \pm\sqrt{\dfrac{\sqrt{a^2+b^2}-a}{2}} \end{cases}$$

$2xy = b$ から

$$\begin{aligned} x &= \pm\sqrt{\frac{\sqrt{a^2+b^2}+a}{2}} \\ y &= \pm\frac{b}{|b|}\sqrt{\frac{\sqrt{a^2+b^2}-a}{2}} \end{aligned} \qquad \text{(複号同順)}$$

$\dfrac{b}{|b|}$ は $b$ の符号を表している.

根は2つある.

**別解**　$z^2=c$ の絶対値と偏角を考えると

$|z|^2 = |c| = \sqrt{a^2+b^2}$ より, $|z| = \sqrt{|c|} = \sqrt[4]{a^2+b^2}$

$$\arg z^2 = \arg c$$

$2\arg z = \arg c = \theta$ とおくと

$$\arg z = \frac{\theta}{2},\ \frac{\theta}{2}+\pi$$

の2つの値が得られるから

$$z = \sqrt{|c|}\left(\cos\frac{\theta}{2}+i\sin\frac{\theta}{2}\right),\ -\sqrt{|c|}\left(\cos\frac{\theta}{2}+i\sin\frac{\theta}{2}\right)$$

この解が, 上のと一致することは

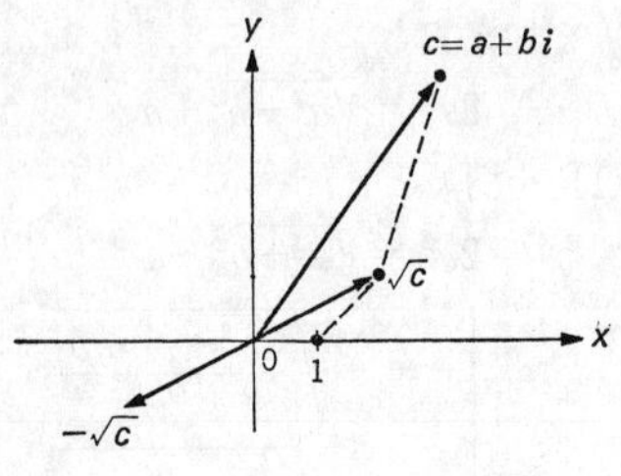


図 4-5

$$\cos\frac{\theta}{2} = \sqrt{\frac{1+\cos\theta}{2}} = \sqrt{\frac{\sqrt{a^2+b^2}+a}{2\sqrt{a^2+b^2}}}$$

$$\sin\frac{\theta}{2} = \sqrt{\frac{1-\cos\theta}{2}} = \sqrt{\frac{\sqrt{a^2+b^2}-a}{2\sqrt{a^2+b^2}}}$$

を上に代入してみれば容易に確かめられる.

例題6　$z^n = a+bi = c$ を解け.

解

$$|z|^n = |c|$$

$$|z| = |c|^{\frac{1}{n}}$$

$$\arg z^n = \arg c$$

$n \arg z = \arg c = \theta$ とおくと

$$n \arg z = \begin{cases} \theta \\ \theta+2\pi \\ \theta+4\pi \\ \cdots\cdots\cdots\cdots \\ \theta+2(n-1)\pi \end{cases}$$

$$\arg z = \begin{cases} \dfrac{\theta}{n} \\ \dfrac{\theta}{n} + \dfrac{2\pi}{n} \\ \cdots\cdots\cdots\cdots \\ \dfrac{\theta}{n} + \dfrac{2(n-1)\pi}{n} \end{cases}$$

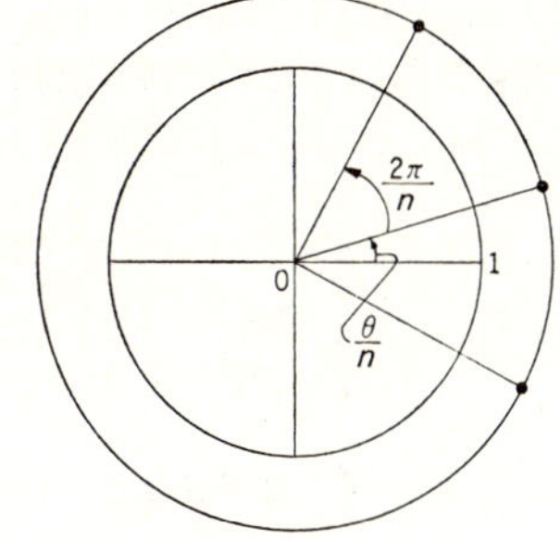

図 4-6

となるから，求める根は

$$z = \sqrt[n]{|c|}\left(\cos\left(\frac{\theta}{n}+\frac{2k\pi}{n}\right)+i\sin\left(\frac{\theta}{n}+\frac{2k\pi}{n}\right)\right)$$

$$(k=0, 1, 2, \cdots, n-1)$$

の $n$ 個あることがわかる．

この式は

$$\sqrt[n]{|c|}\left(\cos\frac{\theta}{n}+i\sin\frac{\theta}{n}\right)\left(\cos\frac{2k\pi}{n}+i\sin\frac{2k\pi}{n}\right)$$

と書き直せるが

$$\sqrt[n]{|c|}\left(\cos\frac{\theta}{n}+i\sin\frac{\theta}{n}\right)$$

は，$c$ の偏角 $\theta$ を等分した偏角をもつ $n$ 乗根で，これを $\sqrt[n]{c}$ と書き

$$\omega = \cos\frac{2\pi}{n}+i\sin\frac{2\pi}{n}$$

を 1 の $n$ 乗根の 1 つとすると，すべての根は

$$\sqrt[n]{c},\quad \omega\sqrt[n]{c},\quad \omega^2\sqrt[n]{c},\quad \cdots,\quad \omega^{n-1}\sqrt[n]{c}$$

と書ける．これらの複素数は，0 を中心とする半径 $\sqrt[n]{|c|}$ の円を $n$ 等分した点になっている．

例題 7 $z^3=c=-2+2i$ を解け．

解

$$|c| = \sqrt{(-2)^2+2^2} = 2\sqrt{2}$$

$$\sqrt[3]{|c|} = \sqrt{2}$$

$$\theta = \arg c = 135^\circ\left(=\frac{3}{4}\pi\right)$$

$$\frac{\theta}{3} = 45^\circ\left(=\frac{\pi}{4}\right)$$

$$\sqrt[3]{c} = \sqrt{2}\,(\cos 45^\circ + i\sin 45^\circ) = \sqrt{2}\left(\frac{1}{\sqrt{2}}+i\frac{1}{\sqrt{2}}\right)$$

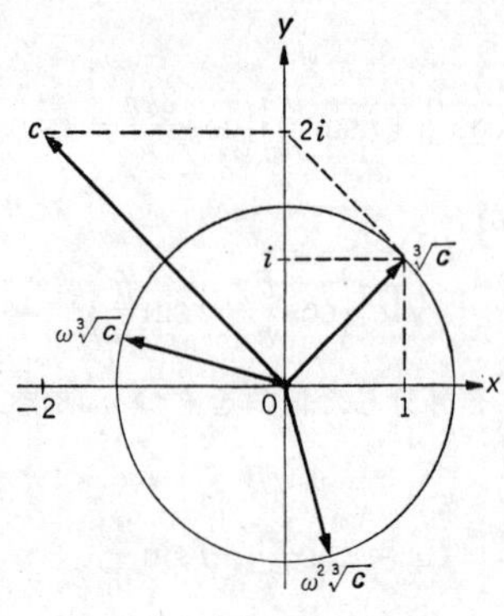


図 4-7

$$= 1+i$$

したがって，1の3乗根を $\omega$ とすると，根は

$$1+i \qquad \omega(1+i) \qquad \omega^2(1+i)$$

となる．あとの2つの根を計算すると

$$\omega(1+i) = \frac{-1+\sqrt{3}i}{2}(1+i)$$

$$= \frac{-1-\sqrt{3}}{2} + \frac{\sqrt{3}-1}{2}i$$

$$\omega^2(1+i) = \frac{-1-\sqrt{3}i}{2}(1+i)$$

$$= \frac{-1+\sqrt{3}}{2} + \frac{-\sqrt{3}-1}{2}i$$

## 1.3　因数分解への応用

実数の範囲では分解されない多項式でも，数の範囲を複素数まで拡げると分解されることがある．

たとえば

$$f(x) = x^2+1$$

は，どんな実数を $x$ に代入しても

$$f(x) = x^2+1 \geqq 1 > 0$$

であるから，実数の範囲では因数分解されない．しかし，複素数 $i=\sqrt{-1}$ によって

$$x^2+1 = (x-i)(x+i)$$

と分解される．

これを，$x, y$ に関する同次式にして

$$x^2+y^2=(x-iy)(x+iy)$$

としても，内容的には同じことである．

1の3乗根を求めるとき出てきた2次方程式

$$x^2+x+1=0$$

は，判別式が $1^2-4\cdot1\cdot1=-3$ で負だから，実数の根はもたない．したがってやはり実数の範囲では因数分解されない．しかし，複素数までゆくと

$$x^2+x+1=(x-\omega)(x-\omega^2)$$

$$\omega=\frac{-1+\sqrt{3}i}{2} \qquad \omega^2=\frac{-1-\sqrt{3}i}{2}$$

と分解される．

同次式の形で書くと

$$x^2+xy+y^2=(x-\omega y)(x-\omega^2 y)$$

このように，2次方程式は複素数の中では必ず根をもつから，2変数の2次同次式は複素数までゆけば必ず因数分解される．

しかし，2次の多項式でも同次式でないと，このことは成り立たない．

**例題8** $2x^2+7xy+3y^2-x-8y-3$ を因数分解せよ．

**解** $2x^2+7xy+3y^2=(2x+y)(x+3y)$ であるから，もし分解されるとすれば

$$2x^2+7xy+3y^2-x-8y-3=(2x+y+A)(x+3y+B)$$

の形でなくてはならない．

右辺を展開して，$x$ と $y$ の係数を比べると

$$\begin{cases} -1 = A + 2B \\ -8 = 3A + B \end{cases}$$

この1次方程式を解いて

$$A = -3 \qquad B = 1$$

これで定数項を比べてみると

$$-3 = AB$$

で合っている.

したがって，与えられた式は

$$(2x+y-3)(x+3y+1)$$

と因数分解される.

もし，こうして求めた $A, B$ が定数項についての条件を満たさなければ，2変数の2次式は複素数の範囲でも分解されない.

これが3変数になると，同次式でも因数分解されることは稀になってくる.

**例題9**　$x^3+y^3+z^3-3xyz$ を因数分解せよ.

**解**　$$f(x, y, z) = x^3+y^3+z^3-3xyz$$

とおく. すでに，第3章6.1の［例題22］のあと（p. 205）で

$$f(x, y, z) = (x+y+z)(x^2+y^2+z^2-xy-yz-zx)$$

と因数分解されることを示した. つまり，$f(x, y, z)$ は

$$x+y+z$$

を1次因数にもつ.

ところで，与えられた多項式は

$$x \longrightarrow x \qquad y \longrightarrow \omega y \qquad z \longrightarrow \omega^2 z$$

（$\omega$ は1の3乗根）

という変換によって変わらない：

$$\begin{aligned} & x^3+(\omega y)^3+(\omega^2 z)^3-3x(\omega y)(\omega^2 z) \\ & \quad = x^3+\omega^3 y^3+(\omega^3)^2 z^3-3\omega^3 xyz \\ & \quad = x^3+y^3+z^3-3xyz \end{aligned}$$

したがって，この多項式は，$x+y+z$ 以外に

$$x+\omega y+\omega^2 z$$

という1次因数をもつ.

同じように

$$x \longrightarrow x \qquad y \longrightarrow \omega^2 y \qquad z \longrightarrow \omega z$$

という変換をほどこすことによって，与えられた多項式は，なお

$$x+\omega^2 y+\omega z \qquad (\omega^4=\omega)$$

という1次因数をもつことがわかる.

こうして

$$\begin{aligned} & x^3+y^3+z^3-3xyz \\ & \quad = (x+y+z)(x+\omega y+\omega^2 z)(x+\omega^2 y+\omega z) \end{aligned}$$

という分解が得られる.

以前の因数分解と比較すると

$$\begin{aligned} & x^2+y^2+z^2-xy-yz-zx \\ & \quad = (x+\omega y+\omega^2 z)(x+\omega^2 y+\omega z) \end{aligned}$$

が成り立つ.

## 練習問題 4.2

1　$f(x, y, z)=x^3+y^3+z^3-3\lambda xyz$ が 1 次因数をもつのは，$\lambda^3=1$ のときに限ることを証明し，そのときにこの式を因数分解せよ．

2
$$
\begin{aligned}
&(a^3+b^3+c^3-3abc)(x^3+y^3+z^3-3xyz)\\
&\quad = X^3+Y^3+Z^3-3XYZ
\end{aligned}
$$

ただし

$$
\begin{aligned}
X &= ax+by+cz\\
Y &= ay+bz+cx\\
Z &= az+bx+cy
\end{aligned}
$$

が成り立つことを示せ．

3　$f(x, y, z)=x^3+y^3+z^3-3xyz$ とおくとき，次の関係式が成り立つことを証明せよ．

(1)　$f(y+z-x, z+x-y, x+y-z)=4f(x, y, z)$

(2)　$f(x^2-yz, y^2-zx, z^2-xy)$
$=f(x^2+2yz, y^2+2zx, x^2+2xy)$
$=f(x, y, z)^2$

4　次の恒等式を証明せよ．

(1)　$(x+y)^4+x^4+y^4=2(x^2+xy+y^2)^2$

(2)　$(x+y)^5-x^5-y^5=5xy(x+y)(x^2+xy+y^2)$

(3)　$(x+y)^7-x^7-y^7=7xy(x+y)(x^2+xy+y^2)^2$

5　$n=6h\pm1$ のとき，$(x+y)^n-x^n-y^n$ は $x^2+xy+y^2$ で割り切れることを証明せよ．

## 2　相反方程式

$n$ 次の方程式 $f(x)=a_0x^n+a_1x^{n-1}+\cdots+a_{n-1}x+a_n=0$ の係数 $a_0, a_1, a_2, \cdots, a_n$ が「たけやがやけた」のように逆の順序にしても同じになっているとき，このような方程式を**相反方程式**という．

$$a_0 = a_n, \quad a_1 = a_{n-1}, \quad \cdots, \quad a_m = a_{n-m}, \quad \cdots$$

となっているときである．

$$x^n f\left(\frac{1}{x}\right) = \left\{a_0\left(\frac{1}{x}\right)^n + a_1\left(\frac{1}{x}\right)^{n-1} + \cdots + a_{n-1}\left(\frac{1}{x}\right) + a_n\right\}x^n$$

$$= a_nx^n + a_{n-1}x^{n-1} + \cdots + a_1x + a_0$$

ここで，$a_0=a_n, a_1=a_{n-1}, \cdots, a_m=a_{n-m}$ だから

$$= a_0x^n + a_1x^{n-1} + \cdots + a_{n-1}x + a_n = f(x)$$

つまり，相反方程式では

$$x^n f\left(\frac{1}{x}\right) = f(x) \tag{1}$$

の関係が成り立つ．

もし，$n$ が奇数のときは，$x=-1$ とおけば

$$(-1)^n f\left(\frac{1}{-1}\right) = f(-1)$$

$$-f(-1) = f(-1)$$

$$2f(-1) = 0 \quad f(-1) = 0$$

つまり，$f(x)$ は $x-(-1)=x+1$ という因数をもつ．

$$f(x) = (x+1)g(x)$$

ここで，$g(x)$ は $(n-1)$ 次であり，したがって偶数次である．

$$x^n f\left(\frac{1}{x}\right) = f(x)$$

に $f(x)=(x+1)g(x)$ を代入すると

$$x^n\left(\frac{1}{x}+1\right)g\left(\frac{1}{x}\right) = (x+1)g(x)$$

$$x^{n-1}(x+1)g\left(\frac{1}{x}\right) = (x+1)g(x)$$

$$x^{n-1}g\left(\frac{1}{x}\right) = g(x)$$

$g(x)$ は $n-1$ 次であるから，この形からみて，$g(x)$ は偶数次の相反方程式である．だから，偶数次の相反方程式が解ければよい．

そこで次に，偶数次の相反方程式の解き方について考えてみよう．

## 偶数次の相反方程式の解き方

偶数次の相反方程式を

$$f(x) = a_0x^{2n}+a_1x^{2n-1}+\cdots+a_{2n-1}x+a_{2n} \quad (a_0\neq 0)$$

$$(a_0=a_{2n}, \cdots, a_m=a_{2n-m})$$

としよう．このとき，$a_{2n}=a_0\neq 0$ だから $x=0$ という根はない．

だから，$x^n$ で両辺を割ってみる．

$$\frac{f(x)}{x^n}=a_0x^n+a_1x^{n-1}+\cdots+a_{2n-1}x^{-n+1}+a_{2n}x^{-n}$$

$$=a_0(x^n+x^{-n})+a_1(x^{n-1}+x^{-n+1})+\cdots+a_n$$

ここで，$x+x^{-1}=t$ とおくと

$$x^2+x^{-2}=\left(x+\frac{1}{x}\right)^2-2=t^2-2$$

$$x^3+x^{-3}=\left(x+\frac{1}{x}\right)^3-3\left(x+\frac{1}{x}\right)=t^3-3t$$

これを次々に計算すると

$$x^4+x^{-4}=t^4-4t^2+2$$

$$x^5+x^{-5}=t^5-5t^3+5t$$

$$\cdots\cdots\cdots\cdots\cdots\cdots$$

となっている．これらを代入すると，$\dfrac{f(x)}{x^n}$ が $t$ の $n$ 次式になる．つまり，次数が半分になるので解きやすくなる．

**例題 10**　$12x^4-16x^3-11x^2-16x+12=0$ を解け．

**解**　$x^2$ で割って $x+x^{-1}=t$ とおくと

$$12(x^2+x^{-2})-16(x+x^{-1})-11=0$$

$$12(t^2-2)-16t-11=0$$

$$12t^2-16t-35=0$$

この2次方程式を解くと

$$t=\frac{8\pm\sqrt{8^2+35\times 12}}{12}$$

$$=\frac{8\pm\sqrt{64+420}}{12}$$

$$= \frac{8\pm\sqrt{484}}{12} = \frac{8\pm 22}{12} = \begin{cases} \dfrac{5}{2} \\ -\dfrac{7}{6} \end{cases}$$

$x+x^{-1}=\dfrac{5}{2}$ を解くと

$$x^2-\frac{5}{2}x+1=0$$

$$2x^2-5x+2=0$$

$$x=\frac{5\pm\sqrt{25-16}}{4}=\frac{5\pm\sqrt{9}}{4}=\frac{5\pm 3}{4}=\begin{cases} 2 \\ \dfrac{1}{2} \end{cases}$$

$x+x^{-1}=-\dfrac{7}{6}$ を解くと

$$6x^2+7x+6=0$$

$$x=\frac{-7\pm\sqrt{7^2-144}}{6\times 2}$$

$$=\frac{-7\pm\sqrt{-95}}{12}=\frac{-7\pm\sqrt{95}i}{12}$$

したがって，解は

$$2 \quad \frac{1}{2} \quad \frac{-7+\sqrt{95}i}{12} \quad \frac{-7-\sqrt{95}i}{12}$$

**例題 11**　$4x^{11}+4x^{10}-21x^9-21x^8+17x^7+17x^6+17x^5+17x^4-21x^3-21x^2+4x+4=0$ を解け．

**解**　奇数次であるから，左辺は $x+1$ で割り切れる．

$$f(x) = 4x^{11}+4x^{10}-21x^9-21x^8+17x^7+17x^6$$
$$+17x^5+17x^4-21x^3-21x^2+4x+4$$
$$= (x+1)(4x^{10}-21x^8+17x^6+17x^4-21x^2+4)$$

したがって

$$4x^{10}-21x^8+17x^6+17x^4-21x^2+4 = 0$$

両辺を $x^5$ で割ると

$$4(x^5+x^{-5})-21(x^3+x^{-3})+17(x+x^{-1}) = 0$$

$x+x^{-1}=t$ とおくと

$$4(t^5-5t^3+5t)-21(t^3-3t)+17t = 0$$
$$4t^5-41t^3+100t = 0$$
$$t(4t^4-41t^2+100) = 0$$
$$t = 0$$

$4t^4-41t^2+100=0$ は $t^2$ に対する２次方程式と考えられるから

$$t^2 = \frac{41\pm\sqrt{41^2-1600}}{2\times4} = \frac{41\pm\sqrt{1681-1600}}{8}$$

$$= \frac{41\pm\sqrt{81}}{8} = \frac{41\pm9}{8} = \begin{cases} \dfrac{25}{4} \\ 4 \end{cases}$$

$$t = 0 \quad t = \pm\frac{5}{2} \quad t = \pm2$$

$t=0$ のとき

$$x+\frac{1}{x} = 0 \quad x^2+1 = 0 \quad x = \pm i$$

$t=\dfrac{5}{2}$ のとき

$$x+\frac{1}{x}=\frac{5}{2} \qquad 2x^2-5x+2=0$$

$$x=\frac{5\pm\sqrt{25-16}}{4}=\frac{5\pm 3}{4}=\begin{cases}2\\ \dfrac{1}{2}\end{cases}$$

$t=-\dfrac{5}{2}$ のとき

$$x+\frac{1}{x}=-\frac{5}{2} \qquad 2x^2+5x+2=0$$

$$x=\frac{-5\pm\sqrt{9}}{4}=\begin{cases}-\dfrac{1}{2}\\ -2\end{cases}$$

$t=2$ のとき

$$x+\frac{1}{x}=2 \quad x^2-2x+1=0 \quad (x-1)^2=0 \quad x=1$$

$t=-2$ のとき

$$x+\frac{1}{x}=-2 \quad x^2+2x+1=0 \quad (x+1)^2=0 \quad x=-1$$

したがって解は

$$\pm 1(\text{重根}) \qquad \pm 2 \qquad \pm\frac{1}{2} \quad \pm i$$

$f(x)$ を 1 次式に分解すると

$$f(x)=(x+1)^3(x-1)^2(x-i)(x+i)$$
$$\times(x+2)(x-2)\left(x+\frac{1}{2}\right)\left(x-\frac{1}{2}\right)$$

### 練習問題 4.3

次の方程式を解け.

(1) $9x^6-18x^5-73x^4+164x^3-73x^2-18x+9=0$

(2) $x^8+4x^6-10x^4+4x^2+1=0$

(3) $10x^6+x^5-47x^4-47x^3+x^2+10x=0$

(4) $10x^6+19x^5-19x^4-20x^3-19x^2+19x+10=0$

(5) $2x^{11}+7x^{10}+15x^9+14x^8-16x^7-22x^6-22x^5-16x^4+14x^3+15x^2+7x+2=0$

## 3 3次方程式

### 3.1 カルダノの公式

ここでさきに(p. 159)保留しておいた一般的な3次方程式を解いてみよう.

一般の3次方程式は

$$x^3+a_1x^2+a_2x+a_3=0 \tag{1}$$

という形をしている. ここで $x^2$ の係数 $a_1$ をなくすことができれば, 問題は少し簡単になる. そのために

$$x+\frac{a_1}{3}=y$$

とおいて

$$x=y-\frac{a_1}{3}$$

を（1）式に代入してみよう．

これは，もとの3次式を $x+\dfrac{a_1}{3}$ の多項式に直すことだから，次の連続組立除法が使える．

$$
\begin{array}{lllll|l}
1 & a_1 & a_2 & a_3 & & -\dfrac{a_1}{3} \\
 & -\dfrac{a_1}{3} & -\dfrac{2}{9}a_1^2 & \dfrac{2}{27}a_1^3-\dfrac{1}{3}a_1a_2 & & \\
\hline
1 & \dfrac{2}{3}a_1 & -\dfrac{2}{9}a_1^2+a_2 & \dfrac{2}{27}a_1^3-\dfrac{1}{3}a_1a_2+a_3 & & \\
 & -\dfrac{a_1}{3} & -\dfrac{a_1^2}{9} & & & \\
\hline
1 & \dfrac{a_1}{3} & -\dfrac{a_1^2}{3}+a_2 & & & \\
 & -\dfrac{a_1}{3} & & & & \\
\hline
1 & 0 & & & &
\end{array}
$$

$$y^3+\left(-\frac{a_1^2}{3}+a_2\right)y+\left(\frac{2}{27}a_1^3-\frac{1}{3}a_1a_2+a_3\right)=0 \qquad (2)$$

ここで

$$-\frac{a_1^2}{3}+a_2=b_2 \qquad \frac{2}{27}a_1^3-\frac{1}{3}a_1a_2+a_3=b_3$$

とおくと，(2) 式は

$$y^3+b_2y+b_3=0$$

となる．ここで $b$ を $a$，$y$ を $x$ に書きかえると

$$x^3+a_2x+a_3=0 \qquad (3)$$

前節の対称式の因数分解から

$$x^3+y^3+z^3-3xyz$$

$$= (x+y+z)(x+\omega y+\omega^2 z)(x+\omega^2 y+\omega z)$$

ここで，$x^3+a_2x+a_3=x^3+y^3+z^3-3xyz$ となるように $y, z$ を定めると

$$\begin{cases} y^3+z^3 = a_3 & (4) \\ 3yz = -a_2 & (5) \end{cases}$$

このような $y, z$ に対しては

$$\begin{aligned} &x^3+a_2x+a_3 \\ &\quad = (x+y+z)(x+\omega y+\omega^2 z)(x+\omega^2 y+\omega z) \end{aligned}$$

となるから (3) 式の左辺は $x$ の1次式に分解される.

(5) から

$$yz = -\frac{a_2}{3}$$

両辺を3乗すると

$$y^3z^3 = -\frac{a_2{}^3}{3^3} = -\frac{a_2{}^3}{27}$$

(4) から

$$(y^3+z^3)^2-4y^3z^3 = a_3{}^2+\frac{4a_2{}^3}{27}$$

$$(y^3-z^3)^2 = a_3{}^2+\frac{4a_2{}^3}{27}$$

$$y^3-z^3 = \pm\sqrt{a_3{}^2+\frac{4a_2{}^3}{27}} \qquad (6)$$

(4)+(6) をつくると

$$2y^3 = a_3\pm\sqrt{a_3{}^2+\frac{4a_2{}^3}{27}}$$

$$y^3 = \frac{a_3}{2} \pm \sqrt{\frac{{a_3}^2}{4} + \frac{{a_2}^3}{27}}$$

$$y = \sqrt[3]{\frac{a_3}{2} \pm \sqrt{\frac{{a_3}^2}{4} + \frac{{a_2}^3}{27}}}$$

(4), (5) は $y, z$ に対しては同じ条件であるから，$z$ の解も同じである．ここで，$y$ として $\sqrt[3]{\frac{a_3}{2} + \sqrt{\frac{{a_3}^2}{4} + \frac{{a_2}^3}{27}}}$ をとると

$$yz = -\frac{a_2}{3}$$

となるような $z$ は

$$\sqrt[3]{\frac{a_3}{2} - \sqrt{\frac{{a_3}^2}{4} + \frac{{a_2}^3}{27}}}$$

となる．

このような $y, z$ に対して，(3) 式は

$$\begin{aligned} x^3 + a_2 x + a_3 &= (x+y+z)(x+\omega y+\omega^2 z)(x+\omega^2 y+\omega z) \\ &= 0 \end{aligned}$$

となるから

$$\begin{aligned} x &= -y-z \\ &= -\sqrt[3]{\frac{a_3}{2} + \sqrt{\frac{{a_3}^2}{4} + \frac{{a_2}^3}{27}}} - \sqrt[3]{\frac{a_3}{2} - \sqrt{\frac{{a_3}^2}{4} + \frac{{a_2}^3}{27}}} \end{aligned}$$

および

$$\begin{aligned} x &= -\omega y - \omega^2 z \\ &= -\omega\sqrt[3]{\frac{a_3}{2} + \sqrt{\frac{{a_3}^2}{4} + \frac{{a_2}^3}{27}}} - \omega^2\sqrt[3]{\frac{a_3}{2} - \sqrt{\frac{{a_3}^2}{4} + \frac{{a_2}^3}{27}}} \end{aligned}$$

$$x=-\omega^2y-\omega z$$
$$=-\omega^2\sqrt[3]{\frac{a_3}{2}+\sqrt{\frac{{a_3}^2}{4}+\frac{{a_2}^3}{27}}}-\omega\sqrt[3]{\frac{a_3}{2}-\sqrt{\frac{{a_3}^2}{4}+\frac{{a_2}^3}{27}}}$$

この公式は**カルダノ**（1501〜76）の**公式**とよばれている．

**例題 12**　カルダノの公式を使って，次の3次方程式を解け．

$$x^3+x-2=0$$

**解**　　$a_2=1,\ a_3=-2$

カルダノの公式に代入すると

$$x=-\sqrt[3]{\frac{-2}{2}+\sqrt{\frac{2^2}{4}+\frac{1}{27}}}-\sqrt[3]{\frac{-2}{2}-\sqrt{\frac{2^2}{4}+\frac{1}{27}}}$$
$$=-\sqrt[3]{-1+\sqrt{\frac{28}{27}}}-\sqrt[3]{-1-\sqrt{\frac{28}{27}}}$$
$$=-\sqrt[3]{\sqrt{\frac{28}{27}}-1}+\sqrt[3]{1+\sqrt{\frac{28}{27}}}$$

これを10ケタの電卓で計算してみると

$$\sqrt[3]{1+\sqrt{\frac{28}{27}}}=\sqrt[3]{1+1.018350154}$$
$$=\sqrt[3]{2.018350154}=1.263762616$$
$$-\sqrt[3]{\sqrt{\frac{28}{27}}-1}=-\sqrt[3]{1.018350154-1}$$
$$=-\sqrt[3]{0.018350154}=-0.263762614$$

したがって

$$x=\sqrt[3]{1+\sqrt{\frac{28}{27}}}-\sqrt[3]{\sqrt{\frac{28}{27}}-1}$$

$$=1.263762616-0.263762614$$

$$=1.000000002$$

で，これはほとんど1に近い．

しかし，もとの方程式の左辺を因数に分解すると

$$x^3+x-2=(x-1)(x^2+x+2)=0$$

で $x-1=0$，つまり $x=1$ が1つの根になることがわかる．

他の2根は

$$x=-\omega\sqrt[3]{-1+\sqrt{\frac{28}{27}}}-\omega^2\sqrt[3]{-1-\sqrt{\frac{28}{27}}}$$

$$=-\omega\sqrt[3]{\sqrt{\frac{28}{27}}-1}+\omega^2\sqrt[3]{1+\sqrt{\frac{28}{27}}}$$

$$=-\frac{-1\pm\sqrt{3}i}{2}\sqrt[3]{\sqrt{\frac{28}{27}}-1}+\frac{-1\mp\sqrt{3}i}{2}\sqrt[3]{1+\sqrt{\frac{28}{27}}}$$

$$=\frac{1}{2}\left(\sqrt[3]{\sqrt{\frac{28}{27}}-1}-\sqrt[3]{1+\sqrt{\frac{28}{27}}}\right)$$

$$\mp\frac{\sqrt{3}}{2}\left(\sqrt[3]{\sqrt{\frac{28}{27}}-1}+\sqrt[3]{1+\sqrt{\frac{28}{27}}}\right)i$$

$$=-\frac{1}{2}\mp\frac{1}{2}(\sqrt[3]{\sqrt{28}-\sqrt{27}}+\sqrt[3]{\sqrt{28}+\sqrt{27}})\,i$$

$$\sqrt{28}=5.291502622$$

$$\sqrt{27}=5.196152422$$

$$\sqrt{28}+\sqrt{27}=10.487655044$$

$$\sqrt{28}-\sqrt{27}=0.095350200$$

$$\sqrt[3]{\sqrt{27}+\sqrt{28}} = 2.188901059$$
$$\sqrt[3]{\sqrt{28}-\sqrt{27}} = 0.456850252$$
$$\frac{\sqrt[3]{\sqrt{28}+\sqrt{27}}+\sqrt[3]{\sqrt{28}-\sqrt{27}}}{2} = 1.322875655$$

つまり，他の2根は

$$-\frac{1}{2}\pm 1.322875655i$$

となる．

一方，2次方程式 $x^2+x+2=0$ を解くと

$$x=\frac{-1\pm\sqrt{1-8}}{2} = -\frac{1}{2}\pm\frac{\sqrt{7}i}{2}$$

$$= -\frac{1}{2}\pm 1.322875655i$$

となって，やはり小数第9位まで一致する．

**例題 13**　次の3次方程式を解け．

$$x^3-9x^2+36x-80 = 0$$

解　$x^2$ の係数を0にするために，$x=y+3$ とおくと

$x^3-9x^2+36x-80$

$= (y+3)^3-9(y+3)^2+36(y+3)-80$

$= y^3+9y^2+27y+27-9y^2-54y-81+36y+108-80$

$= y^3+9y-26 = 0$

$y^3+9y-26=0$ をカルダノの公式に入れると，$a_2=9, a_3$ $=-26$ だから

$$\frac{{a_3}^2}{4}+\frac{{a_2}^3}{27}=\frac{26^2}{4}+\frac{9^3}{27}=169+27=196=14^2$$

$$\sqrt[3]{\frac{a_3}{2}\pm\sqrt{\frac{{a_3}^2}{4}+\frac{{a_2}^3}{27}}}=\sqrt[3]{-13\pm\sqrt{14^2}}=\sqrt[3]{-13\pm 14}$$

$$=\begin{cases}\sqrt[3]{1}=1\\ \sqrt[3]{-27}=-3\end{cases}$$

$$y=-1-(-3)=2$$
$$y=-\omega-(-3)\omega^2=-1-2\sqrt{3}i$$
$$y=-\omega^2-(-3)\omega=-1+2\sqrt{3}i$$

$x=y+3$ だから

$$x=5 \qquad 2+2\sqrt{3}i \qquad 2-2\sqrt{3}i$$

## 3.2　3次方程式の根と複素数

3次方程式で奇妙なことの起こるのは，3つの根がすべて実数となる場合である．

**例題14**　$x^3-6x-4=0$ をカルダノの公式で解け．

**解**　1次因数があるかどうかを調べるために，定数項 $-4$ の約数 $\pm1, \pm2, \pm4$ をいろいろ代入してみる．

$$(-2)^3-6(-2)-4=0$$

で，$x=-2$ を根にもつことがわかる．したがって

| 1 | 0 | −6 | −4 | $\lfloor -2$ |
|---|---|---|---|---|
|  | −2 | 4 | 4 |  |
| 1 | −2 | −2 | 0 |  |

$$x^3-6x-4$$
$$=(x+2)(x^2-2x-2)$$

と因数分解され，あとの2次因数から，さらに

$$x = 1 \pm \sqrt{1^2 - (-2)} = 1 \pm \sqrt{3}$$

という2実根が求められる．

ところが，カルダノの公式を用いると

$$\begin{aligned} x &= -\sqrt[3]{\frac{-4}{2} + \sqrt{\frac{(-4)^2}{4} + \frac{(-6)^3}{27}}} \\ &\quad -\sqrt[3]{\frac{-4}{2} - \sqrt{\frac{(-4)^2}{4} + \frac{(-6)^3}{27}}} \\ &= -\sqrt[3]{-2+\sqrt{4-8}} - \sqrt[3]{-2-\sqrt{4-8}} \\ &= -\sqrt[3]{-2+2i} - \sqrt[3]{-2-2i} \end{aligned}$$

となって複素数 $-2 \pm 2i$ の3乗根を求めなくてはならなくなる．

この章の1.2での［例題7］（p. 232）によると

$$\sqrt[3]{-2+2i} = 1+i \qquad \sqrt[3]{-2-2i} = 1-i$$

であるから，この根は

$$\begin{aligned} x &= -(1+i) - (1-i) \\ &= -2 \end{aligned}$$

となり，結果としては初めの実根を与えるが，途中に虚数が介在する．

さらにもう2つの根は

$$\begin{aligned} x &= -\omega\sqrt[3]{\frac{-4}{2} + \sqrt{\frac{(-4)^2}{4} + \frac{(-6)^3}{27}}} \\ &\quad -\omega^2\sqrt[3]{\frac{-4}{2} - \sqrt{\frac{(-4)^2}{4} + \frac{(-6)^3}{27}}} \\ &= -\omega\sqrt[3]{-2+2i} - \omega^2\sqrt[3]{-2-2i} \end{aligned}$$

と

$$x = -\omega^2 \sqrt[3]{\frac{-4}{2}+\sqrt{\frac{(-4)^2}{4}+\frac{(-6)^3}{27}}}$$
$$-\omega \sqrt[3]{\frac{-4}{2}-\sqrt{\frac{(-4)^2}{4}+\frac{(-6)^3}{27}}}$$
$$= -\omega^2 \sqrt[3]{-2+2i} - \omega \sqrt[3]{-2-2i}$$

となる．これも，$-2\pm2i$ の３乗根の値 $1\pm i$ を用いて計算すると

$$x = -\omega(1+i) - \omega^2(1-i)$$
$$= -\frac{-1+\sqrt{3}i}{2}(1+i) - \frac{-1-\sqrt{3}i}{2}(1-i)$$
$$= \left(\frac{1+\sqrt{3}}{2}+\frac{1-\sqrt{3}}{2}i\right)+\left(\frac{1+\sqrt{3}}{2}-\frac{1-\sqrt{3}}{2}i\right)$$
$$= 1+\sqrt{3}$$

と

$$x = -\omega^2(1+i) - \omega(1-i)$$
$$= -\frac{-1-\sqrt{3}i}{2}(1+i) - \frac{-1+\sqrt{3}i}{2}(1-i)$$
$$= \left(\frac{1-\sqrt{3}}{2}+\frac{1+\sqrt{3}}{2}i\right)+\left(\frac{1-\sqrt{3}}{2}-\frac{1+\sqrt{3}}{2}i\right)$$
$$= 1-\sqrt{3}$$

となって，やっと初めの２実根と一致する．

最終的には $x=-2,\ 1\pm\sqrt{3}$ という実根が得られたが，途中では $i$ という虚数の計算が使われていたのである．

もし，実数しか認めず，虚数の存在を否定する人があったとしよう．この方程式はその人が認める実数の根をもっ

ているのに，その根を求めていく途中では虚数の世界を通り抜けねばならない．だから，この虚数を絶対に認めない立場をとるなら，$-2, 1\pm\sqrt{3}$ という実数の根にも到達できず，この方程式は実根をもたない，と結論せざるを得なくなるだろう．

この例は，実数から複素数への拡大がいかに必然性をもったものであるかを物語っている．

### 練習問題 4.4

次の3次方程式を解け．

(1)　$x^3-6x-9=0$

(2)　$x^3-6x-6=0$

(3)　$x^3-9x^2+36x-80=0$

(4)　$28x^3+9x^2-1=0$

(5)　$x^3-15x-4=0$（ボンベルリの方程式，1572）

## 4　ガウスの基本定理

これまで解いた $n$ 次の代数方程式はすべて $n$ 個の複素数の根をもっていた．しかし，どんな $n$ 次の代数方程式も必ず $n$ 個の複素数の根をもっているのだろうか．

この問題は18世紀までの数学では大きな問題であったが，これに肯定的な解答を与えたのはガウスであった．それは 1799 年彼が大学の卒業論文として書いたものであった.

**定理 23** 複素数を係数とするすべての $n$ 次方程式は,少なくとも 1 つの複素数の根をもつ.

この定理は**代数学の基本定理**ともよばれている.これは重要な定理であるから,数多くの証明が与えられてきた.ガウス自身も実質的に異なる 4 種類の証明を与えた.

ここでは,$x$ がすべての複素数をとるとき,$|f(x)|$ の値がいくらでも 0 に近づくことを示すことによって,この定理を証明しよう.

**定理 23(ガウスの基本定理)の証明** すでに,第 3 章 5.4 の定理 19(p. 190)で述べたように,代数方程式

$$f(x) = x^n + a_1x^{n-1} + a_2x^{n-2} + \cdots + a_{n-1}x + a_n = 0$$

の複素数の根は,存在するとしても

$$|x| < 1+M$$

の範囲内にある.ここで,$M$ は $|a_1|, |a_2|, \cdots, |a_n|$ の最大値である.便宜上

$$r = 1+M$$

とおくと,上の範囲は 0 を中心とする半径 $r$ の円の内部である.

したがって,根を探すのなら,0 を中心とする半径 $r=1+M$ の円の内部だけを探索すればよい.

証明の都合上,この円をひろげて,外接する正方形の範

囲にしておく（図 4-8 (a)）.

この正方形をたてよこにそれぞれ2等分して得られる9個のかどの点（図 4-8 (b)）のうち $|f(x)|$ の値が最も小さいものを $c_1$ とする．さらにそれぞれの正方形をたてよこに2等分して，図 4-8 (c) のような 5×5＝25 個の点のうち $|f(x)|$ が最小の値をとるものを $c_2$ とする．さらに同じようにたてよこに2等分して $f(x)$ の絶対値が最小の値をとるような点を $c_3$ とする（図 4-8 (d)）．このようにして，初めの正方形に含まれる無限個の点

$$c_1, c_2, c_3, \cdots$$

が得られる．このとき

$$|f(c_1)| \geqq |f(c_2)| \geqq |f(c_3)| \geqq \cdots$$

である．

図 4-8 (b) では，初めの正方形が4個の正方形に分かれるが，そのうち少なくとも1つの正方形（周まで含める）は，$c_1, c_2, c_3, \cdots$ のうちの無限個の点を含む．

その正方形は図 4-8 (c) ではさらに4つに分かれるから，そのうちの少なくとも1つの正方形は，また $c_i$ のうち無限個の点を含む．

このようにして，次々に内部に含まれる正方形の列が得られる．しかも正方形は次第に小さくなるから，第1章 6.3 で述べた実数の完備性 (p. 48) によって，すべての正方形に含まれる1点 $c$ が存在しなければならない．

（第1章 6.3 の実数の完備性を適用するには，たてとよこの2方向に分解して考えればよい．まずよこ，実軸方向で考えると，

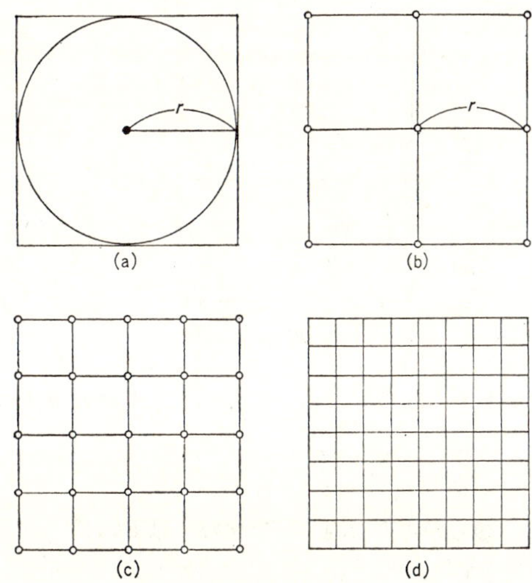


図 4-8

次々に内部に含まれる正方形のよこの実軸への投影が，次々と小さくなる区間の列

$$[a_1, b_1] \supset [a_2, b_2] \supset [a_3, b_3] \supset \cdots$$

をなすから，それらに共通に含まれる1点 $a$ が存在する．同じようにたて，虚軸方向で考えると，次々に内部に含まれる正方形の高さの虚軸への投影によって，やはり区間の列

$$[a_1', b_1'] \supset [a_2', b_2'] \supset \cdots$$

が得られ，虚軸上の目盛りをなす実数の完備性によって，それらに共通に含まれる1点 $b$ が存在する．

$$c = a + bi$$

が，初めのすべての正方形に含まれる唯一の点である.）

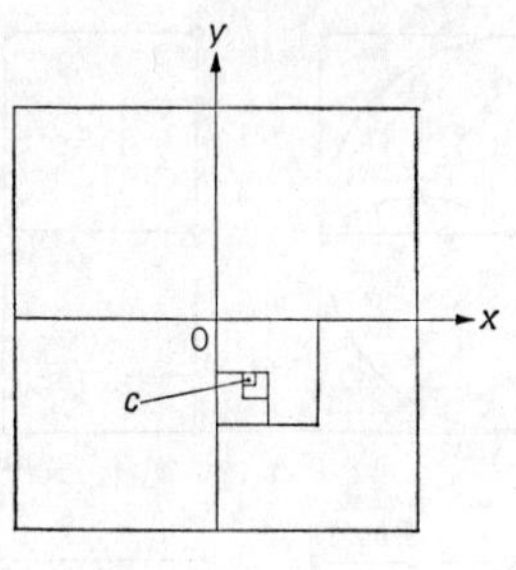


図 4–9

この $c$ を含む正方形は $c_1, c_2, c_3, \cdots$ のうちの無限個の点

$$c_{m_1},\ c_{m_2},\ \cdots,\ c_{m_k},\ \cdots$$

を含む.

さて，初めの正方形内（周を含む，以下同じ）の任意の $y, z$ に対して

$$f(y)-f(z) = (y-z)\varphi(y,z)$$

と書ける．ここに，$\varphi(y,z)$ は $y, z$ の多項式であり $y, z$ がその正方形内にあるから

$$|\varphi(y,z)| \leqq K \quad (K \text{ は一定の正数})$$

が成り立つ.

$\varphi(y,z)$ は，$y, z$ についての多項式であるから，無論 $y, z$ の連続関数で，そうした連続関数は

$$|y| \leqq r \qquad |z| \leqq r$$

のような閉じた有界集合では，有界であることが知られているからである.

（あるいは

$$\varphi(y, z) = \sum a_{m,n} y^m z^n$$

とおいて直接

$$|\varphi(y, z)| \leqq \sum |a_{m,n}|\cdot|y|^m\cdot|z|^n \leqq kNr^{m+n}$$

と計算しても確かめられる．ただし，$N$ は係数の絶対値 $|a_{m,n}|$ の最大値で，$k$ は $\varphi$ の項の数である．最右辺の $kNr^{m+n}$ を $K$ とおけばよい．）

したがって

$$|f(y)-f(z)| \leqq K|y-z|$$
$$f(c) = f(c_{m_k})+(f(c)-f(c_{m_k}))$$
$$|f(c)| \leqq |f(c_{m_k})|+|f(c)-f(c_{m_k})|$$
$$|f(c)| \leqq |f(c_{m_k})|+K|c-c_{m_k}|$$

次に $x$ を初めの正方形内の任意の点とするとき，$f(c)$ は $f(x)$ の値の最小値であることを示そう．

$k$ を固定すると，第 $m_k$ 次の分割で，$x$ と同じ正方形に属する $c_{m_k}$ と同時に分割された他の点 $c_{m_k}'$ が存在する．そのとき

$$|x-c_{m_k}'| \leqq \sqrt{2}\cdot\frac{2r}{2^{m_k}}$$

となる．だから

$$f(x) = f(c_{m_k}')+f(x)-f(c_{m_k}')$$
$$\begin{aligned}|f(x)| &\geqq |f(c_{m_k}')|-|f(x)-f(c_{m_k}')| \\ &\geqq |f(c_{m_k}')|-K|x-c_{m_k}'| \\ &\geqq |f(c_{m_k})|-K\frac{\sqrt{2}r}{2^{m_k-1}}\end{aligned}$$

$$\geqq |f(c)|-|f(c)-f(c_{m_k})|-K\frac{\sqrt{2}r}{2^{m_k-1}}$$

$$\geqq |f(c)|-K\frac{\sqrt{2}r}{2^{m_k-1}}-K\frac{\sqrt{2}r}{2^{m_k-1}}$$

$$=|f(c)|-K\frac{\sqrt{2}r}{2^{m_k-2}}$$

$\frac{\sqrt{2}r}{2^{m_k-2}}$ はいくらでも小さくなるので

$$|f(x)|\geqq|f(c)|$$

したがって $|f(c)|$ は初めの正方形内の $x$ についての $|f(x)|$ の最小値である.

次に, $|f(c)|\geqq L>0$ として矛盾をひき出そう.

$$f(x)=f(c)+b_1(x-c)+\cdots+b_n(x-c)^n$$

として, $b_1, b_2, \cdots$ のうち最初に0でないものを $b_s$ とする.

$$\begin{aligned}f(x)&=f(c)+b_s(x-c)^s+b_{s+1}(x-c)^{s+1}+\cdots+b_n(x-c)^n\\&=f(c)+(x-c)^s(b_s+b_{s+1}(x-c)+\cdots\\&\qquad\qquad+b_n(x-c)^{n-s})\end{aligned}$$

$$\begin{aligned}f(x)-f(c)&=b_s(x-c)^s\left(1+\frac{b_{s+1}}{b_s}(x-c)+\cdots\right)\\&=b_s(x-c)^s(1+\Theta)\end{aligned}$$

ただし

$$\Theta=\frac{b_{s+1}}{b_s}(x-c)+\cdots$$

とおいた.

さて, $x$ を適当にとって

$$|f(x)|<|f(c)|$$

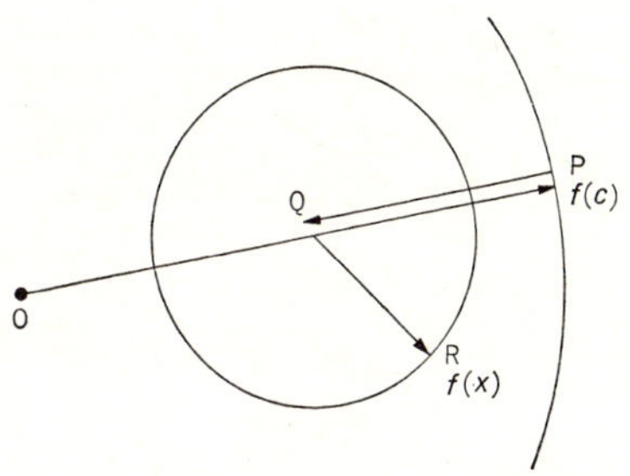


図 4-10

とできるかどうかを考えよう．

$$\begin{aligned} f(x) &= f(c)+b_s(x-c)^s(1+\Theta) \\ &= f(c)+b_s(x-c)^s+b_s(x-c)^s\Theta \end{aligned}$$

であるから，$b_s(x-c)^s$ の偏角を $f(c)$ の偏角と正反対にとれば，右辺の第2項までの和 $f(c)+b_s(x-c)^s$ を表す点Qは O から $f(c)$ へひいた動径 OP 上にくる．そこで，右辺の第3項の絶対値が $b_s(x-c)^s$ の絶対値より小さくなるようにできれば，$f(x)$ を表す点 R は，Q を中心とする半径が QP より小さい円の内部にあるから，$|f(x)|=\mathrm{OR}$ は $|f(c)|=\mathrm{OP}$ より確かに小さくなる．

まず，第1の条件は

$$\arg(-b_s(x-c)^s) = \arg f(c)$$

とすればよい．すなわち

$$\arg(-b_s)+s\arg(x-c) = \arg f(c)$$

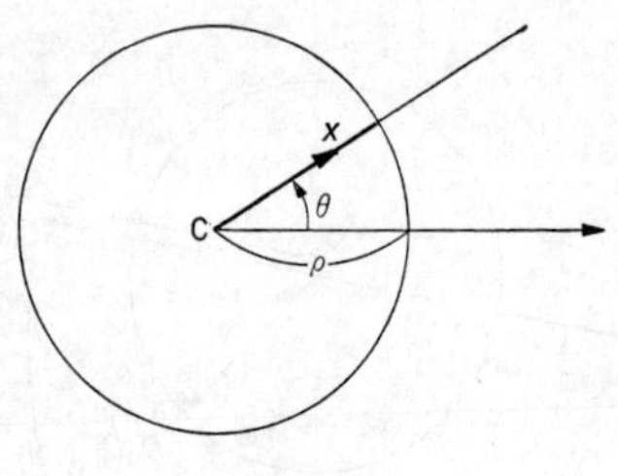


図 4-11

$$\arg(x-c)=\frac{\arg f(c)-\arg(-b_s)}{s}(=\theta)$$

右辺は決まった角 $\theta$ であるから，これは常に可能である．

第2の条件は

$$|b_s(x-c)^s\Theta|<|b_s(x-c)^s|$$
$$|\Theta|<1$$

つまり，おおよそ

$$|x-c|<\left|\frac{b_s}{b_{s+1}}\right|(=\rho)$$

で，これは点 $x$ を $c$ の十分近くにとりさえすればいつも満たされる．

このような2つの条件を満たすように $x$ をとったとすると

$$|f(x)|<|f(c)|$$

となり，$|f(c)|$ が最小値であるという前に述べた結論に反する．だから，$|f(c)|\geqq L>0$ となる $L$ は存在しない．し

たがって

$$|f(c)| = 0 \quad \text{すなわち} \quad f(c) = 0$$

このcが$f(c)$の根である.　(証明終)

これで，ガウスの基本定理は証明された.

任意の多項式$f(x)$は，少なくとも1つの根（複素根）$c_1$をもつから，因数定理（第3章2.2定理12）によって

$$f(x) = (x-c_1)\varphi(x)$$

と書ける．$\varphi(x)$は$(n-1)$次の多項式である.

この$\varphi(x)$にもガウスの基本定理を適用してゆくと結局

$$f(x) = a_0(x-c_1)(x-c_2)\cdots(x-c_n)$$

となり，1次式の積に完全に分解されることがわかる.

## 5　ベルヌーイの多項式

ガウスが小学生のとき，子どもたちにむつかしい問題を出して，子どもが計算にひまどっている間に一息つきたいと思っていた先生が，「1から2, 3, … と次々に足して100まで足してみなさい」という問題を出した．そのときガウス少年は，すぐさま「できました」と大きな声をあげた．そんなはずはないと思った先生が，ガウス少年の席まできて石板をのぞきこむと，5050という正しい答がきちんと書いてある．驚いた先生が，どうして答を出したかと尋ねたとき，少年はおそらく次のように答えただろうと想像される．1から100までたす式と，もう1つは逆に100から99,

98, … といって 1 まで足す式を書いて重ねて足すと

$$\begin{array}{r} 1+\ \ 2+\ \ 3+\cdots\cdots\cdots\cdots\cdots\cdots+100 \\ +\ 100+\ 99+\ 98+\cdots\cdots\cdots\cdots\cdots\cdots+\ \ 1 \\ \hline 101+101+101+\cdots\cdots\cdots\cdots\cdots\cdots+101 \end{array}$$

101 が 100 個あるから

$$101\times100$$

半分にするため，2 で割ると

$$101\times100\div2=10100\div2=5050$$

になる．

このガウス少年の「うまい」考えがまさに数学の真髄なのだが，この考えをもっと広く適用してみよう．

ガウスの思考法を式で書くと，1 から $n$ まで足すと $\dfrac{n(n+1)}{2}$ になるということである．

$$1+2+3+\cdots+n=\frac{n(n+1)}{2}$$

このうまい考えを

$$1^3+2^3+3^3+\cdots+n^3$$

にあてはめたのは，15 世紀のアラビアの数学者アル・カーシ（?～1436）であった．彼は次のような正方形を考えた．

図 4-12 の左下から $n$ 番目のカギ型の面積は

$$n[1+2+3+\cdots+(n-1)]\times2+n^2$$

$$=2n\cdot\frac{n(n-1)}{2}+n^2=n^3$$

となる．だからカギ型を 1 番目から $n$ 番目まで足すと

$$1^3+2^3+\cdots+n^3$$

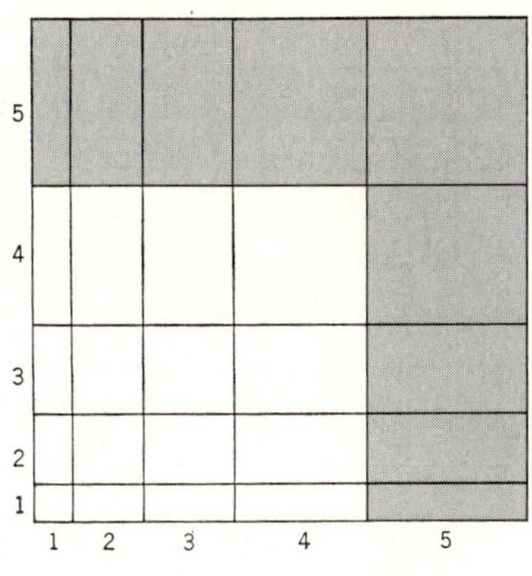


図 4-12

となる．

これは一辺が

$$1+2+3+\cdots+n=\frac{n(n+1)}{2}$$

となる正方形であるから

$$1^3+2^3+3^3+\cdots+n^3=\left(\frac{n(n+1)}{2}\right)^2$$

となることを発見した．では他の場合はどうであろうか．

たとえば，一辺の長さが $n$ である正方形の方眼があるとき，この方眼でつくられる正方形は何個あるか，という問題を考えてみよう（図 4-13）．

長さが 1 の区間はたて，よこともに $n$ 個ある．その組合せで一辺の長さが 1 の正方形ができるから，その数は $n^2$ 個である．

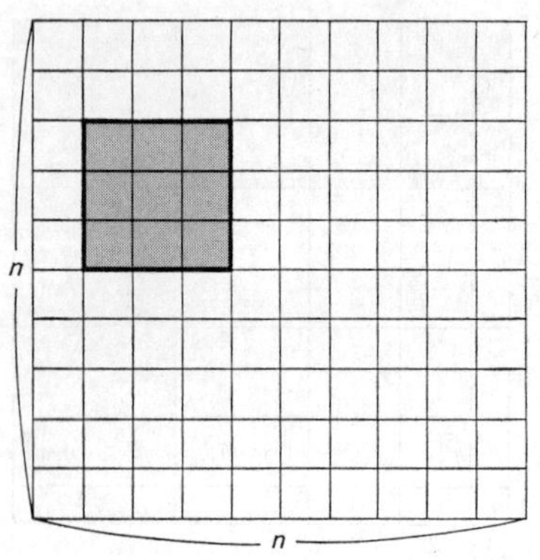


図4-13

長さが2の区間は$n-1$個あるから一辺が2の正方形は$(n-1)^2$個だけある．このようにしていくと全部で

$$n^2+(n-1)^2+\cdots+1^2$$

つまり

$$1^2+2^2+\cdots+n^2$$

個だけの正方形ができる．これを$1+2+\cdots+n$や$1^3+2^3+\cdots+n^3$のようにうまく足すことはできないだろうか．この問題を初めて体系的に研究したのがヤーコプ・ベルヌーイ（1654〜1705）であった．

彼は一般的に

$$1^k+2^k+\cdots+n^k=B_k(n)$$

とし，これを求める公式を発見した．これを表す多項式を彼の名を記念してベルヌーイの多項式とよんでいる．

**例題 15**　$1^2+2^2+\cdots+n^2=B_2(n)$ を $n$ の多項式で表せ.

解

$$\left\{\begin{array}{rcl}(n+1)^3 &=& n^3 + 3n^2 + 3n + 1 \\ n^3 &=& (n-1)^3+3(n-1)^2+3(n-1)+1 \\ \multicolumn{3}{c}{\cdots\cdots\cdots\cdots\cdots\cdots\cdots\cdots\cdots\cdots} \\ 2^3 &=& 1^3 + 3\cdot1^2 + 3\cdot1 + 1\end{array}\right.\uparrow$$

この展開式を重ねて足して，両辺で等しいものを消すと

$$(n+1)^3$$
$$=1+3(1^2+2^2+\cdots+n^2)+3(1+2+\cdots+n)+n$$
$$\therefore\quad 3(1^2+2^2+\cdots+n^2)$$
$$=(n+1)^3-1-3(1+2+\cdots+n)-n$$

すでに

$$1+2+\cdots+n=\frac{n(n+1)}{2}$$

は，わかっているから

$$=(n+1)^3-1-n-\frac{3n(n+1)}{2}$$

$$=(n+1)\left\{(n+1)^2-1-\frac{3n}{2}\right\}$$

$$=(n+1)\left(n^2+2n+1-1-\frac{3n}{2}\right)=(n+1)\left(n^2+\frac{n}{2}\right)$$

したがって

$$1^2+2^2+3^2+\cdots+n^2$$
$$=\frac{(n+1)n(2n+1)}{3\cdot2}=\frac{n(n+1)(2n+1)}{6}$$

この結果をみると，$B_2(n)$ は $n$ の3次式になっている．

**例題 16** $1^3+2^3+\cdots+n^3=B_3(n)$ を $n$ の多項式として表せ．

**解** $B_2(n)$ の場合と同じように $(n+1)^4$ を展開する．

$$
\begin{array}{rl}
2^4 = & 1^4+4\cdot 1^3+6\cdot 1^2+4\cdot 1+1 \\
3^4 = & 2^4+4\cdot 2^3+6\cdot 2^2+4\cdot 2+1 \\
& \cdots\cdots\cdots\cdots\cdots\cdots \\
+)\ (n+1)^4 = & n^4+4\cdot n^3+6\cdot n^2+4\cdot n+1 \\
\hline
\end{array}
$$

$$
\begin{aligned}
(n+1)^4 &= 1+4(1^3+2^3+\cdots+n^3) \\
&\quad +6(1^2+\cdots+n^2)+4(1+2+\cdots+n)+n \\
&= 1+4(1^3+2^3+\cdots+n^3) \\
&\quad +6\cdot\frac{n(n+1)(2n+1)}{6}+4\cdot\frac{n(n+1)}{2}+n
\end{aligned}
$$

$$
\begin{aligned}
&4(1^3+2^3+\cdots+n^3) \\
&= (n+1)^4-1-n(n+1)(2n+1)-2n(n+1)-n \\
&= (n+1)\{(n+1)^3-1-n(2n+1)-2n\} \\
&= (n+1)\{(n+1)^3-2n-1-n(2n+1)\} \\
&= (n+1)\{(n+1)^3-(n+1)(2n+1)\} \\
&= (n+1)^2\{n^2+2n+1-2n-1\} = (n+1)^2n^2
\end{aligned}
$$

したがって

$$B_3(n) = 1^3+2^3+\cdots+n^3 = \frac{n^2(n+1)^2}{4}$$

このようにすれば

$$B_0(n) = 1^0+2^0+\cdots+n^0 = 1+\cdots+1 = n$$

だから

$$B_0(n) = n$$

$$B_1(n) = \frac{n(n+1)}{2} = \frac{n^2}{2}+\frac{n}{2}$$

$$B_2(n) = \frac{n(n+1)(2n+1)}{6} = \frac{n^3}{3}+\frac{n^2}{2}+\frac{n}{6}$$

$$B_3(n) = \left(\frac{n(n+1)}{2}\right)^2 = \frac{n^4}{4}+\frac{n^3}{2}+\frac{n^2}{4}$$

ベルヌーイは，今日の確率論の基礎をつくった『推測術』（Ars Conjectandi, 1713）のなかで，$B_1(n), B_2(n), \cdots, B_{10}(n)$ の形を具体的に算出している．

ただ，今日普通ベルヌーイの多項式といわれているのは $B_k(n)$ そのものではなく，その代わりに，$kB_{k-1}(n-1)$ を $k$ 次のベルヌーイの多項式と名づけているが，本書はベルヌーイの最初の意味にかえることにした．

なお，上の式からわかるように，$B_k(n)(k=0, 1, 2, 3)$ は $n$ についての $(k+1)$ 次式になっている．このことは一般の $k$ についても成り立つ．それは $B_k(n)(k=0, 1, 2, \cdots, l-1)$ が $n$ についての $(k+1)$ 次式であるとすれば，［例題15］［例題16］と同じようにして $B_l(n)$ が $n$ についての $(l+1)$ 次式であることがいえるから，数学的帰納法によって $B_k(n)$ は任意の正の整数 $k$ について $(k+1)$ 次式であることが証明されるからである．

# 6　差分方程式

## 6.1　ベルヌーイの多項式と差分方程式

$$B_k(n) = 1^k+2^k+\cdots+(n-1)^k+n^k$$
$$B_k(n-1) = 1^k+2^k+\cdots+(n-1)^k$$

であるから辺々ひき算をすると

$$B_k(n)-B_k(n-1) = n^k$$

という関係が成り立つ．また，前節での導き方からわかるように，$B_k(n)$ は $n$ についての $(k+1)$ 次の多項式である．さらに $B_k(1)=1^k=1$ が成り立つ．

この関係は $n=2, 3, \cdots$ という値に対して成り立っているが $n$ の代わりに一般の $x$ の値を入れたときはどうであろうか．いま

$$f(x) = B_k(x)-B_k(x-1)-x^k$$

という多項式を考えると，$x=2, 3, \cdots, n, n+1, \cdots$ という正の整数に対してつねに 0 となる．つまり無数の根をもつ．第3章 2.2 の定理 13′（p. 161）によってこのような多項式はすべての係数が 0，つまり恒等的に 0 である．すなわち正の整数の $x(\geqq 2)$ ばかりではなく，どのような $x$ の値に対しても成立する．

$$B_k(x)-B_k(x-1) = x^k$$

この式で，$x=1$ とおけば $B_k(1)=1$ であるから

$$B_k(1)-B_k(0) = 1^k$$

これから $B_k(0)=0$ が得られる．

また，$x=0$ とおくと $B_k(0)-B_k(-1)=0^k$ だから

$$B_k(-1)=0 \quad (k \geqq 1)$$

**定理 24**　一般に，次の条件を満足する多項式 $f(x)$ はただ1つしかない．そのような $f(x)$ は $B_k(x)$ である．

$$\begin{cases} (1) & f(x) \text{ は } (k+1) \text{ 次の多項式である．} \\ (2) & f(x)-f(x-1)=x^k \\ (3) & f(0)=0 \end{cases}$$

(2) のような形の方程式を**差分方程式**といい，(3) をその**初期条件**という．

**証明**　このような (1), (2), (3) の条件を満足する任意の多項式を $f(x)$ とする．

$f(x)-B_k(x)=g(x)$ とすると

$$\begin{aligned} & g(x)-g(x-1) \\ & \quad = (f(x)-B_k(x))-(f(x-1)-B_k(x-1)) \\ & \quad = x^k-x^k=0 \end{aligned}$$

$$g(0)=f(0)-B_k(0)=0-0=0$$

だから

$$g(x)=g(x-1)$$

$x=1$ とすると

$$g(1)=g(0)=0$$

$x=2$ とすると

$$g(2)=g(1)=0$$

……………

つまり，$g(x)$ は0およびすべての正の整数を根とする

多項式だから，恒等的に0である．

$$f(x)-B_k(x)=g(x)=0$$

だから

$$f(x)=B_k(x)$$

つまり上に述べた (1), (2), (3) によって $f(x)$ は，$B_k(x)$ ただ1つに定まってしまうのである． (証明終)

## 6.2 $\boldsymbol{B_k(x)}$ の形

次に $B_k(x)$ の形を次々に求める方法を考えてみよう．

$B_k(0)=0$ だから $B_k(x)$ には定数項はない．そして，$B_k(x)$ は次数 $k+1$ の多項式だから

$$B_k(x)=b_{k+1,1}x+b_{k+1,2}x^2+\cdots+b_{k+1,k+1}x^{k+1}$$

とおいてみる．差分方程式に当てはめてみると

$$\begin{aligned}
&B_k(x)-B_k(x-1)\\
&\quad=b_{k+1,1}\{x-(x-1)\}+b_{k+1,2}\{x^2-(x-1)^2\}+\cdots\\
&\qquad+b_{k+1,k+1}\{x^{k+1}-(x-1)^{k+1}\}\\
&\quad=b_{k+1,1}+b_{k+1,2}(2x-1)+\cdots\\
&\qquad+b_{k+1,k+1}\left((k+1)x^k-\binom{k+1}{2}x^{k-1}+\cdots+(-1)^k\right)
\end{aligned}$$

これが $x^k$ に等しくなるには

定数項：$b_{k+1,1}-b_{k+1,2}+b_{k+1,3}-b_{k+1,4}+\cdots+b_{k+1,k+1}(-1)^k=0$

$x$ の項： $2b_{k+1,2}-3b_{k+1,3}+4b_{k+1,4}+\cdots+(k+1)b_{k+1,k+1}(-1)^{k+1}=0$

$x^2$ の項： $3b_{k+1,3}-6b_{k+1,4}+\cdots+\binom{k+1}{2}b_{k+1,k+1}(-1)^k=0$

………………………………………………………………

$x^{k-1}$ の項：　$k\cdot b_{k+1,k}-\binom{k+1}{2}b_{k+1,k+1}=0$

$x^{k}$ の項：　$(k+1)b_{k+1,k+1}=1$

この係数の間の関係を行列の形に書くと

$$\begin{bmatrix} b_{11} & 0 & 0 & 0\cdots \\ b_{21} & b_{22} & 0 & 0\cdots \\ b_{31} & b_{32} & b_{33} & 0\cdots \\ b_{41} & b_{42} & b_{43} & b_{44}\cdots \\ \cdots & \cdots & \cdots & \cdots \end{bmatrix}\begin{bmatrix} 1 & 0 & 0 & 0\cdots \\ -1 & 2 & 0 & 0\cdots \\ 1 & -3 & 3 & 0\cdots \\ -1 & 4 & -6 & 4\cdots \\ \cdots & \cdots & \cdots & \cdots \end{bmatrix}=\begin{bmatrix} 1 & 0 & 0 & 0\cdots \\ 0 & 1 & 0 & 0\cdots \\ 0 & 0 & 1 & 0\cdots \\ 0 & 0 & 0 & 1\cdots \\ \cdots & \cdots & \cdots & \cdots \end{bmatrix}$$

右辺は単位行列である．

2番目の行列の各行はパスカルの三角形の右端を0にして，符号は1つおきに＋，－にしたものになっている．

これを上のほうから順次解いていくと，表4-1（次ページ）のようになる．

表4-1をみて気付くことは $B_k(x)$ の $x^{k+1}$ の係数は $\frac{1}{k+1}$ で，$x^k$ の係数は $k$ にかかわりなく $\frac{1}{2}$ となることである．

また，3から先の奇数の $k$ に対する $B_3(x), B_5(x), \cdots$ の $x$ の係数は0であり，偶数の $k$ に対する $B_2(x), B_4(x), \cdots$ の $x$ の係数は

$$\frac{1}{6},\ -\frac{1}{30},\ \frac{1}{42},\ -\frac{1}{30},\ \frac{5}{66},\ -\frac{691}{2730},\ \cdots$$

となっている．ベルヌーイの多項式 $B_k(x)$ の $x$ の係数を**ベルヌーイ数**と名づけ，$k$ 番目のベルヌーイ数を $B_k$ で表す．

表 4-1

| | $x$ | $x^2$ | $x^3$ | $x^4$ | $x^5$ | $x^6$ |
|---|---|---|---|---|---|---|
| $B_0(x)$ | $1$ | | | | | |
| $B_1(x)$ | $\frac{1}{2}$ | $\frac{1}{2}$ | | | | |
| $B_2(x)$ | $\frac{1}{6}$ | $\frac{1}{2}$ | $\frac{1}{3}$ | | | |
| $B_3(x)$ | $0$ | $\frac{1}{4}$ | $\frac{1}{2}$ | $\frac{1}{4}$ | | |
| $B_4(x)$ | $-\frac{1}{30}$ | $0$ | $\frac{1}{3}$ | $\frac{1}{2}$ | $\frac{1}{5}$ | |
| $B_5(x)$ | $0$ | $-\frac{1}{12}$ | $0$ | $\frac{5}{12}$ | $\frac{1}{2}$ | $\frac{1}{6}$ |
| $B_6(x)$ | $\frac{1}{42}$ | $0$ | $-\frac{1}{6}$ | $0$ | $\frac{1}{2}$ | $\frac{1}{2}$ |
| $B_7(x)$ | $0$ | $\frac{1}{12}$ | $0$ | $-\frac{7}{24}$ | $0$ | $\frac{7}{12}$ |
| $B_8(x)$ | $-\frac{1}{30}$ | $0$ | $\frac{2}{9}$ | $0$ | $-\frac{7}{15}$ | $0$ |
| $B_9(x)$ | $0$ | $-\frac{3}{20}$ | $0$ | $\frac{1}{2}$ | $0$ | $-\frac{7}{10}$ |
| $B_{10}(x)$ | $\frac{5}{66}$ | $0$ | $-\frac{1}{2}$ | $0$ | $1$ | $0$ |
| $B_{11}(x)$ | $0$ | $\frac{5}{12}$ | $0$ | $-\frac{11}{8}$ | $0$ | $\frac{11}{6}$ |
| $B_{12}(x)$ | $-\frac{691}{2730}$ | $0$ | $\frac{5}{3}$ | $0$ | $-\frac{33}{10}$ | $0$ |

| $x^7$ | $x^8$ | $x^9$ | $x^{10}$ | $x^{11}$ | $x^{12}$ | $x^{13}$ |
|---|---|---|---|---|---|---|
| | | | | | | |
| | | | | | | |
| | | | | | | |
| | | | | | | |
| | | | | | | |
| | | | | | | |
| $\frac{1}{7}$ | | | | | | |
| $\frac{1}{2}$ | $\frac{1}{8}$ | | | | | |
| $\frac{2}{3}$ | $\frac{1}{2}$ | $\frac{1}{9}$ | | | | |
| $0$ | $\frac{3}{4}$ | $\frac{1}{2}$ | $\frac{1}{10}$ | | | |
| $-1$ | $0$ | $\frac{5}{6}$ | $\frac{1}{2}$ | $\frac{1}{11}$ | | |
| $0$ | $-\frac{11}{8}$ | $0$ | $\frac{11}{12}$ | $\frac{1}{2}$ | $\frac{1}{12}$ | |
| $\frac{22}{7}$ | $0$ | $-\frac{11}{6}$ | $0$ | $1$ | $\frac{1}{2}$ | $\frac{1}{13}$ |

表4-1をみると，$B_k(x)$ は $k$ が奇数のときと偶数のときでは，かなり性格が違っているらしいことに気づくだろう．

## 6.3 差分方程式の対称性

差分方程式 $B_k(x)-B_k(x-1)=x^k$ で，$x$ の代わりに $-x$ とおきかえると

$$B_k(-x)-B_k(-x-1) = (-x)^k = (-1)^k x^k$$

$(-1)^k$ を両辺に掛けてみると

$$(-1)^k B_k(-x)-(-1)^k B_k(-x-1) = x^k$$

ここで $(-1)^{k+1}B_k(-x-1)=f(x)$ とおくと

$$f(0) = (-1)^{k+1}B_k(-1) = 0 \quad (k \geqq 1)$$

$$\begin{aligned} f(x-1) &= (-1)^{k+1}B_k(-(x-1)-1) \\ &= (-1)^{k+1}B_k(-x) \end{aligned}$$

だから

$$f(x)-f(x-1) = x^k$$

が得られる．$f(x)$ はもちろん次数 $(k+1)$ の多項式だから，これは $B_k(x)$ と一致する．したがって

$$(-1)^{k+1}B_k(-x-1) = B_k(x)$$

$k$ が奇数なら，$k+1$ は偶数だから

$$B_k(-x-1) = B_k(x) \qquad (1)$$

このことは，$B_k$ が $-x-1$ と $x$ の中点，つまり，$\dfrac{(-x-1)+x}{2}=-\dfrac{1}{2}$ を通る $y$ 軸に平行な直線を軸にして左右対称であることを意味している（図4-14）．

また，もし $k$ が0でない偶数ならば $k+1$ は奇数だから

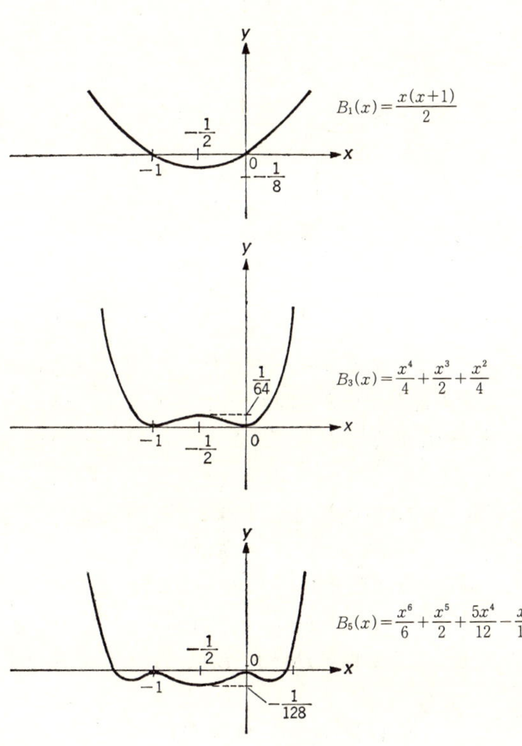
y
x
$-\frac{1}{2}$
$-1$
0
$-\frac{1}{8}$
$B_1(x)=\frac{x(x+1)}{2}$
y
x
$\frac{1}{64}$
$-1$
$-\frac{1}{2}$
0
$B_3(x)=\frac{x^4}{4}+\frac{x^3}{2}+\frac{x^2}{4}$
y
x
$-\frac{1}{2}$
0
$-1$
$-\frac{1}{128}$
$B_5(x)=\frac{x^6}{6}+\frac{x^5}{2}+\frac{5x^4}{12}-\frac{x^2}{12}$

図 4-14

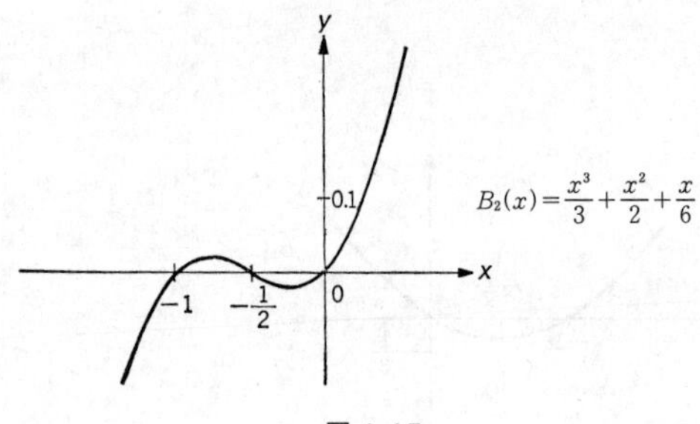


図 4-15

$(-1)^{k+1}=-1$ となり

$$-B_k(-x-1) = B_k(x) \tag{2}$$

となる．これは $x$ 軸上の $-\dfrac{1}{2}$ の点を中心として点対称になることを意味している（図 4-15）．もちろん，$x=-\dfrac{1}{2}$ とおくと $-B_k\left(-\dfrac{1}{2}\right)=B_k\left(-\dfrac{1}{2}\right)$ から $B_k\left(-\dfrac{1}{2}\right)=0$ が得られる．

$k$ が奇数で $k\geqq 3$ のとき，(1) によって

$$B_k(-x-1) = B_k(x)$$

となる．両辺を $x$ で微分すると

$$-B_k'(-x-1) = B_k'(x) \tag{3}$$

また，元の差分方程式 $B_k(x)-B_k(x-1)=x^k$ を微分すると

$$B_k'(x)-B_k'(x-1) = kx^{k-1} \tag{4}$$

(3), (4) に $x=0$ を代入すると

$$\begin{cases} -B_k'(-1) = B_k'(0) & (5) \\ B_k'(0)-B_k'(-1) = 0 & (6) \end{cases}$$

この2つの式から

$$B_k'(0) = B_k'(-1) = 0 \tag{7}$$

また，

$$B_k(x) = b_{k+1,1}x + b_{k+1,2}x^2 + \cdots + b_{k+1,k+1}x^{k+1}$$

であったから

$$B_k'(x) = b_{k+1,1} + 2b_{k+1,2}x + \cdots + (k+1)b_{k+1,k+1}x^k$$

$$B_k'(0) = b_{k+1,1} = B_k$$

となって，丁度ベルヌーイ数に等しい．

**定理 25** $k$ が奇数 $(\geqq 3)$ のとき

$$B_k = B_k'(0) = B_k'(-1) = 0$$

$k$ が偶数のときは，$B_k'(0)$ は 0 ではない．

いっぽう，(4) により

$$\left(\frac{B_k'(x) - B_k'(0)}{k}\right) - \left(\frac{B_k'(x-1) - B_k'(0)}{k}\right) = x^{k-1}$$

だから，$\dfrac{B_k'(x) - B_k'(0)}{k} = f(x)$ とおくと，$f(x)$ は $k$ 次で

$$f(x) - f(x-1) = x^{k-1}$$

$$f(0) = 0$$

を満足するから，ベルヌーイ多項式の一意性によって

$$\frac{B_k'(x) - B_k'(0)}{k} = B_{k-1}(x)$$

となる．この $B_k'(0)$ は $k$ 番目（$k$ は偶数で $k \geqq 2$）のベルヌーイ数 $B_k$ である．

ベルヌーイ数は数学のいろいろの場面に顔を出す重要な

数である．最初の30番目までは次のようになっている．

**ベルヌーイ数 ($B_k$)**

$$B_0 = 1,\ B_1 = \frac{1}{2},\ B_2 = \frac{1}{6},\ B_4 = -\frac{1}{30},\ B_6 = \frac{1}{42},$$

$$B_8 = -\frac{1}{30},\ B_{10} = \frac{5}{66},\ B_{12} = -\frac{691}{2730},$$

$$B_{14} = \frac{7}{6},\ B_{16} = -\frac{3617}{510},\ B_{18} = \frac{43867}{798},\ B_{20} = -\frac{1\,74611}{330},$$

$$B_{22} = \frac{8\,54513}{138},\ B_{24} = -\frac{2363\,64091}{2730},\ B_{26} = \frac{85\,53103}{6},$$

$$B_{28} = -\frac{2\,37494\,61029}{870},\ B_{30} = \frac{861\,58412\,76005}{14332}$$

$k$が奇数で$k \geqq 3$のとき

$$B_k = 0$$

$k$が奇数，偶数の場合を問わず$k \geqq 2$ならば

$$\frac{B_k'(x) - B_k}{k} = B_{k-1}(x)$$

という一般式が成り立つ．この式を使うと，ベルヌーイの多項式$B_k(x)$のもっと簡単な求め方が得られる．

**例題 17** ベルヌーイ数$B_k$を既知として

$$B_k'(x) = B_k + k \cdot B_{k-1}(x) \quad (k \geqq 1)$$

$$B_0(x) = x$$

から，ベルヌーイの多項式を求め，表4-1の結果をチェックせよ．

**解** $k=1$とすると

$$B_1'(x) = B_1 + B_0(x) = \frac{1}{2} + x$$

微分して $\frac{1}{2}+x$ となる関数をみつけることは，積分の仕事である．ベルヌーイの多項式が定数項を欠くという条件から

$$B_1(x) = \frac{1}{2}x + \frac{1}{2}x^2$$

と求まる．

次に $k=2$ とおくと

$$B_2'(x) = B_2 + 2B_1(x) = \frac{1}{6} + x + x^2$$

$$B_2(x) = \frac{1}{6}x + \frac{1}{2}x^2 + \frac{1}{3}x^3$$

が得られる．以下同様に進める．

$$k=3 : B_3'(x) = B_3 + 3B_2(x) = \frac{1}{2}x + \frac{3}{2}x^2 + x^3$$

$$B_3(x) = \frac{1}{4}x^2 + \frac{1}{2}x^3 + \frac{1}{4}x^4$$

$$k=4 : B_4'(x) = B_4 + 4B_3(x) = -\frac{1}{30} + x^2 + 2x^3 + x^4$$

$$B_4(x) = -\frac{1}{30}x + \frac{1}{3}x^3 + \frac{1}{2}x^4 + \frac{1}{5}x^5$$

$$k=5 : B_5'(x) = B_5 + 5B_4(x) = -\frac{1}{6}x + \frac{5}{3}x^3 + \frac{5}{2}x^4 + x^5$$

$$B_5(x) = -\frac{1}{12}x^2 + \frac{5}{12}x^4 + \frac{1}{2}x^5 + \frac{1}{6}x^6$$

$$k=6: B_6{}'(x) = B_6 + 6B_5(x) = \frac{1}{42} - \frac{1}{2}x^2 + \frac{5}{2}x^4 + 3x^5 + x^6$$

$$B_6(x) = \frac{1}{42}x - \frac{1}{6}x^3 + \frac{1}{2}x^5 + \frac{1}{2}x^6 + \frac{1}{7}x^7$$

$$k=7: B_7{}'(x) = B_7 + 7B_6(x) = \frac{1}{6}x - \frac{7}{6}x^3 + \frac{7}{2}x^5 + \frac{7}{2}x^6 + x^7$$

$$B_7(x) = \frac{1}{12}x^2 - \frac{7}{24}x^4 + \frac{7}{12}x^6 + \frac{1}{2}x^7 + \frac{1}{8}x^8$$

$$k=8: B_8{}'(x) = B_8 + 8B_7(x) = -\frac{1}{30} + \frac{2}{3}x^2 - \frac{7}{3}x^4 + \frac{14}{3}x^6 + 4x^7 + x^8$$

$$B_8(x) = -\frac{1}{30}x + \frac{2}{9}x^3 - \frac{7}{15}x^5 + \frac{2}{3}x^7 + \frac{1}{2}x^8 + \frac{1}{9}x^9$$

$$k=9: B_9{}'(x) = B_9 + 9B_8(x) = -\frac{3}{10}x + 2x^3 - \frac{21}{5}x^5 + 6x^7 + \frac{9}{2}x^8 + x^9$$

$$B_9(x) = -\frac{3}{20}x^2 + \frac{1}{2}x^4 - \frac{7}{10}x^6 + \frac{3}{4}x^8 + \frac{1}{2}x^9$$

$$+\frac{1}{10}x^{10}$$

$$k=10: B_{10}'(x)=B_{10}+10B_9(x)=\frac{5}{66}-\frac{3}{2}x^2+5x^4-7x^6$$

$$+\frac{15}{2}x^8+5x^9+x^{10}$$

$$B_{10}(x)=\frac{5}{66}x-\frac{1}{2}x^3+x^5-x^7+\frac{5}{6}x^9+\frac{1}{2}x^{10}$$

$$+\frac{1}{11}x^{11}$$

$$k=11: B_{11}'(x)=B_{11}+11B_{10}(x)=\frac{5}{6}x-\frac{11}{2}x^3+11x^5$$

$$-11x^7+\frac{55}{6}x^9+\frac{11}{2}x^{10}+x^{11}$$

$$B_{11}(x)=\frac{5}{12}x^2-\frac{11}{8}x^4+\frac{11}{6}x^6-\frac{11}{8}x^8+\frac{11}{12}x^{10}$$

$$+\frac{1}{2}x^{11}+\frac{1}{12}x^{12}$$

$$k=12: B_{12}'(x)=B_{12}+12B_{11}(x)=-\frac{691}{2730}+5x^2-\frac{33}{2}x^4$$

$$+22x^6-\frac{33}{2}x^8+11x^{10}+6x^{11}+x^{12}$$

$$B_{12}(x)=-\frac{691}{2730}x+\frac{5}{3}x^3-\frac{33}{10}x^5+\frac{22}{7}x^7-\frac{11}{6}x^9$$

$$+x^{11}+\frac{1}{2}x^{12}+\frac{1}{13}x^{13}$$

以上の結果をみると，ベルヌーイ数さえわかれば，ベルヌーイの多項式は自然に求められることがわかる．

## 6.4 $\boldsymbol{B_k(x)}$ の因数分解

$B_k(x)$ は，$k \geqq 1$ のときは $B_k(0)=B_k(-1)=0$ となるから $x, x+1$ という因数をもつことがわかる．さらに，$k$ が偶数で $k \geqq 2$ のときは，$x=-\frac{1}{2}$ のとき 0 になるので，$x+\frac{1}{2}$ という因数ももつ．

また，$k$ が奇数 $k \geqq 3$ のときは，$B_k'(0)=B_k'(-1)=0$ でもあるから，$x=0, x=-1$ を重根にもつ．つまり，$x^2$, $(x+1)^2$ という因数をもつ．

**定理 26** $B_k(x)$ は，$k$ が偶数で $k \geqq 2$ のときは $x(x+1)\cdot\left(x+\frac{1}{2}\right)$ という因数をもち，$k$ が奇数で $k \geqq 3$ のときは $x^2(x+1)^2$ という因数をもつ．

**例題 18** 表 4-1 (p. 274〜275) をみて，$B_0(x)$ から $B_{10}(x)$ までの多項式を因数に分解せよ．

**解**

$$B_0(x) = x$$

$$B_1(x) = \frac{1}{2}x(x+1)$$

$$B_2(x) = \frac{1}{6}x(x+1)(2x+1)$$

$$B_3(x) = \frac{1}{4}x^2(x+1)^2$$

$$B_4(x) = \frac{1}{30}x(x+1)(2x+1)(3x^2+3x-1)$$

$$B_5(x) = \frac{1}{12}x^2(x+1)^2(2x^2+2x-1)$$

$$B_6(x) = \frac{1}{42}x(x+1)(2x+1)(3x^4+6x^3-3x+1)$$

$$B_7(x) = \frac{1}{24}x^2(x+1)^2(3x^4+6x^3-x^2-4x+2)$$

$$B_8(x) = \frac{1}{90}x(x+1)(2x+1)(5x^6+15x^5+5x^4-15x^3$$

$$-x^2+9x-3)$$

$$B_9(x) = \frac{1}{20}x^2(x+1)^2(2x^6+6x^5+x^4-8x^3+x^2+6x$$

$$-3)$$

$$B_{10}(x) = \frac{1}{66}x(x+1)(2x+1)(3x^8+12x^7+8x^6-18x^5$$

$$-10x^4+24x^3+2x^2-15x+5)$$

**問**　$B_{10}(10)=1^{10}+2^{10}+\cdots+10^{10}$ を計算せよ．

**例題 19**　$B_7(x)+B_5(x)=2B_1(x)^4$（ヤコービの恒等式）を証明せよ．

**解**

$B_7(x)+B_5(x)$

$$= \frac{1}{24}x^2(x+1)^2(3x^4+6x^3-x^2-4x+2)$$

$$+\frac{1}{12}x^2(x+1)^2(2x^2+2x-1)$$

$$= \frac{1}{24}x^2(x+1)^2(3x^4+6x^3-x^2-4x+2+4x^2+4x-2)$$

$$= \frac{1}{24}x^2(x+1)^2(3x^4+6x^3+3x^2)$$

$$= \frac{1}{24}x^2(x+1)^2\cdot 3x^2\cdot (x+1)^2$$

$$= \frac{1}{8}x^4(x+1)^4 = 2\frac{x^4(x+1)^4}{16} = 2\left(\frac{x(x+1)}{2}\right)^4$$

$$= 2B_1(x)^4$$

例題 20　$B_k(x)$ で $x=t-\dfrac{1}{2}$ とおきかえて，1から4までの $k$ に対する $B_k\left(t-\dfrac{1}{2}\right)$ を $t$ の多項式として表せ．

解

$$B_1(x) = \frac{1}{2}x(x+1) = \frac{1}{2}\left(t-\frac{1}{2}\right)\left(t-\frac{1}{2}+1\right)$$

$$= \frac{1}{2}\left(t-\frac{1}{2}\right)\left(t+\frac{1}{2}\right) = \frac{1}{2}\left(t^2-\frac{1}{4}\right)$$

$$B_2(x) = \frac{1}{3}x(x+1)\left(x+\frac{1}{2}\right)$$

$$= \frac{1}{3}\left(t-\frac{1}{2}\right)\left(t-\frac{1}{2}+1\right)\left(t-\frac{1}{2}+\frac{1}{2}\right)$$

$$= \frac{1}{3}t\left(t^2 - \frac{1}{4}\right)$$

$$B_3(x) = \frac{1}{4}x^2(x+1)^2 = \frac{1}{4}\left(t-\frac{1}{2}\right)^2\left(t-\frac{1}{2}+1\right)^2$$

$$= \frac{1}{4}\left(t^2 - \frac{1}{4}\right)^2$$

$$B_4(x) = \frac{1}{30}x(x+1)(2x+1)(3x^2+3x-1)$$

$$= \frac{1}{15}t\left(t^2-\frac{1}{4}\right)\left(3\left(t^2-\frac{1}{4}\right)-1\right)$$

この形をみると，$k$ が奇数のときは $t$ が $t^2$ の形ではいっている．$k$ が偶数のときは $t$ と $t^2$ だけの多項式との積である．

**例題 21**　$k$ が偶数で $k \geqq 2$ のとき

$$B_k(x) + B_k\left(x-\frac{1}{n}\right) + B_k\left(x-\frac{2}{n}\right) + \cdots + B_k\left(x-\frac{n-1}{n}\right)$$

$$= \frac{B_k(nx)}{n^k}$$

となることを証明せよ．

**解**　$$f(x) = B_k(x) + B_k\left(x-\frac{1}{n}\right) + B_k\left(x-\frac{2}{n}\right) + \cdots + B_k\left(x-\frac{n-1}{n}\right)$$

とおく．

$$f\left(x-\frac{1}{n}\right)=B_k\left(x-\frac{1}{n}\right)+\cdots$$

$$+B_k\left(x-\frac{n-1}{n}\right)+B_k(x-1)$$

$$f(x)-f\left(x-\frac{1}{n}\right)=B_k(x)-B_k(x-1)=x^k$$

この $f(x)$ はもちろん $(k+1)$ 次の多項式である．また

$$f(0)=B_k(0)+B_k\left(-\frac{1}{n}\right)+\cdots+B_k\left(-\frac{n-1}{n}\right)$$

$k$ が偶数 $(k\geqq 2)$ のときは $B_k(x)$ は $x$ 軸上の $-\frac{1}{2}$ の点を中心として点対称であったから（図 4-15）

$$B_k(0)=0 \quad \text{で，} \quad B_k\left(-\frac{n-m}{n}\right)=-B\left(-\frac{m}{n}\right)$$

$$(1\leqq m\leqq n-1)$$

したがって

$$f(0)=B_k(0)+B_k\left(-\frac{1}{n}\right)+\cdots+B_k\left(-\frac{n-1}{n}\right)=0$$

となる．次に，$x=\frac{y}{n}$ とおいてみると

$$f(x)=f\left(\frac{y}{n}\right)$$

$$f\left(x-\frac{1}{n}\right)=f\left(\frac{y}{n}-\frac{1}{n}\right)=f\left(\frac{y-1}{n}\right)$$

$$f(x)-f\left(x-\frac{1}{n}\right)=f\left(\frac{y}{n}\right)-f\left(\frac{y-1}{n}\right)=x^k$$

両辺に $n^k$ を掛けると

$$n^k f(x)-n^k f\left(x-\frac{1}{n}\right) = n^k x^k = (nx)^k = y^k$$

$$n^k f\left(\frac{y}{n}\right)-n^k f\left(\frac{y-1}{n}\right) = y^k$$

ここで $n^k f\left(\dfrac{y}{n}\right)=g(y)$ とおくと

$$g(0) = n^k f(0) = 0$$

$$g(y)-g(y-1) = y^k$$

したがって

$$g(y) = B_k(y)$$

$$n^k f\left(\frac{y}{n}\right) = B_k(y)$$

$\dfrac{y}{n}=x$ を入れかえると

$$n^k f(x) = B_k(nx)$$

$$f(x) = \frac{B_k(nx)}{n^k}$$

したがって

$$f(x) = B_k(x)+B_k\left(x-\frac{1}{n}\right)+\cdots+B_k\left(x-\frac{n-1}{n}\right)$$

$$= \frac{B_k(nx)}{n^k}$$

$k$ が奇数のときは

$$B_k(0)+B_k\left(-\frac{1}{n}\right)+\cdots+B_k\left(-\frac{n-1}{n}\right)$$

は 0 でないから，この公式はすこし複雑になる．

しかし，$f(x)$ の代わりに

$$f_1(x)=f(x)-B_k\left(-\frac{1}{n}\right)-\cdots-B_k\left(-\frac{n-1}{n}\right)$$

を用いれば，$f_1(0)=B_k(0)=0$

$$B_k(x)+B_k\left(x-\frac{1}{n}\right)+\cdots+B_k\left(x-\frac{n-1}{n}\right)$$

$$=\frac{B_k(nx)}{n^k}+B_k\left(-\frac{1}{n}\right)+\cdots+B_k\left(-\frac{n-1}{n}\right)$$

となる．

## 6.5　2項係数と多項式

2項係数 $\binom{n}{m}=\frac{n(n-1)\cdots(n-m+1)}{m!}$ で，$n$ は正の整数であったが，この $n$ の代わりに実変数 $x$ を入れると

$$\binom{x}{m}=\frac{x(x-1)\cdots(x-m+1)}{m!}$$

となり，$m$ 次の多項式が得られる．ここで

$$\binom{x}{0}=1,\ \binom{x}{1}=x,\ \binom{x}{2}=\frac{x(x-1)}{2!},\ \cdots,$$

$$\binom{x}{m}=\frac{x(x-1)\cdots(x-m+1)}{m!},\ \cdots$$

という多項式を考えてみる．

この多項式は第2章2.1（p.102）で述べたように

$$\binom{x+1}{m}-\binom{x}{m}=\binom{x}{m-1}$$

という性質をもっている．これは直接計算でも確かめられる．実際

$$\binom{x+1}{m}-\binom{x}{m}$$

$$=\frac{(x+1)x\cdots(x-m+2)}{m!}-\frac{x(x-1)\cdots(x-m+1)}{m!}$$

$$=\frac{x(x-1)\cdots(x-m+2)\{(x+1)-(x-m+1)\}}{m!}$$

$$=\frac{mx(x-1)\cdots(x-m+2)}{m!}$$

$$=\frac{x(x-1)\cdots(x-m+2)}{(m-1)!}=\binom{x}{m-1}$$

一般に，$n$ 次の多項式を

$$f(x)=a_0x^n+a_1x^{n-1}+\cdots+a_{n-1}x+a_n \quad (a_0\neq 0)$$

とする．ここで

$$f_1(x)=f(x)-n!a_0\binom{x}{n}$$

をつくると $x^n$ の係数は 0 となり，次数は $(n-1)$ 以下になる．つまり

$$n!a_0=b_0$$

とおくと

$$f(x)=b_0\binom{x}{n}+f_1(x)$$

の形に書け，$f_1(x)$ は $(n-1)$ 次以下の多項式である．

$$f_1(x)=a_0'x^{n-1}+a_1'x^{n-2}+\cdots+a_{n-1}'$$

とおいて，これについて

$$f_2(x) = f_1(x) - (n-1)!a_0'\binom{x}{n-1}$$

をつくると，$x^{n-1}$ の項は消えて，$f_2(x)$ は $(n-2)$ 次以下の多項式になる．

$$(n-1)!a_0' = b_1$$

とおくと

$$f(x) = b_0\binom{x}{n} + b_1\binom{x}{n-1} + f_2(x)$$

の形に書ける．

以下このようなことを繰返してゆくと

$$f(x) = b_0\binom{x}{n} + b_1\binom{x}{n-1} + \cdots + b_{n-1}\binom{x}{1} + b_n\binom{x}{0}$$

とおくことができる．

$x=0$ に対して $\binom{x}{n}, \binom{x}{n-1}, \cdots, \binom{x}{1}$ はすべて 0 で，$\binom{x}{0}=1$ だから

$$f(0) = b_n$$

次に

$$\begin{array}{rl} f(x+1) = & b_0\binom{x+1}{n} + b_1\binom{x+1}{n-1} + \cdots + b_{n-1}\binom{x+1}{1} + b_n\binom{x+1}{0} \\ -)\quad f(x) = & b_0\binom{x}{n} \quad + b_1\binom{x}{n-1} + \cdots + b_{n-1}\binom{x}{1} \quad + b_n\binom{x}{0} \\ \hline f(x+1)-f(x) = & b_0\binom{x}{n-1} + b_1\binom{x}{n-2} + \cdots + b_{n-1}\binom{x}{0} \end{array}$$

ここで，$x=0$ とおくと

$$f(1) - f(0) = b_{n-1}$$

一般化するために

$$Tf(x) = f(x+1)$$

という演算子 $T$ を考えると

$$Tf(x)-f(x) = (T-1)f(x)$$
$$T^2f(x) = T(f(x+1)) = f(x+2)$$
$$\cdots\cdots\cdots\cdots\cdots\cdots\cdots\cdots$$
$$T^mf(x) = f(x+m)$$

ここで

$$(T-1)^m = T^m-\binom{m}{1}T^{m-1}+\cdots+(-1)^{m-1}\binom{m}{m-1}T + (-1)^m\binom{m}{m}$$

とおき，これを $f(x)$ にほどこすと

$$(T-1)^mf(x) = f(x+m)-\binom{m}{1}f(x+m-1)+\cdots + (-1)^{m-1}\binom{m}{m-1}f(x+1) + (-1)^m\binom{m}{m}f(x)$$

となる．一方

$$(T-1)\binom{x}{m} = \binom{x+1}{m}-\binom{x}{m} = \binom{x}{m-1}$$
$$(T-1)^2\binom{x}{m} = (T-1)\binom{x}{m-1} = \binom{x}{m-2}$$
$$\cdots\cdots\cdots\cdots\cdots\cdots\cdots\cdots$$

$$(T-1)^m\binom{x}{m}=\binom{x}{m-m}=\binom{x}{0}=1$$

$$(T-1)^{m+1}\binom{x}{m}=(T-1)\cdot 1=1-1=0$$

であるから，$(T-1)^m$ を

$$b_0\binom{x}{n}+b_1\binom{x}{n-1}+\cdots+b_{n-m}\binom{x}{m}+\cdots+b_n\binom{x}{0}$$

にほどこすと

$$b_0\binom{x}{n-m}+b_1\binom{x}{n-m-1}+\cdots+b_{n-m}\binom{x}{0}$$

となるから

$$(T-1)^m f(x)=b_0\binom{x}{n-m}+b_1\binom{x}{n-m-1}+\cdots+b_{n-m}\binom{x}{0}$$

ここで，$x=0$ とおくと

$$b_{n-m}=f(m)-\binom{m}{1}f(m-1)+\cdots$$
$$+(-1)^{m-1}\binom{m}{m-1}f(1)+(-1)^m\binom{m}{m}f(0)$$

が得られる．

**例題 22** $f(x)=3x^2-5x-2$ を $\binom{x}{2}$, $\binom{x}{1}$, $\binom{x}{0}$ で表せ．

**解** $$f(x)=b_0\binom{x}{2}+b_1\binom{x}{1}+b_2\binom{x}{0}$$

とおくと

$$b_0 = f(2) - \binom{2}{1} f(1) + \binom{2}{2} f(0)$$
$$= 0 - 2\cdot(-4) + (-2) = 6$$
$$b_1 = f(1) - f(0) = (-4) - (-2) = -2$$
$$b_2 = f(0) = -2$$

したがって

$$f(x) = 6\binom{x}{2} - 2\binom{x}{1} - 2\binom{x}{0}$$

この例からもわかるように，$x$ が整数のとき $f(x)$ が整数の値をとるなら，$b_0, b_1, b_2, \cdots, b_n$ はすべて整数となる．

## 7　円分多項式

$$x^n - 1 = 0$$

を解けば，その根として単位円を $n$ 等分した点が得られる．そのとき

$$\omega = \cos\frac{2\pi}{n} + i\sin\frac{2\pi}{n}$$

とおけば，その根は

$$1(=\omega^0),\ \omega,\ \omega^2,\ \cdots,\ \omega^{n-1}$$

である．しかしこれらの根のなかには $n$ より小さい $m$ に対して $(\omega^k)^m = 1$ となるものがあり得る．現に 1 は $1^1 = 1$ となっている．

たとえば，$n=6$ のとき

$$\omega = \cos\frac{2\pi}{6} + i\sin\frac{2\pi}{6}$$

として

$$(\omega^2)^3 = \omega^6 = 1 \qquad (\omega^3)^2 = \omega^6 = 1$$
$$(\omega^4)^3 = \omega^{12} = (\omega^6)^2 = 1^2 = 1$$

ただ $\omega$ と $\omega^5$ だけが6乗して初めて1になる根である（図4-16）．このような $n$ 乗して初めて1になる根を**原始 $n$ 乗根**という．

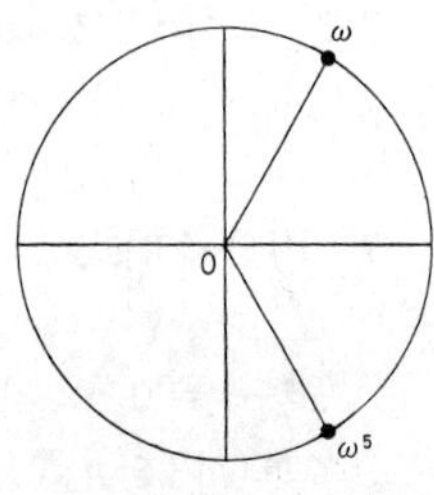


図4-16

原始 $n$ 乗根だけを根とする多項式を指数 $n$ の**円分多項式**といい，$K_n(x)$ で表す．$n=6$ のときは

$$K_6(x) = (x-\omega)(x-\omega^5)$$

である．これを計算すると

$$K_6(x) = (x-\omega)(x-\omega^5) = x^2-(\omega+\omega^5)x+\omega^6$$

$$\omega+\omega^5 = \cos\frac{2\pi}{6}+i\sin\frac{2\pi}{6}+\cos\frac{10\pi}{6}+i\sin\frac{10\pi}{6}$$

$$= \frac{1}{2}+i\frac{\sqrt{3}}{2}+\frac{1}{2}-i\frac{\sqrt{3}}{2} = 1$$

$\omega^6=1$ だから

$$K_6(x) = x^2-x+1$$

1の6乗根のうち，原始6乗根は $\omega$ と $\omega^5$ だけであったから，他はもっと少ない累乗で1となる．

$(\omega^2)^3 = 1, (\omega^4)^3 = 1$ より，

$\omega^2$ と $\omega^4$ は1の原始3乗根

$\omega^3 = -1$ は1の原始平方根

$\omega^0 = 1$ は1の原始1乗根

であるから

$$\begin{aligned} x^6-1 &= (x-\omega^0)(x-\omega^3)\underbrace{(x-\omega^2)(x-\omega^4)}_{(x^2+x+1)}\underbrace{(x-\omega)(x-\omega^5)}_{(x^2-x+1)} \\ &= (x-1)(x+1) \end{aligned}$$

と因数分解されることがわかる．

このうち，$x^2+x+1$ は指数3の円分多項式 $K_3(x)$，$x+1$ は指数2の円分多項式 $K_2(x)$，$x-1$ は指数1の $K_1(x)$ であるから

$$x^6-1 = K_1(x)K_2(x)K_3(x)K_6(x)$$

と書くことができる．指数の1, 2, 3, 6は丁度6のすべての約数にあたる．

一般に，意味を考えると，同じように次のことが成り立つ．

**定理27**

$$x^n-1 = \prod_{m|n} K_m(x)$$

$\prod_{m|n}$ と書いたのは，$n$ の約数すべてにわたって，$K_m(x)$

を掛け合わせるという意味である.

$K_m(x)$ を求める上の方法は $\frac{\sqrt{3}}{2}$ や $i$ などの整数以外の数を1度使っている. このような円分多項式を整数の四則計算だけで求めることはできないだろうか. そのためには第2章5.1の「ふるい」の方法 (p. 133) を用いるとうまくいく.

1の6乗根全体の集合をEとする. そのなかで3乗根 $\left(\frac{6}{2}=3\right)$ の集合を $A_3$, 2乗根の集合を $A_2$ とする. 原始6乗根はEから $A_2, A_3$ をふるい落としたものだから, その集合は $\overline{A}_2 \cap \overline{A}_3$ である.

この特性関数は第2章5.1によって

$$f(x, \overline{A}_2 \cap \overline{A}_3) = 1-(f(x, A_2)+f(x, A_3)) + f(x, A_2 \cap A_3)$$

ここで Eの要素を根とする多項式は $x^6-1$

$A_2$ 〃 $x^2-1$

$A_3$ 〃 $x^3-1$

$A_2 \cap A_3$ 〃 $x-1$

集合としては $\overline{A}_2 \cap \overline{A}_3$ はEから $A_2, A_3$ を引いて, $A_2 \cap A_3$ を加えたものであるから

$$K_6(x) = \frac{(x^6-1)(x-1)}{(x^2-1)(x^3-1)}$$

である. これを計算すると

$$\frac{x^6-1}{x^3-1} \cdot \frac{x-1}{x^2-1} = \frac{(x^3+1)(x-1)}{x^2-1}$$

$$= \frac{x^3+1}{x+1} = x^2-x+1$$

結局

$$K_6(x) = x^2-x+1$$

このように，整数の四則計算だけで $K_6(x)$ を求めることができた．

一般的に $K_m(x)$ を求めてみよう．$m$ の素因数分解を $m = p_1{}^{\alpha_1} p_2{}^{\alpha_2} \cdots p_n{}^{\alpha_n}$ とする．

ここで，$\dfrac{m}{p_1}, \dfrac{m}{p_2}, \cdots, \dfrac{m}{p_n}$ 乗して1になる根の集合を $\mathrm{A}_1, \mathrm{A}_2, \cdots, \mathrm{A}_n$ とする．ここでふるいの方法を使うと，$\overline{\mathrm{A}}_1 \cap \overline{\mathrm{A}}_2 \cap \cdots \cap \overline{\mathrm{A}}_n$ は原始 $m$ 乗根の集合になるから

$$\begin{aligned} & f(x, \overline{\mathrm{A}}_1 \cap \overline{\mathrm{A}}_2 \cap \cdots \cap \overline{\mathrm{A}}_n) \\ & \quad = 1-(f(x, \mathrm{A}_1)+\cdots+f(x, \mathrm{A}_n)) \\ & \qquad +(f(x, \mathrm{A}_1 \cap \mathrm{A}_2)+\cdots+f(x, \mathrm{A}_{n-1} \cap \mathrm{A}_n)) \\ & \qquad -(f(x, \mathrm{A}_1 \cap \mathrm{A}_2 \cap \mathrm{A}_3)+\cdots)+\cdots \end{aligned}$$

$\mathrm{A}_1, \mathrm{A}_2, \cdots, \mathrm{A}_n$ を根とする多項式は

$$x^{m/p_1}-1, \quad x^{m/p_2}-1, \quad \cdots, \quad x^{m/p_n}-1$$

$\mathrm{A}_1 \cap \mathrm{A}_2, \mathrm{A}_1 \cap \mathrm{A}_3, \cdots, \mathrm{A}_{n-1} \cap \mathrm{A}_n$ を根とするものは

$$x^{m/p_1p_2}-1, \quad x^{m/p_1p_3}-1, \quad \cdots, \quad x^{m/p_{n-1}p_n}-1$$

$\mathrm{A}_1 \cap \mathrm{A}_2 \cap \mathrm{A}_3, \mathrm{A}_1 \cap \mathrm{A}_2 \cap \mathrm{A}_4, \cdots$ を根とするものは

$$x^{m/p_1p_2p_3}-1, \quad \cdots$$

である．ふるいの公式に入れると

$$\frac{(x^m-1)(x^{m/p_1p_2}-1)\cdots}{(x^{m/p_1}-1)(x^{m/p_2}-1)\cdots(x^{m/p_n}-1)\cdots}$$

ここで $(x^{m/p_1\cdots p_k}-1)$ は $p_1, \cdots, p_k$ の個数が奇数ならば分

母に，偶数だったら，分子に書く．

**例題 23**　$K_9(x)$ を求めよ．

**解**
$$K_9(x)=\frac{x^9-1}{x^3-1}=x^6+x^3+1$$

$K_m(x)$ はこのようにして求めることができる．

$m\leqq 100$ のときは $K_m(x)$ の係数は 0 か $\pm 1$ である．

**例題 24**　$K_{15}(x)$ を求めよ．

**解**　$15=3\cdot 5$ であるから

$$K_{15}(x)=\frac{(x^{15}-1)(x-1)}{(x^5-1)(x^3-1)}=\frac{x^{10}+x^5+1}{x^2+x+1}$$

係数だけの除去によって計算すると

$$\begin{array}{rrrrrrrrrrrrrr}
 & & & & & 1 & -1 & 0 & 1 & -1 & 1 & 0 & -1 & 1 \\ \cline{4-14}
1 & 1 & 1\,) & 1 & 0 & 0 & 0 & 0 & 1 & 0 & 0 & 0 & 0 & 1 \\
 & & & 1 & 1 & 1 & & & & & & & & \\ \cline{4-7}
 & & & & -1 & -1 & 0 & & & & & & & \\
 & & & & -1 & -1 & -1 & & & & & & & \\ \cline{5-9}
 & & & & & & 1 & 0 & 1 & & & & & \\
 & & & & & & 1 & 1 & 1 & & & & & \\ \cline{7-10}
 & & & & & & & -1 & 0 & 0 & & & & \\
 & & & & & & & -1 & -1 & -1 & & & & \\ \cline{8-11}
 & & & & & & & & 1 & 1 & 0 & & & \\
 & & & & & & & & 1 & 1 & 1 & & & \\ \cline{9-13}
 & & & & & & & & & & -1 & 0 & 0 & \\
 & & & & & & & & & & -1 & -1 & -1 & \\ \cline{11-14}
 & & & & & & & & & & & 1 & 1 & 1 \\
 & & & & & & & & & & & 1 & 1 & 1 \\ \cline{12-14}
 & & & & & & & & & & & & & 0
\end{array}$$

$$K_{15}(x)=x^8-x^7+x^5-x^4+x^3-x+1$$

**問**　円分多項式 $K_n(x)$ $(n\leqq 14)$ を求めよ．

円分多項式 $K_m(x)$ について最も大事なことは，それが有理数体で既約だということである．

このことを一般的に示すのは本書の範囲を越えるので，ここでは，$m$ が素数の累乗

$$m=p^{\alpha}$$

のときだけ説明しよう．

**定理 28**　円分多項式 $K_m(x)$ は既約である．

**証明**　第3章 5.6［例題 18］（p. 200）で

$$K_5(x)=x^4+x^3+x^2+x+1$$

の既約性を証明したときのように，アイゼンシュタインの既約判定条件を利用しよう．

$\alpha=1$ のとき，つまり $m=p$（素数）のときは

$$K_p(x)=\frac{x^p-1}{x-1}=x^{p-1}+x^{p-2}+\cdots+x+1$$

であるから，$x=t+1$ とおくと

$$K_p(t+1)=\frac{(t+1)^p-1}{(t+1)-1}=\frac{(t+1)^p-1}{t}$$

$$=t^{p-1}+\binom{p}{1}t^{p-2}+\binom{p}{2}t^{p-3}+\cdots+\binom{p}{1}$$

となる．ところで

$$\binom{p}{k} = \frac{p!}{k!(p-k)!} = \frac{p}{p-k}\cdot\frac{(p-1)!}{k!(p-k-1)!}$$
$$= \frac{p}{p-k}\binom{p-1}{k}$$

であるから

$$p\cdot\binom{p-1}{k}$$

は $p-k$ で割り切れる．

今 $p$ が素数で，$1 \leqq k \leqq p-1$ とすると，$1 \leqq p-k \leqq p-1$ だから，$p-k$ と $p$ は互いに素で，第1章5.5の定理3（p. 38）から，$\binom{p-1}{k}$ が $p-k$ で割り切れなくてはならない．したがって

$$\binom{p}{k} = p\cdot\frac{\binom{p-1}{k}}{p-k}$$

は $p$ で割り切れなくてはならない．

定数項 $\binom{p}{1}=p$ は $p$ で割り切れるが，$p^2$ では割り切れないから，アイゼンシュタインの判定条件によって，$K_m(t+1)$ は既約である．したがって $K_m(x)$ も既約である．

$m=p^\alpha$ の場合，$p^\alpha$ のすべての約数は

$$1,\ p,\ p^2,\ \cdots,\ p^\alpha$$

だから，定理27により

$$x^{p^\alpha}-1 = (x-1)K_p(x)K_{p^2}(x)\cdots K_{p^\alpha}(x)$$

が成り立つ．したがって

$$F(x)=\frac{x^{p^\alpha}-1}{x-1}=K_p(x)K_{p^2}(x)\cdots K_{p^\alpha}(x)$$

ここで $x=t+1$ とおくと左辺は

$$F(t+1)=\frac{(t+1)^{p^\alpha}-1}{t}$$

$$=t^{p^\alpha-1}+\binom{p^\alpha}{1}t^{p^\alpha-2}+\binom{p^\alpha}{2}t^{p^\alpha-3}+\cdots+p^\alpha$$

となる．ところが，この式の定数項は $p^\alpha$ であるから，$F(x)$ は分解されるとしても，$\alpha$ 個より多くの因数に分かれることはありえない．

ところが右辺をみるとすでに $\alpha$ 個の因数に分解されているから，右辺のこれらの因数

$$K_p(x),\ K_{p^2}(x),\ \cdots,\ K_{p^\alpha}(x)$$

はそれ以上分解されない既約式である*.

* なお，これ以上の一般的な場合の証明は，たとえば，高木貞治『初等整数論講義』118 ページ以降を参照するとよい．

# 問と練習問題の解答

［p. 15］

問 1　110000，111001，100100，111111，11001

問 2　43，13，33，127，73

［p. 31］

問　(32, 48)＝16，(52, 84)＝4，(63, 91)＝7，(204, 512)＝4

［p. 34］

問　略

［p. 84］

練習問題 1.

1 (1) $|u|$＝三角形 $abc$ の辺 $ca$ と $cb$ の長さの比，

$\arg u = \angle bca$ の角の大きさ $\theta$

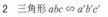

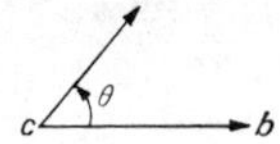


(2) $a, b, c$ が一直線上にある

$\Longleftrightarrow \arg u = 0$ か $\pi$

$\Longleftrightarrow u$ が実数.

2 三角形 $abc \backsim a'b'c'$

$$\Longleftrightarrow \frac{ca}{cb} = \frac{c'a'}{c'b'},\ \angle bca = \angle b'c'a' \text{（向きも含めて）}$$

$$\Longleftrightarrow \left|\frac{a-c}{b-c}\right| = \left|\frac{a'-c'}{b'-c'}\right|,$$

$$\arg\frac{a-c}{b-c} = \arg\frac{a'-c'}{b'-c'}$$

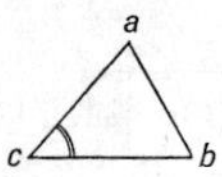


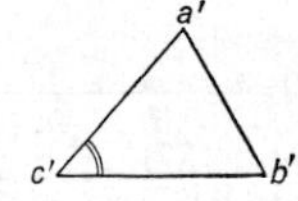

$$\Longleftrightarrow \frac{a-c}{b-c} = \frac{a'-c'}{b'-c'}$$

一方，与えられた行列式の第1行，第2行からそれぞれ第3行を引くと

$$\begin{vmatrix} a-c & a'-c' & 0 \\ b-c & b'-c' & 0 \\ c & c' & 1 \end{vmatrix} = 0 \quad すなわち \quad \begin{vmatrix} a-c & a'-c' \\ b-c & b'-c' \end{vmatrix} = 0$$

となり，これは上の条件式と一致する．

3　4点 $a, b, c, d$ が同一円周上にあるについては，2つの場合がありうる．

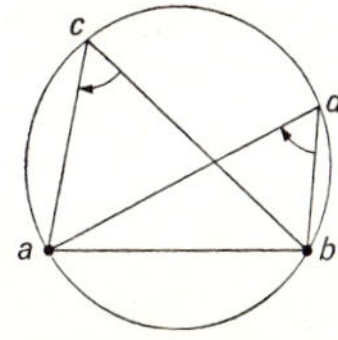


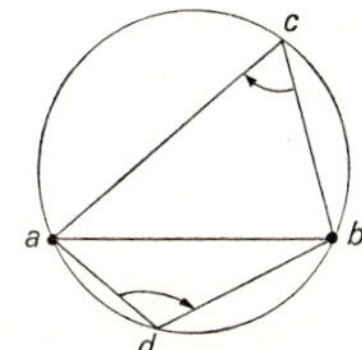


1つは，直線 $ab$ に対して，$c, d$ が同じ側にある場合で，このときは《円周角の定理》により

$$\angle bca = \angle bda$$

$$\Longleftrightarrow \arg\frac{a-c}{b-c} = \arg\frac{a-d}{b-d}$$

$$\Longleftrightarrow \arg\frac{a-c}{b-c} - \arg\frac{a-d}{b-d} = 0$$

$$\Longleftrightarrow \frac{a-c}{b-c} : \frac{a-d}{b-d} = \text{正の実数}$$

もう1つは，直線 $ab$ に対して，$c, d$ が反対側にある場合で，このときは《内接四角形の定理》により

$$\angle bca + \angle adb = 180°$$

$$\Longleftrightarrow \arg\frac{a-c}{b-c} + \arg\frac{b-d}{a-d} = \pi$$

$$\Longleftrightarrow \arg\frac{a-c}{b-c}-\arg\frac{a-d}{b-d}=\pi$$

$$\Longleftrightarrow \frac{a-c}{b-c}:\frac{a-d}{b-d}=\text{負の実数}$$

いずれにしても，比（複比）$\dfrac{a-c}{b-c}:\dfrac{a-d}{b-d}$ は実数である．

この逆もまた成り立つことは容易に確かめられる．

4　$\text{左辺}=(a+b)(\overline{a+b})+(a-b)(\overline{a-b})$

$$\begin{aligned}&=(a+b)(\bar{a}+\bar{b})+(a-b)(\bar{a}-\bar{b})\\&=a\bar{a}+b\bar{a}+a\bar{b}+b\bar{b}+a\bar{a}-b\bar{a}-a\bar{b}+b\bar{b}\\&=2a\bar{a}+2b\bar{b}\\&=2|a|^2+2|b|^2\\&=\text{右辺}\end{aligned}$$

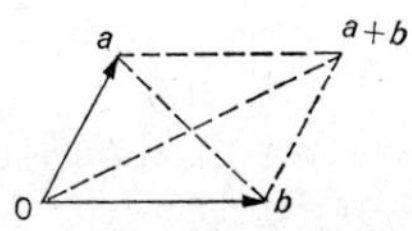


ここで，$0, a, b, a+b$ でつくられる四角形を考えると，これは平行四辺形で，$|a+b|$ や $|a-b|$ はその対角線の長さを表している．

したがって，問題の等式は

　平行四辺形の対角線の平方和は，2 辺の平方和の 2 倍に等しい

ことを意味している．

5　$\text{右辺}=(a\bar{c}+b\bar{d})(\overline{a\bar{c}+b\bar{d}})+(ad-bc)(\overline{ad-bc})$

$$\begin{aligned}&=(a\bar{c}+b\bar{d})(\bar{a}c+\bar{b}d)+(ad-bc)(\bar{a}\bar{d}-\bar{b}\bar{c})\\&=a\bar{a}c\bar{c}+\bar{a}bc\bar{d}+a\bar{b}\bar{c}d+b\bar{b}d\bar{d}+a\bar{a}d\bar{d}-\bar{a}bc\bar{d}-a\bar{b}\bar{c}d\\&\quad+b\bar{b}c\bar{c}\\&=|a|^2|c|^2+|b|^2|d|^2+|a|^2|d|^2+|b|^2|c|^2\\&=(|a|^2+|b|^2)(|c|^2+|d|^2)\\&=\text{左辺}\end{aligned}$$

複素数 $a, b, c, d$ を実部と虚部に分けると

$$\text{左辺}=({x_1}^2+{x_2}^2+{x_3}^2+{x_4}^2)({y_1}^2+{y_2}^2+{y_3}^2+{y_4}^2)$$

だが，一方

$$a\bar{c} = (x_1+x_2i)(y_1-y_2i) = (x_1y_1+x_2y_2)+(x_2y_1-x_1y_2)i$$
$$b\bar{d} = (x_3+x_4i)(y_3-y_4i) = (x_3y_3+x_4y_4)+(x_4y_3-x_3y_4)i$$
$$ad = (x_1y_3-x_2y_4)+(x_1y_4+x_2y_3)i$$
$$bc = (x_3y_1-x_4y_2)+(x_3y_2+x_4y_1)i$$

だから，

$$\begin{aligned}右辺 = &(x_1y_1+x_2y_2+x_3y_3+x_4y_4)^2\\ &+(x_2y_1-x_1y_2+x_4y_3-x_3y_4)^2\\ &+(x_1y_3-x_2y_4-x_3y_1+x_4y_2)^2\\ &+(x_1y_4+x_2y_3-x_3y_2-x_4y_1)^2\end{aligned}$$

6　三角形 $abc$ が正三角形であるためには

$$辺\ ac = bc,\quad \angle bca = \pm 60°$$

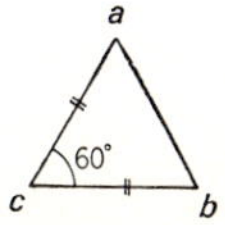

ならよい．すなわち

$$\left|\frac{a-c}{b-c}\right| = 1,\quad \arg\frac{a-c}{b-c} = \pm 60°$$

ならよい．そこで，$u=\dfrac{a-c}{b-c}$ とおくと，$u+\bar{u}=1$，$u\bar{u}=|u|^2=1$ だから，これは2次方程式

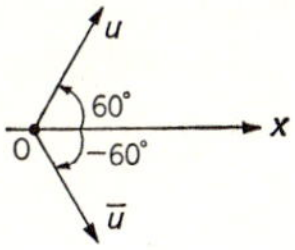

$$x^2-x+1=0$$

の根である．これに $u$ の値を代入すると

$$(a-c)^2-(a-c)(b-c)+(b-c)^2=0$$
$$a^2+b^2+c^2-bc-ca-ab=0$$

が得られる．

【別解】　行列式を用いると，三角形 $abc$ が正三角形であるためには

$$\triangle abc \backsim \triangle 1\omega\omega^2,\quad または\quad \backsim \triangle 1\omega^2\omega$$

つまり

$$\begin{vmatrix} a & 1 & 1 \\ b & \omega & 1 \\ c & \omega^2 & 1 \end{vmatrix} = 0, \text{ または } \begin{vmatrix} a & 1 & 1 \\ b & \omega^2 & 1 \\ c & \omega & 1 \end{vmatrix} = 0$$

第1の等式では，第2行に $\omega$，第3行に $\omega^2$ を掛けて第1行に加える．第2の等式では，第2行に $\omega^2$，第3行に $\omega$ を掛けて第1行に加える．

$$\begin{vmatrix} a+b\omega+c\omega^2 & 0 & 0 \\ b & \omega & 1 \\ c & \omega^2 & 1 \end{vmatrix} = 0, \text{ または } \begin{vmatrix} a+b\omega^2+c\omega & 0 & 0 \\ b & \omega^2 & 1 \\ c & \omega & 1 \end{vmatrix} = 0$$

すなわち

$$a+b\omega+c\omega^2 = 0, \text{ または } a+b\omega^2+c\omega = 0$$

この両式を掛け合わせると

$$a^2+b^2+c^2-bc-ca-ab = 0$$

7 $u = \dfrac{c-a}{b-a}$, $u' = \dfrac{c'-a}{b-a}$

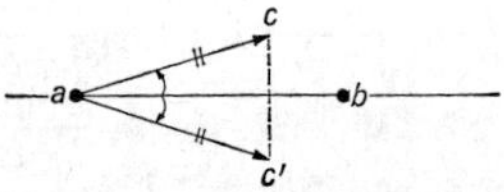

とおくと

$|u| = |u'|$, $\arg u + \arg u' = 0$

である．いいかえると

$$u' = \bar{u}$$

つまり

$$\frac{c'-a}{b-a} = \frac{\bar{c}-\bar{a}}{\bar{b}-\bar{a}}$$

これを変形すると

$$c' = \frac{b\bar{c}+a\bar{b}-\bar{a}b-\bar{c}a}{\bar{b}-\bar{a}}$$

8 (i) $f(\alpha)=0$ とする．

一般に，実数係数の多項式については

$$\overline{f(z)} = f(\bar{z})$$

が成り立つから

$$0 = f(\alpha) = \overline{f(\alpha)} = f(\overline{\alpha})$$

で，$\overline{\alpha}$ も方程式 $f(z)=0$ の根になる．

(ii) したがって，実数係数の方程式の虚根は，共役根と対になっているから，その数は必ず偶数 $2q$ 個で，これに実根の数 $p$ を加えて次数 $n$ となる：$p+2q=n$

(iii) したがって，次数 $n$ が奇数なら，$p\neq 0$，つまり必ず実根をもつ．

[p. 140]

**練習問題 2**

1 (1) $(2x-3)^5 = 32x^5-240x^4+720x^3-1080x^2+810x-243$

(2) $(x+y+z)^4 = x^4+4x^3y+4x^3z+6x^2y^2+12x^2yz$
$+6x^2z^2+4xy^3+12xy^2z+12xyz^2+4xz^3$
$+y^4+4y^3z+6y^2z^2+4yz^3+z^4$

(3) $(1+x+x^2)^3 = 1+3x+6x^2+7x^3+6x^4+3x^5+x^6$

(4) $(x+y)^3(x-y)^3 = (x^2-y^2)^3 = x^6-3x^4y^2+3x^2y^4-y^6$

(5) $t=x+\dfrac{1}{x}$ とおくと

$$x^2+x+1+\frac{1}{x}+\frac{1}{x^2} = -1+t+t^2$$

$$t = x+\frac{1}{x}$$

$$t^2 = x^2+\frac{1}{x^2}+2$$

$$t^3 = x^3+\frac{1}{x^3}+3\left(x+\frac{1}{x}\right)$$

$$t^4 = x^4+\frac{1}{x^4}+4\left(x^2+\frac{1}{x^2}\right)+6$$

$$t^5 = x^5 + \frac{1}{x^5} + 5\left(x^3 + \frac{1}{x^3}\right) + 10\left(x + \frac{1}{x}\right)$$

$$t^6 = x^6 + \frac{1}{x^6} + 6\left(x^4 + \frac{1}{x^4}\right) + 15\left(x^2 + \frac{1}{x^2}\right) + 20$$

であるから

$$\left(x^2 + x + 1 + \frac{1}{x} + \frac{1}{x^2}\right)^3 = (-1 + t + t^2)^3$$
$$= -1 + 3t - 5t^3 + 3t^5 + t^6$$
$$= x^6 + 3x^5 + 6x^4 + 10x^3 + 15x^2 + 18x + 19$$
$$+ \frac{18}{x} + \frac{15}{x^2} + \frac{10}{x^3} + \frac{6}{x^4} + \frac{3}{x^5} + \frac{1}{x^6}$$

2　$(x_1 + x_2 + \cdots + x_n)^3$ の展開の項は

$$x_1{}^{\alpha_1} x_2{}^{\alpha_2} \cdots x_n{}^{\alpha_n} \quad (\alpha_1 + \alpha_2 + \cdots + \alpha_n = 3,\ \alpha_i \geqq 0)$$

となっているから，その数は

$${}_n\mathrm{H}_3 = {}_{n+2}\mathrm{C}_3 = \frac{1}{3!} n(n+1)(n+2)$$

に等しい．

3　2項定理

$$(1+x)^n = \binom{n}{0} + \binom{n}{1}x + \binom{n}{2}x^2 + \cdots + \binom{n}{n}x^n$$

において，$x = -1$ とおくと

$$0 = \binom{n}{0} - \binom{n}{1} + \binom{n}{2} - \cdots + (-1)^n \binom{n}{n}$$

したがって

$$\binom{n}{0} + \binom{n}{2} + \cdots = \binom{n}{1} + \binom{n}{3} + \cdots$$

【別解】　$n$ 個の要素をもつ集合 E の部分集合 X で $m$ 個の要素をもつものの個数が $\binom{n}{m}$ であった．問題の等式の意味するところは，偶数個の要素をもつ部分集合の個数と奇数個の要素をもつ

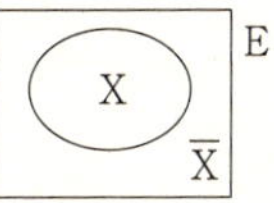


部分集合の個数が等しいということである．

それを示すには，偶数個の要素をもつ部分集合と，奇数個の要素をもつ部分集合の間にもれなく1対1の対応をつくればよい．

今，特定の要素aに着目し

(1)　Xがaを含まなければ，Xにaを追加したものをYとし $(a \notin X \Longrightarrow Y = X \cup \{a\})$

(2)　Xがaを含めば，Xからaを取り除く $(a \in X \Longrightarrow Y = X - \{a\})$

ことにすれば，そのような1対1対応が得られる．

4　2項定理

$$(1+x)^n = \binom{n}{0} + \binom{n}{1}x + \binom{n}{2}x^2 + \cdots + \binom{n}{n}x^n$$

において，次々に，$x=1, \omega, \omega^2$ とおいてみる．ただし

$$\omega = \cos\frac{2\pi}{3} + i\sin\frac{2\pi}{3} = -\frac{1}{2} + i\cdot\frac{\sqrt{3}}{2}$$

とする．

$$2^n = \binom{n}{0} + \binom{n}{1} + \binom{n}{2} + \cdots + \binom{n}{n}$$

$$(1+\omega)^n = \binom{n}{0} + \binom{n}{1}\omega + \binom{n}{2}\omega^2 + \cdots + \binom{n}{n}\omega^n$$

$$(1+\omega^2)^n = \binom{n}{0} + \binom{n}{1}\omega^2 + \binom{n}{2}\omega^4 + \cdots + \binom{n}{n}\omega^{2n}$$

この3式を辺々に加えるのであるが

$$1+\omega+\omega^2 = 0,\ 1+\omega = -\omega^2,$$

$$(1+\omega)^n = (-\omega^2)^n = \left(\cos\frac{\pi}{3} + i\sin\frac{\pi}{3}\right)^n = \cos\frac{n\pi}{3} + i\sin\frac{n\pi}{3},$$

$$(1+\omega^2)^n=(-\omega)^n=\left(\cos\frac{\pi}{3}-i\sin\frac{\pi}{3}\right)^n=\cos\frac{n\pi}{3}-i\sin\frac{n\pi}{3}$$

に注意すると

$$2^n+2\cos\frac{n\pi}{3}=3\left\{\binom{n}{0}+\binom{n}{3}+\binom{n}{6}+\cdots\right\}$$

が得られる.

同じように

$$2^n+\omega(1+\omega)^n+\omega^2(1+\omega^2)^n$$
$$2^n+\omega^2(1+\omega)^n+\omega(1+\omega^2)^n$$

をつくると，それぞれ

$$2^n+2\cos\frac{(n+2)\pi}{3}=3\left\{\binom{n}{2}+\binom{n}{5}+\binom{n}{8}+\cdots\right\}$$
$$2^n+2\cos\frac{(n-2)\pi}{3}=3\left\{\binom{n}{1}+\binom{n}{4}+\binom{n}{7}+\cdots\right\}$$

が得られる.

5　2 項係数の書き順だけが逆で，本質的には同じ展開：

$$(1+x)^n=\binom{n}{n}+\binom{n}{n-1}x+\binom{n}{n-2}x^2+\cdots+\binom{n}{0}x^n$$
$$(1+x)^n=\binom{n}{0}+\binom{n}{1}x+\binom{n}{2}x^2+\cdots+\binom{n}{n}x^n$$

を辺々掛け合わせると

$$(1+x)^{2n}=\cdots+\left\{\binom{n}{0}^2+\binom{n}{1}^2+\cdots+\binom{n}{n}^2\right\}x^n+\cdots$$

となる．左辺における $x^n$ の係数は

$$\binom{2n}{n}=\frac{(2n)!}{(n!)^2}$$

であるから

$$\binom{n}{0}^2+\binom{n}{1}^2+\cdots+\binom{n}{n}^2=\frac{(2n)!}{(n!)^2}$$

が成り立つ．

また，先の第1式

$$(1+x)^n=\binom{n}{n}+\binom{n}{n-1}x+\binom{n}{n-2}x^2+\cdots+\binom{n}{0}x^n$$

と

$$(1-x)^n=\binom{n}{0}-\binom{n}{1}x+\binom{n}{2}x^2-\cdots+(-1)^n\binom{n}{n}x^n$$

とを掛けると

$$(1-x^2)^n=\cdots+\left\{\binom{n}{0}^2-\binom{n}{1}^2+\binom{n}{2}^2-\cdots+(-1)^n\binom{n}{n}^2\right\}x^n+\cdots$$

となる．ここで，$n$ が奇数の場合には，左辺に $x$ の奇数ベキの項は現れてこないから

$$\binom{n}{0}^2-\binom{n}{1}^2+\binom{n}{2}^2-\cdots+(-1)^n\binom{n}{n}^2=0$$

でなければならない．また，$n=2p$ が偶数なら，左辺の $x^n$ の係数は

$$\binom{n}{k}(-x^2)^k=(-1)^k\binom{n}{k}x^{2k}$$

の形だから，$2k=n=2p$ より，$k=p$ であって，$n=2p$ だから，

$$(-1)^p\binom{2p}{p}=(-1)^p\frac{(2p)!}{(p!)^2}$$

に等しくなる．

**【別解】** 赤玉 $n$ 個と白玉 $n$ 個はいった袋から，無作為に $n$ 個の玉を取り出す試行を考える．そして，どれだけの違った結果が生じるかを勘定する．取り出した $n$ 個の玉のうち，$k$ 個が赤玉であったとすると，その $k$ 個の赤玉の選び方が $\binom{n}{k}$ 通り，残りの $(n-k)$ 個の白玉の選び方が $\binom{n}{n-k}=\binom{n}{k}$ 通りであるから，組合せると，$\binom{n}{k}^2$ 通りである．

可能なすべての場合の数は，$k=0,1,\cdots,n$ に対してこれを加え

た数であるが，一方それは，色を無視した $2n$ 個の玉のなかから $n$ 個の玉を取り出す仕方の数 $\binom{2n}{n}$ に等しい．

また，この試行において，取り出された $n$ 個の玉の中で，赤玉が偶数個含まれている場合と，奇数個含まれている場合とで，どちらがどれだけ多いかを比べてみる．この差がつまり

$$\binom{n}{0}^2-\binom{n}{1}^2+\binom{n}{2}^2-\cdots+(-1)^n\binom{n}{n}^2$$

である．

$n$ が奇数のときは，赤玉 $k$ 個，白玉 $n-k$ 個に対して，残された補集合を考えると，赤玉 $n-k$ 個，白玉 $k$ 個で，$k$ が偶数なら $n-k$ は奇数，また $k$ が奇数なら $n-k$ が偶数であるから，上記 2 つの場合の数は等しく，その差は 0 である．

$n=2p$ が偶数のときはやや複雑である．$n$ 個の赤玉に①からⓝまで番号をふり，$n$ 個の白玉にも同じく 1 から $n$ まで番号をふる．

さて，各偶数 $k(=0,2,4,\cdots,n)$ について，赤玉 $k$ 個白玉 $n-k$ 個から成る部分集合 X を考える．残りの補集合 X′ は赤玉 $n-k$ 個白玉 $k$ 個から成っている．そこで，X と X′ とに同じ番号の玉（赤と白）が分かれてはいっていれば，そのような玉のうち番号の最も小さいものを交換する．すると，X より赤玉が 1 個多い，あるいは 1 個少ない部分集合 Y ができる．この対応

$$\mathrm{X}\longmapsto\mathrm{Y}$$

によって，偶数個の赤玉をもつ（$n$ 元）部分集合 X と奇数個の赤玉をもつ（$n$ 元）部分集合 Y の間に，1 対 1 の対応ができる．

この対応からもれるのは，自分の中に同じ番号の玉（赤と白）を同時にもっているような（$n$ 元）部分集合 Z である．このような部分集合は，赤玉と白玉を $p$ 個ずつもち，その中の $p$ 個の，たとえば赤玉を指定すれば決まってしまうから，その数は $\binom{n}{p}$

$=\dfrac{(2p)!}{(p!)^2}$ で，$p$ が偶数ならそれは赤玉偶数個の仲間に属し，$p$ が奇数なら赤玉奇数個の方に属する．だから

$$\binom{n}{0}^2+\binom{n}{2}^2+\cdots+\binom{n}{n}^2=\binom{n}{1}^2+\binom{n}{3}^2+\cdots+\binom{n}{n-1}^2+(-1)^p\binom{n}{p}$$

すなわち

$$\binom{n}{0}^2-\binom{n}{1}^2+\binom{n}{2}^2-\cdots+\binom{n}{n}^2=(-1)^p\frac{(2p)!}{(p!)^2}$$

6　全体集合を $k_1$ 個のものを含む類 $C_1$ とそれ以外に分ける分け方は

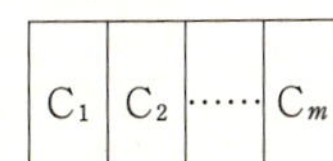


$$\frac{n!}{k_1!(n-k_1)!}$$

通りある．次に残りの $(n-k_1)$ 個を，$k_2$ 個のものを含む類 $C_2$ とそれ以外に分ける分け方は

$$\frac{(n-k_1)!}{k_2!(n-k_1-k_2)!}$$

通りある．以下同様に進めてゆくと，最後には $(n-k_1-\cdots-k_{m-1})$ 個のものを $k_m$ 個のものを含む類 $C_m$ に分けることになるが，これは

$$n-k_1-\cdots-k_{m-1}=k_m$$

であるから明らかにその分け方は

$$1=\frac{(n-k_1-\cdots-k_{m-1})!}{k_m!}$$

通りである．これらすべての場合を組合せると求める方法の数になるから，それは

$$\frac{n!}{k_1!(n-k_1)!}\times\frac{(n-k_1)!}{k_2!(n-k_1-k_2)!}\times\cdots\times\frac{(n-k_1-\cdots-k_{m-1})!}{k_m!}$$

$$=\frac{n!}{k_1!k_2!\cdots k_m!}$$

に等しい．

【別解】 全体集合をそれぞれ $k_1, k_2, \cdots, k_m$ 個の要素を含む $m$ 個の類に分けたとし，それぞれの類の中で，要素を一列に並べ，それらの列をさらにこの類の番号の順に並べると，結局全体集合の順列が得られる．したがって，求める方法の数を $x$ とすると

$$x \times k_1! \times k_2! \times \cdots \times k_m! = n!$$

で，これより

$$x = \frac{n!}{k_1!k_2!\cdots k_m!}$$

これは，$k_1$ 個のものが同じ，$k_2$ 個のものが同じ，…，$k_m$ 個のものが同じという総計 $n$ 個のものの順列の数と同じであることに注意しよう．

7 最初に1段登る場合 (A) と2段登る場合 (B) とがある．(A) の場合には残りは $(n-1)$ 段であるから，その登り方は $f(n-1)$ 通りあり，(B) の場合には残りは $(n-2)$ 段であるので，登り方は $f(n-2)$ 通りある．したがって

$$f(n) = f(n-1) + f(n-2) \quad (n \geqq 3)$$

が成り立つ．明らかに

$$f(1) = 1,\ f(2) = 2$$

であるから

$$f(3) = 3,\ f(4) = 5,\ f(5) = 8,\ f(6) = 13,\ \cdots$$

となり，フィボナッチ数列

$$1,\ 1,\ 2,\ 3,\ 5,\ 8,\ 13,\ \cdots$$

の最初の項を除いた第2項以下になる．とくに

$$f(10) = 89$$

[p. 163]

練習問題 3.1

1 2次式で割ったときの余りは高々1次式であるから

$$f(x) = \alpha(x-a)(x-b)+\beta x+\gamma$$

と書ける．

ここで，$x=a$ とおくと

$$f(a) = \beta a+\gamma$$

また，$x=b$ とおくと

$$f(b) = \beta b+\gamma$$

$a \neq b$ だから，この連立方程式を解いて

$$\beta = \frac{f(b)-f(a)}{b-a} \qquad \gamma = \frac{f(a)b-f(b)a}{b-a}$$

したがって，余りは

$$\beta x+\gamma = \frac{f(b)-f(a)}{b-a}x+\frac{f(a)b-f(b)a}{b-a}$$

これを

$$\beta x+\gamma = f(a)\cdot\frac{b-x}{b-a}+f(b)\cdot\frac{x-a}{b-a}$$

と変形すれば，これは，$x=a$ で $f(a)$，$x=b$ で $f(b)$ を値にとる補間式の問題（p. 166～）で求まる 1 次式である．

2　同じく

$$f(x) = \alpha(x-a)^2+\beta x+\gamma$$

と置けるが，この場合には，$x=a$ とおくと

$$f(a) = \beta a+\gamma$$

というただ1つの方程式しか導かれない．もう 1 つの関係式がないと，係数 $\beta, \gamma$ は定まらないから，$f(x)$ を微分して

$$f'(x) = 2\alpha(x-a)+\beta$$

ここで，$x=a$ と置いてやると

$$f'(a) = \beta$$

したがって，$\gamma=f(a)-f'(a)a$ となり，余りは

$$\begin{aligned}\beta x+\gamma &= f'(a)x+f(a)-f'(a)a \\ &= f'(a)(x-a)+f(a)\end{aligned}$$

[p. 180]

練習問題 3.2

1 (1) $y=4x^2-3x-4$ (2) $y=-2x^2+2x+5$

(3) $y=-3x^2+14x-13$ (4) $y=(x+2)^2$

(5) $y=(x-1)(x-2)$

2 (1) $y=x^3-2x^2-3x+1$ (2) $y=-2x^3+5x^2-6x-4$

(3) $y=\dfrac{1}{6}(x^2-1)x$ (4) $y=(x-1)^2x$

[p. 201]

練習問題 3.3

(1) 既約，ただし実数では $(x^2-\sqrt{2}x+1)(x^2+\sqrt{2}x+1)$

(2) 既約（第 4 章 7.［例題 23］と定理 28 参照）

(3) $(x-1)(3x-1)(x^3-2)$ (4) $(x+1)(x^3-x^2+x+1)$

(5) $(x-1)(x^3-3x^2+2x+2)$ (6) $(x^2+2x+2)(x^2-4x-1)$

[p. 210]

問

(1)
$$\begin{aligned} f(x_1, x_2, x_3) &= x_1{}^2x_2{}^2x_3+x_2{}^2x_3{}^2x_1+x_3{}^2x_1{}^2x_2 \\ &= (x_1x_2+x_2x_3+x_3x_1)x_1x_2x_3 = \sigma_2\sigma_3 \end{aligned}$$

(2)
$$\begin{aligned} f(x_1, x_2, x_3) &= x_1{}^3x_2+x_2{}^3x_3+x_3{}^3x_1+x_1x_2{}^3+x_2x_3{}^3+x_3x_1{}^3, \\ f(x_1, x_2, 0) &= x_1{}^3x_2+x_1x_2{}^3 = (x_1{}^2+x_2{}^2)x_1x_2 \\ &= \{(x_1+x_2)^2-2x_1x_2\}x_1x_2 \\ &= (x_1+x_2)^2x_1x_2-2(x_1x_2)^2 \\ &= (\sigma_1)_0{}^2(\sigma_2)_0-2(\sigma_2)_0{}^2 \end{aligned}$$

したがって

$$f(x_1, x_2, x_3) = \sigma_1{}^2\sigma_2-2\sigma_2{}^2+\sigma_3h(x_1, x_2, x_3)$$

と書けるが，$h$ は 1 次対称式だから，$a\sigma_1$ と表される．$x_1=x_2=x_3=1$ とおくと，$6=(3^2-2\times3)\cdot3+a\cdot3\cdot1$ より $a=-1$ となり

$$f(x_1, x_2, x_3) = \sigma_1{}^2\sigma_2 - \sigma_1\sigma_3 - 2\sigma_2{}^2$$

(3) $f(x_1, x_2, x_3) = x_1{}^4 + x_2{}^4 + x_3{}^4,$

$$\begin{aligned} f(x_1, x_2, 0) &= x_1{}^4 + x_2{}^4 \\ &= (x_1+x_2)^4 - 4x_1{}^3x_2 - 4x_1x_2{}^3 - 6x_1{}^2x_2{}^2 \\ &= (x_1+x_2)^4 - 4(x_1{}^2+x_2{}^2)x_1x_2 - 6(x_1x_2)^2 \\ &= (\sigma_1)_0{}^4 - 4((\sigma_1)_0{}^2 - 2(\sigma_2)_0)(\sigma_2)_0 - 6(\sigma_2)_0{}^2 \end{aligned}$$

$$f(x_1, x_2, x_3) = \sigma_1{}^4 - 4\sigma_1{}^2\sigma_2 + 2\sigma_2{}^2 + h(x_1, x_2, x_3)\sigma_3$$

$h$ は 1 次対称式だから $a\sigma_1$ と書け，$x_1 = x_2 = x_3 = 1$ とおくと，$3 = (3^4 - 4\cdot 3^2\cdot 3 + 2\cdot 3^2) + a\cdot 3\cdot 1$ より $a = 4$,

$$f(x_1, x_2, x_3) = \sigma_1{}^4 - 4\sigma_1{}^2\sigma_2 + 4\sigma_1\sigma_3 + 2\sigma_2{}^2$$

(4) $f(x_1, x_2, x_3) = x_1{}^5 + x_2{}^5 + x_3{}^5,$

$$\begin{aligned} f(x_1, x_2, 0) &= x_1{}^5 + x_2{}^5 \\ &= (x_1+x_2)^5 - 5x_1{}^4x_2 - 5x_1x_2{}^4 - 10x_1{}^3x_2{}^2 \\ &\quad - 10x_1{}^2x_2{}^3 \\ &= (x_1+x_2)^5 - 5(x_1{}^3+x_2{}^3)x_1x_2 \\ &\quad - 10(x_1+x_2)x_1{}^2x_2{}^2 \\ &= (x_1+x_2)^5 \\ &\quad - 5\{(x_1+x_2)^3 - 3(x_1+x_2)x_1x_2\}x_1x_2 \\ &\quad - 10(x_1+x_2)(x_1x_2)^2 \\ &= (\sigma_1)_0{}^5 - 5\{(\sigma_1)_0{}^3 - 3(\sigma_1)_0(\sigma_2)_0\}(\sigma_2)_0 \\ &\quad - 10(\sigma_1)_0(\sigma_2)_0{}^2 \end{aligned}$$

したがって

$$f = \sigma_1{}^5 - 5\sigma_1{}^3\sigma_2 + 5\sigma_1\sigma_2{}^2 + h(x_1, x_2, x_3)\sigma_3$$

$h$ は 2 次の対称式であるから，$a\sigma_1{}^2 + b\sigma_2$ と書ける．$x_1 = x_2 = 1$, $x_3 = -1$ とおくと，$\sigma_1 = 1, \sigma_2 = \sigma_3 = -1$ だから，$1 = 1 + 5 + 5 + (a - b)(-1)$ より，$a - b = 10$，また，$x_1 = x_2 = x_3 = 1$ とおくと，$3 = 3^5 - 5\cdot 3^4 + 5\cdot 3^3 + (a\cdot 3^2 + b\cdot 3)\cdot 1$ より $3a + b = 10$ となる．この連立 1 次方程式を解くと，$a = 5, b = -5$，したがって

$$f = \sigma_1{}^5 - 5\sigma_1{}^3\sigma_2 + 5\sigma_1{}^2\sigma_3 + 5\sigma_1\sigma_2{}^2 - 5\sigma_2\sigma_3$$

(5) $f(x_1, x_2, x_3) = (x_1-x_2)^2(x_2-x_3)^2(x_3-x_1)^2,$

$$\begin{aligned} f(x_1, x_2, 0) &= (x_1-x_2)^2 {x_1}^2 {x_2}^2 \\ &= \{(x_1+x_2)^2-4x_1x_2\}{x_1}^2{x_2}^2 \\ &= (\sigma_1)_0{}^2(\sigma_2)_0{}^2-4(\sigma_2)_0{}^3 \end{aligned}$$

したがって

$$f = {\sigma_1}^2{\sigma_2}^2-4{\sigma_2}^3+h(x_1, x_2, x_3)\sigma_3$$

$h$ は3次の対称式だから，$a{\sigma_1}^3+b\sigma_1\sigma_2+c\sigma_3$ と書ける．

$x_1 = x_2 = x_3 = 1$ とおくと，$27a+9b+c = 27$

$x_1 = x_2 = 1, x_3 = -1$ とおくと，$a-b-c = 5$

$x_1 = 2, x_2 = x_3 = -1$ とおくと，$c = -27$

これを解いて，$a=-4, b=18,$

$$f = {\sigma_1}^2{\sigma_2}^2-4{\sigma_1}^3\sigma_3+18\sigma_1\sigma_2\sigma_3-4{\sigma_2}^3-27{\sigma_3}^2$$

[p. 216]

**練習問題 3. 4**

(1) $\{3, 4\}$

(2) $\{4, 8\}$

(3) $\{1, 3\}$, $\{2+5i, 2-5i\}$

(4) $\{3, 5\}$, $\{-3, -5\}$

(5) $\{1, 3\}$, $\left\{\frac{3}{2}(-1+\sqrt{3}i), \frac{1}{2}(-1+\sqrt{3}i)\right\}$,

$\left\{\frac{3}{2}(-1-\sqrt{3}i), \frac{1}{2}(-1-\sqrt{3}i)\right\}$

(6) $\{a, 0\}$, $\left\{\frac{a}{2}(1+\sqrt{3}i), \frac{a}{2}(1-\sqrt{3}i)\right\}$, p. 237 練習問題 4. 2 の 4 (3) を利用する．

[p. 218]

**練習問題 3. 5**

(1) $\{1, -1, -2\}$　　(2) $\{0, 0, a\}$

(3)　$\{3, 3, 3\}$　　(4)　$\{a, ai, -ai\}$

(5)　$\left\{1, 3, \dfrac{1}{3}\right\}$　　(6)　$\{1, 2, 3\}$

[p. 228]

**練習問題 4. 1**

(1)　$x^6=1$ より，$x^6-1=(x^3-1)(x^3+1)=0$ だから，$x^3-1=0$ か $x^3+1=0$．前者から，1 の立方根

$$1, \qquad \omega = \frac{-1+\sqrt{3}i}{2},$$

$$\omega^2 = \frac{-1-\sqrt{3}i}{2}$$

が得られる．

$x^3+1=0$, $x^3=-1$ は $-1$ の立方根で，これは因数分解

$$(x+1)(x^2-x+1) = 0$$

より，$x=-1$ および $x=\dfrac{1\pm\sqrt{3}i}{2}$ と求められる．この虚根の方は，$-\omega^2$, $-\omega$ と書けることに注意しよう．

1 の 6 乗根は，単位円に内接し，1 を 1 頂点とする正 6 角形の頂点に位置している．

(2)　$x^8=1$ より $x^8-1=(x^4-1)\cdot(x^4+1)=0$ だから，$x^4-1=0$ か $x^4+1=0$．前者からは 1 の 4 乗根 $\pm1$, $\pm i$ が得られ，これらは，1 を頂点とする単位円に内接する正方形の 4 頂点である．

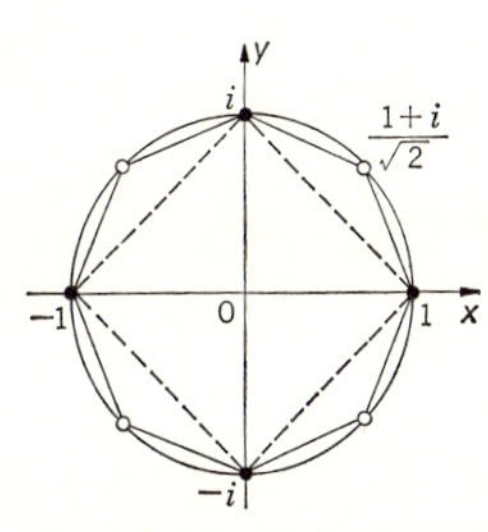


後者 $x^4+1=0$ は，左辺を

$$\begin{aligned} x^4+1 &= x^4+2x^2+1-2x^2 \\ &= (x^2+1)^2-(\sqrt{2}x)^2 \end{aligned}$$

$$=(x^2-\sqrt{2}x+1)(x^2+\sqrt{2}x+1)$$

と因数分解してやると $x^2-\sqrt{2}x+1=0$ から

$$x=\frac{\sqrt{2}\pm\sqrt{2}i}{2}=\frac{1\pm i}{\sqrt{2}}$$

また, $x^2+\sqrt{2}x+1=0$ から, $\dfrac{-1\pm i}{\sqrt{2}}$ が得られる.

これら8個の1の8乗根は, 単位円に内接し, 1を1頂点とする正8角形の頂点に位置している.

なお, $\dfrac{1+i}{\sqrt{2}}$ は $i$ の平方根として求めても, 三角関数を利用して, $\cos\dfrac{2\pi}{8}+i\sin\dfrac{2\pi}{8}=\cos 45°+i\sin 45°=\dfrac{1}{\sqrt{2}}+\dfrac{i}{\sqrt{2}}$ と求めてもよい.

(3) $x^{10}=1$ より $x^{10}-1=(x^5-1)(x^5+1)=0$ だから, $x^5-1=0$ か $x^5+1=0$. 前者からは1の5乗根

$$1,\qquad \frac{\sqrt{5}-1}{4}\pm\frac{1}{2}\sqrt{\frac{5+\sqrt{5}}{2}}\,i,$$

$$-\frac{\sqrt{5}+1}{4}\pm\frac{1}{2}\sqrt{\frac{5-\sqrt{5}}{2}}\,i$$

が得られ, これらは1を頂点とし単位円に内接する正5角形の頂点 $1, \alpha, \overline{\alpha}, \beta, \overline{\beta}$ である.

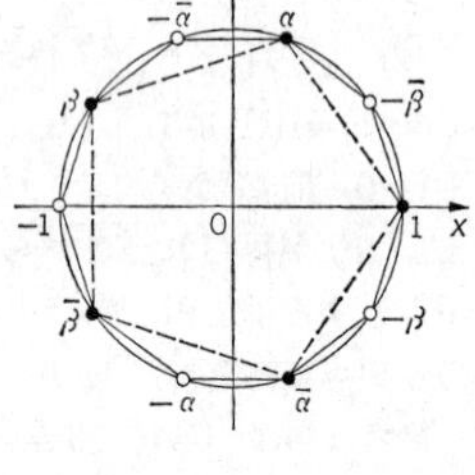


後者の方程式 $x^5+1=0$, つまり $x^5=-1$ の根は $-1$ の5乗根で, これは1の5乗根の反数でなければならないから, $-1, -\overline{\beta}, -\beta, -\overline{\alpha}, -\alpha$ すなわち

$$-1,\qquad \frac{\sqrt{5}+1}{4}\pm\frac{1}{2}\sqrt{\frac{5-\sqrt{5}}{2}}\,i,$$

$$-\frac{\sqrt{5}-1}{4}\pm\frac{1}{2}\sqrt{\frac{5+\sqrt{5}}{2}}\,i$$

である.

これからたとえば逆に三角関数の値

$$\cos 36^\circ = \frac{\sqrt{5}+1}{4} \qquad \sin 36^\circ = \frac{1}{2}\sqrt{\frac{5-\sqrt{5}}{2}}$$

$$\cos 72^\circ = \frac{\sqrt{5}-1}{4} \qquad \sin 72^\circ = \frac{1}{2}\sqrt{\frac{5+\sqrt{5}}{2}}$$

などが求まる.

(4) $x^{12}=1$ より $x^{12}-1=(x^6-1)(x^6+1)=0$ だから, $x^6-1=0$ か $x^6+1=0$. 前者からは 1 の 6 乗根が得られ, それらは, 1 を頂点とし単位円に内接する正 6 角形の頂点に位置している.

後者の $x^6+1=0$ からは $-1$ の 6 乗根が得られ, それらは 1 の 6 乗根を合わせて, 正 12 角形の頂点になっている. そのうち, 偏角 ($0 \leqq \theta < 360^\circ$) の最も小さいものは, $\dfrac{1+\sqrt{3}i}{2}$ と《対角線》$x=y$ に関して対称であるから, $\dfrac{\sqrt{3}+i}{2}$ でなければならない. したがって, この $-1$ の 6 乗根は

$$\pm i \qquad \frac{\sqrt{3}\pm i}{2} \qquad \frac{-\sqrt{3}\pm i}{2}$$

と求められる.

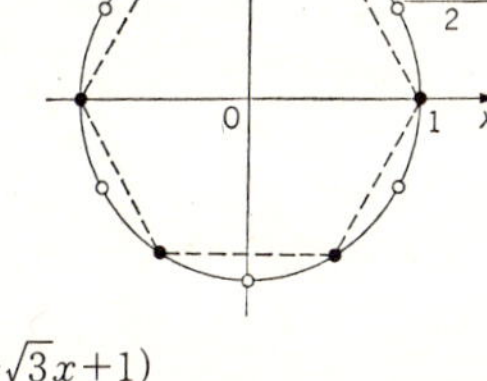

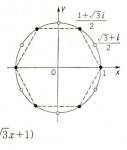

なお, $x^6+1=(x^2+1)(x^4-x^2+1)$ と因数分解し, $x^2+1=0$, $x^2=-1$ から $x=\pm i$, また, $x^4-x^2+1=0$ は

$$\begin{aligned} x^4-x^2+1 &= x^4+2x^2+1-3x^2 \\ &= (x^2+1)-(\sqrt{3}x)^2 \\ &= (x^2-\sqrt{3}x+1)(x^2+\sqrt{3}x+1) \end{aligned}$$

と因数分解して

$$x^2-\sqrt{3}x+1 = 0 \text{ から } x = \frac{\sqrt{3}\pm i}{2}$$

$$x^2+\sqrt{3}x+1 = 0 \text{ から } x = \frac{-\sqrt{3}\pm i}{2}$$

と求めてもよい.

[p. 237]

## 練習問題 4.2

1　$f(x,y,z)=x^3+y^3+z^3-3\lambda xyz$ が 1 次因数 $x+by+cz$ をもつとすると，$x$ の多項式と考えて，$f$ は $x=-by-cz$ を根にもつ.

$$\begin{aligned} 0 &= f(-by-cz,y,z) = -(by+cz)^3+y^3+z^3+3\lambda(by+cz)yz \\ &= (1-b^3)y^3+3(\lambda-bc)by^2z+3(\lambda-bc)cyz^2+(1-c^3)z^3 \end{aligned}$$

この式が $y,z$ について恒等的に成り立つためには

$$b^3 = c^3 = 1 \qquad \lambda = bc$$

つまり

$$\lambda^3 = b^3c^3 = 1$$

でなければならない.

| $b$ | $c$ | $\lambda=bc$ |
|---|---|---|
| 1 | 1 | 1 |
| 1 | $\omega$ | $\omega$ |
| 1 | $\omega^2$ | $\omega^2$ |
| $\omega$ | $\omega$ | $\omega^2$ |
| $\omega$ | $\omega^2$ | 1 |
| $\omega^2$ | $\omega^2$ | $\omega$ |

逆に，$\lambda^3=1$ とすると，$\lambda=1,\omega,\omega^2$ の 3 つの場合がある.

$\lambda=1$ なら，$(b,c)$ の組合せは表から $(1,1)$, $(\omega,\omega^2)$, $(\omega^2,\omega)$ の 3 つだから，$f$ は 3 つの異なった 1 次因数 $x+y+z$, $x+\omega y+\omega^2 z$, $x+\omega^2 y+\omega z$ をもち

$$(x+y+z)(x+\omega y+\omega^2 z)(x+\omega^2 y+\omega z)$$

と因数分解される.

これは，3 次の対称式 $x^3+y^3+z^3-3xyz$ の因数分解を改めて示すものである.

$\lambda=\omega$ のときは，$(b,c)$ の組合せは $(1,\omega)$, $(\omega,1)$, $(\omega^2,\omega^2)$ の 3 つだから

$$x^3+y^3+z^3-3\omega xyz = (x+y+\omega z)(x+\omega y+z)(x+\omega^2 y+\omega^2 z)$$

$\lambda=\omega^2$ のときは，$(b,c)$ の組合せは $(1,\omega^2)$, $(\omega^2,1)$, $(\omega,\omega)$ の 3 つだから

$$x^3+y^3+z^3-3\omega^2 xyz = (x+y+\omega^2 z)(x+\omega^2 y+z)(x+\omega y+\omega z)$$

これらの分解はまた，$x^3+y^3+z^3-3xyz$ の分解でそれぞれ $z\to\omega z$，$y\to\omega y$ と置き換えることによっても得られる．

2　2つの式

$$a^3+b^3+c^3-3abc=(a+b+c)(a+\omega b+\omega^2c)(a+\omega^2b+\omega c)$$

$$x^3+y^3+z^3-3xyz=(x+y+z)(x+\omega y+\omega^2z)(x+\omega^2y+\omega z)$$

を掛け合わせて

$$\begin{aligned}&X^3+Y^3+Z^3-3XYZ\\&\quad=(X+Y+Z)(X+\omega Y+\omega^2Z)(X+\omega^2Y+\omega Z)\end{aligned}$$

になることを示せばよい．

$$\begin{aligned}(a+b+c)(x+y+z)&=ax+ay+az\\&\quad+bx+by+bz\\&\quad+cx+cy+cz\\&=X+Y+Z\end{aligned}$$

は明らかに成り立つ．

この等式で，$b\to\omega^2b$，$c\to\omega c$，$y\to\omega y$，$z\to\omega^2z$ と置き換えると

$$(a+\omega^2b+\omega c)(x+\omega y+\omega^2z)=X+\omega Y+\omega^2Z$$

が得られる．また，$b\to\omega b$，$c\to\omega^2c$，$y\to\omega^2y$，$z\to\omega z$ と置き換えると

$$(a+\omega b+\omega^2c)(x+\omega^2y+\omega z)=X+\omega^2Y+\omega Z$$

が得られるから，所要の等式を得る．

**【別解】** 行列式を利用すると，これはもっと見透しよく示せる．すなわち

$$A=\begin{pmatrix}x&y&z\\z&x&y\\y&z&x\end{pmatrix}$$

の形の行列を巡回行列と名付けるが，その行列式が

$$\det A=\begin{vmatrix}x&y&z\\z&x&y\\y&z&x\end{vmatrix}=x^3+y^3+z^3-3xyz$$

にほかならない．

この行列で，第2列と第3列とを第1列に加えても行列式は変わらないから

$$\det A = \begin{vmatrix} x+y+z & y & z \\ z+x+y & x & y \\ y+z+x & z & x \end{vmatrix} = (x+y+z)\begin{vmatrix} 1 & y & z \\ 1 & x & y \\ 1 & z & x \end{vmatrix}$$

で，1次因数 $x+y+z$ をもつことが示される．次に，残った行列式で，第2行に $\omega$ を掛け，第3行に $\omega^2$ を掛けて第1行に加えると

$$\begin{vmatrix} 1 & y & z \\ 1 & x & y \\ 1 & z & x \end{vmatrix} = \begin{vmatrix} 1+\omega+\omega^2 & y+\omega x+\omega^2 z & z+\omega y+\omega^2 x \\ 1 & x & y \\ 1 & z & x \end{vmatrix}$$

$$= \begin{vmatrix} 0 & \omega(x+\omega^2 y+\omega z) & \omega^2(x+\omega^2 y+\omega z) \\ 1 & x & y \\ 1 & z & x \end{vmatrix}$$

$$= (x+\omega^2 y+\omega z)\begin{vmatrix} 0 & \omega & \omega^2 \\ 1 & x & y \\ 1 & z & x \end{vmatrix}$$

で，さらに1次因数 $x+\omega^2 y+\omega z$ をもつことがわかる．最後の行列式を展開すると，$x+\omega y+\omega^2 z$ になることが確かめられる．

さて，2つの巡回行列を片方を転置して掛けると

$$\begin{pmatrix} x & y & z \\ z & x & y \\ y & z & x \end{pmatrix}\begin{pmatrix} a & c & b \\ b & a & c \\ c & b & a \end{pmatrix} = \begin{pmatrix} X & Y & Z \\ Z & X & Y \\ Y & Z & X \end{pmatrix}$$

となるから，行列式についても

$$\begin{vmatrix} x & y & z \\ z & x & y \\ y & z & x \end{vmatrix} \cdot \begin{vmatrix} a & b & c \\ c & a & b \\ b & c & a \end{vmatrix} = \begin{vmatrix} X & Y & Z \\ Z & X & Y \\ Y & Z & X \end{vmatrix}$$

が成り立ち，これから求める等式を得る．

3 因数分解

$$f(x,y,z) = x^3+y^3+z^3-3xyz$$
$$= (x+y+z)(x+\omega y+\omega^2 z)(x+\omega^2 y+\omega z)$$

を利用する方法.

(1) $X=y+z-x,\ Y=z+x-y,\ Z=x+y-z$

とおくと，明らかに

$$X+Y+Z = x+y+z$$

同じように

$$X+\omega Y+\omega^2 Z = (\omega+\omega^2-1)x+(1-\omega+\omega^2)y+(1+\omega-\omega^2)z$$
$$= -2x-2\omega y-2\omega^2 z$$
$$= (-2)(x+\omega y+\omega^2 z)$$
$$X+\omega^2 Y+\omega Z = (\omega^2+\omega-1)x+(1-\omega^2+\omega)y+(1+\omega^2-\omega)z$$
$$= -2x-2\omega^2 y-2\omega z$$
$$= (-2)(x+\omega^2 y+\omega z)$$

だから，この3式を掛け合わせて

$$f(X,Y,Z) = 4f(x,y,z)$$

を得る.

(2) まず

$$X = x^2+2yz,\ Y = y^2+2zx,\ Z = z^2+2xy$$

とおくと

$$X+Y+Z = x^2+y^2+z^2+2yz+2zx+2xy$$
$$= (x+y+z)^2$$

である．この等式で，$y\to\omega^2 y$，$z\to\omega z$ と置き換えると

$$X+\omega Y+\omega^2 Z = (x+\omega^2 y+\omega z)^2$$

を得る．同じく，$y\to\omega y$，$z\to\omega^2 z$ と置くと

$$X+\omega^2 Y+\omega Z = (x+\omega y+\omega^2 z)^2$$

だから，この3式を辺々掛け合わせると

$$f(X,Y,Z) = (x+y+z)^2(x+\omega^2 y+\omega z)^2(x+\omega y+\omega^2 z)^2$$
$$= f(x,y,z)^2$$

また

$$X = x^2 - yz,\quad Y = y^2 - zx,\quad Z = z^2 - xy$$

とおくと

$$\begin{aligned} X + Y + Z &= x^2 + y^2 + z^2 - yz - zx - xy \\ &= \frac{x^3 + y^3 + z^3 - 3xyz}{x + y + z} \end{aligned}$$

この等式で，$y \to \omega^2 y$，$z \to \omega z$ と置くと

$$X + \omega Y + \omega^2 Z = \frac{x^3 + y^3 + z^3 - 3xyz}{x + \omega^2 y + \omega z}$$

同じく，$y \to \omega y$，$z \to \omega^2 z$ と置くと

$$X + \omega^2 Y + \omega Z = \frac{x^3 + y^3 + z^3 - 3xyz}{x + \omega y + \omega^2 z}$$

を得るから，これら 3 式を辺々掛け合わせると

$$\begin{aligned} f(X, Y, Z) &= \frac{(x^3 + y^3 + z^3 - 3xyz)^3}{(x + y + z)(x + \omega^2 y + \omega z)(x + \omega y + \omega^2 z)} \\ &= (x^3 + y^3 + z^3 - 3xyz)^2 \\ &= f(x, y, z)^2 \end{aligned}$$

が得られる．

**【別解】** 行列式を利用する方法．

$$\begin{pmatrix} x & y & z \\ z & x & y \\ y & z & x \end{pmatrix}\begin{pmatrix} -1 & 1 & 1 \\ 1 & -1 & 1 \\ 1 & 1 & -1 \end{pmatrix} = \begin{pmatrix} y+z-x & z+x-y & x+y-z \\ x+y-z & y+z-x & z+x-y \\ z+x-y & x+y-z & y+z-x \end{pmatrix}$$

が成り立つから，行列式についても

$$\begin{vmatrix} x & y & z \\ z & x & y \\ y & z & x \end{vmatrix} \cdot \begin{vmatrix} -1 & 1 & 1 \\ 1 & -1 & 1 \\ 1 & 1 & -1 \end{vmatrix} = f(y+z-x, z+x-y, x+y-z)$$

となる．数字の行列式は $f(-1, 1, 1) = 4$ であるから

$$4f(x, y, z) = f(y+z-x, z+x-y, x+y-z)$$

(2) また

$$A^2=\begin{pmatrix} x & y & z \\ z & x & y \\ y & z & x \end{pmatrix}^2=\begin{pmatrix} x^2+2yz & z^2+2xy & y^2+2zx \\ y^2+2zx & x^2+2yz & z^2+2xy \\ z^2+2xy & y^2+2zx & x^2+2yz \end{pmatrix}$$

であるから，それぞれの行列式を作ると

$$f(x,y,z)^2=f(x^2+2yz, y^2+2zx, z^2+2xy)$$

一方

$$\begin{pmatrix} x^2-yz & y^2-zx & z^2-xy \\ z^2-xy & x^2-yz & y^2-zx \\ y^2-zx & z^2-xy & x^2-yz \end{pmatrix}\begin{pmatrix} x & z & y \\ y & x & z \\ z & y & x \end{pmatrix}=\begin{pmatrix} f & 0 & 0 \\ 0 & f & 0 \\ 0 & 0 & f \end{pmatrix}$$

が成り立っているから，行列式について

$$\begin{vmatrix} x^2-yz & y^2-zx & z^2-xy \\ z^2-xy & x^2-yz & y^2-zx \\ y^2-zx & z^2-xy & x^2-yz \end{vmatrix}\cdot f(x,y,z)=f(x,y,z)^3$$

が成り立ち，これから求める等式が得られる．

4 (1) $f(x,y)=(x+y)^4+x^4+y^4$ において，$x=\omega y$ とおくと，(ただし，$\omega$ は1の原始立方根)

$$\begin{aligned} f(\omega y,y) &= (\omega y+y)^4+(\omega y)^4+y^4 \\ &= (\omega+1)^4y^4+\omega^4y^4+y^4 \\ &= (-\omega^2)^4y^4+\omega y^4+y^4 \\ &= (1+\omega+\omega^2)y^4=0 \end{aligned}$$

だから，$f(x,y)$ は $x-\omega y$ で割り切れる．同じように，$x-\omega^2y$ でも割り切れるから $f(x,y)$ は $(x-\omega y)(x-\omega^2y)=x^2+xy+y^2$ で割り切れる．

$$f(x,y)=h(x,y)(x^2+xy+y^2)$$

$h$ は2次の対称式であるから，$a(x+y)^2+bxy$ と書ける．$x=y=1$ とおくと，$2^4+1+1=(4a+b)\cdot 3$ より，$4a+b=6$．また $x=1$，$y=-1$ とおくと，$2=(-b)\cdot 1$ より $b=-2$，$a=2$ を得るから

$$\begin{aligned} f(x,y) &= \{2(x+y)^2-2xy\}(x^2+xy+y^2) \\ &= 2(x^2+xy+y^2)^2 \end{aligned}$$

(2)　以下の5.により，$f(x,y)=(x+y)^5-x^5-y^5$ は $x^2+xy+y^2$ で割り切れる．また，$f(-y,y)=0$ だから，$f$ は $x+y$ でも割り切れる．$f(0,y)=f(x,0)=0$ であるから，$f$ は $xy$ でも割り切れる．結局

$$f(x,y)=axy(x+y)(x^2+xy+y^2)$$

と書け，$a$ は定数になる．

$x=y=1$ とおくと，$2^5-1-1=a\cdot 2\cdot 3$ より，$a=5$

$$f(x,y)=5xy(x+y)(x^2+xy+y^2)$$

(3)　同じく5.により，$f(x,y)=(x+y)^7-x^7-y^7$ は $x^2+xy+y^2$ で割り切れる．$f(-y,y)=0$，$f(0,y)=f(x,0)=0$ などより，$f$ は $x+y$，$xy$ で割り切れる．

$$f(x,y)=h(x,y)xy(x+y)(x^2+xy+y^2)$$

$h$ は2次の対称式であるから，$a\sigma_1{}^2+b\sigma_2$ と書ける．$x=y=1$ とおくと，$2^7-1-1=(4a+b)\cdot 1\cdot 2\cdot 3$ より，$4a+b=21$，また $x=2$，$y=-1$ とおくと，$1-2^7+1=(a-2b)\cdot(-2)1\cdot 3$ より $a-2b=21$，これを解いて，$a=7$，$b=-7$，$7\sigma_1{}^2-7\sigma_2=7(x^2+xy+y^2)$，

$$f(x,y)=7xy(x+y)(x^2+xy+y^2)^2$$

5　$f(x,y)=(x+y)^n-x^n-y^n$ において，$x=\omega y$ とおくと

$$\begin{aligned}f(\omega y,y)&=(\omega y+y)^n-(\omega y)^n-y^n\\&=\{(1+\omega)^n-\omega^n-1\}y^n\\&=\{(-\omega^2)^n-\omega^n-1\}y^n\end{aligned}$$

$n=6h\pm 1$ の場合には，$\omega^n=\omega^{6h}\omega^{\pm 1}=\omega$ か $\omega^2$，$(-\omega^2)^n=-\omega^{2n}=-\omega^{12h}\omega^{\pm 2}=-\omega^2$ か $-\omega$ となるから

$$(-\omega^2)^n-\omega^n-1=-\omega^2-\omega-1=0\quad か\quad -\omega-\omega^2-1=0$$

いずれにしても，$f(\omega y,y)=0$ だから，$f$ は $x-\omega y$ で割り切れる．同じく，$x-\omega^2y$ でも割り切れるから

$$(x-\omega y)(x-\omega^2y)=x^2+xy+y^2$$

で割り切れる．

[p. 244]

## 練習問題 4. 3

(1)　$1,\ 1,\ 3,\ \frac{1}{3},\ -3,\ -\frac{1}{3}$

(2)　$1,\ 1,\ -1,\ -1,\ (1+\sqrt{2})i,\ (1-\sqrt{2})i,\ (-1+\sqrt{2})i,$
$(-1-\sqrt{2})i$

(3)　$0,\ -1,\ -1,\ -1,\ \frac{5}{2},\ \frac{2}{5}$

(4)　$1,\ 1,\ -\frac{5}{2},\ -\frac{2}{5},\ \frac{-1+\sqrt{3}i}{2},\ \frac{-1-\sqrt{3}i}{2}$

(5)　$-1,\ i,\ -i,\ -2,\ -\frac{1}{2},\ 1,\ 1,$

$$\frac{-1+\sqrt{3}i}{2}\pm\frac{\sqrt[4]{3}}{2\sqrt{2}}(-(\sqrt{3}-1)+(\sqrt{3}+1)i),$$
$$\frac{-1-\sqrt{3}i}{2}\pm\frac{\sqrt[4]{3}}{2\sqrt{2}}((\sqrt{3}-1)+(\sqrt{3}+1)i)$$

[p. 254]

## 練習問題 4. 4

(1)　$p=-6,\ q=-9$ であるから

$$D=\frac{q^2}{4}+\frac{p^3}{27}=\frac{81}{4}-\frac{216}{27}=\frac{49}{4},\ \sqrt{D}=\frac{7}{2}$$

$$\frac{q}{2}\pm\sqrt{D}=-\frac{9}{2}\pm\frac{7}{2}=-1,-8,\qquad \sqrt[3]{\frac{q}{2}\pm\sqrt{D}}=-1,-2$$

となり

$$x_1=-(-1)-(-2)=3$$
$$x_2=-\omega(-1)-\omega^2(-2)=\omega+2\omega^2$$
$$=\frac{-1+\sqrt{3}i}{2}+\frac{-2-2\sqrt{3}i}{2}=\frac{-3-\sqrt{3}i}{2}$$

$$x_3 = -\omega^2(-1)-\omega(-2) = \omega^2+2\omega$$
$$= \frac{-1-\sqrt{3}i}{2}+\frac{-2+2\sqrt{3}i}{2} = \frac{-3+\sqrt{3}i}{2}$$

この 3 次式は $(x-3)(x^2+3x+3)$ と因数分解されるが，それから得られる 3 根 3, $\dfrac{-3\pm\sqrt{3}i}{2}$ と一致している．

(2) これは，前題のようには因数分解されない．$p=-6$, $q=-6$ であるから

$$D = \frac{q^2}{4}+\frac{p^3}{27} = \frac{36}{4}-\frac{6^3}{27} = 9-8 = 1,\ \sqrt{D} = 1$$

$$\frac{q}{2}\pm\sqrt{D} = -3\pm1 = -2, -4, \quad \sqrt[3]{\frac{q}{2}\pm\sqrt{D}} = -\sqrt[3]{2}, -\sqrt[3]{4}$$

となり

$$x_1 = -(-\sqrt[3]{2})-(-\sqrt[3]{4}) = \sqrt[3]{2}+\sqrt[3]{4}$$
$$x_2 = -\omega(-\sqrt[3]{2})-\omega^2(-\sqrt[3]{4}) = \omega\sqrt[3]{2}+\omega^2\sqrt[3]{4}$$
$$= \frac{-1+\sqrt{3}i}{2}\sqrt[3]{2}+\frac{-1-\sqrt{3}i}{2}\sqrt[3]{4}$$
$$= -\frac{\sqrt[3]{2}+\sqrt[3]{4}}{2}-\frac{\sqrt[3]{4}-\sqrt[3]{2}}{2}\cdot\sqrt{3}i$$
$$x_3 = -\omega^2(-\sqrt[3]{2})-\omega(-\sqrt[3]{4}) = \omega^2\sqrt[3]{2}+\omega\sqrt[3]{4}$$
$$= \frac{-1-\sqrt{3}i}{2}\sqrt[3]{2}+\frac{-1+\sqrt{3}i}{2}\sqrt[3]{4}$$
$$= -\frac{\sqrt[3]{2}+\sqrt[3]{4}}{2}$$
$$+\frac{\sqrt[3]{4}-\sqrt[3]{2}}{2}\cdot\sqrt{3}i$$

(3) $x^2$ の係数を消すために

$$x = y+3$$

とおくと

| 1 | −9 | 36 | −80 | 3 |
|---|---|---|---|---|
| | 3 | −18 | 54 | |
| 1 | −6 | 18 | −26 | |
| | 3 | −9 | | |
| 1 | −3 | 9 | | |
| | 3 | | | |
| 1 | 0 | | | |

$$y^3+9y-26=0$$

だから，$p=9$，$q=-26$

$$D=\frac{q^2}{4}+\frac{p^3}{27}=\frac{676}{4}+\frac{729}{27}=196,$$

$$\sqrt{D}=14$$

$$\frac{q}{2}\pm\sqrt{D}=-13\pm14=1,-27,\quad \sqrt[3]{\frac{q}{2}\pm\sqrt{D}}=1,-3$$

となり

$$y_1=-1-(-3)=2$$

$$y_2=-\omega-\omega^2(-3)=\frac{1-\sqrt{3}i}{2}+\frac{-3-3\sqrt{3}i}{2}=-1-2\sqrt{3}i$$

$$y_3=-\omega^2-\omega(-3)=\frac{1+\sqrt{3}i}{2}+\frac{-3+3\sqrt{3}i}{2}=-1+2\sqrt{3}i$$

したがって，元の方程式に戻ると

$$x_1=5 \qquad x_2=2+2\sqrt{3}i \qquad x_3=2-2\sqrt{3}i$$

これは，元の方程式を

$$(x-5)(x^2-4x+16)=0$$

と因数分解して解いたものと一致している．

(4) $x^3$ の係数が 1 でないときには，$28^2$ を掛けて

$$28^3x^3+9\cdot28^2x^2-28^2=0$$

として，$28x=y$ と置くと

$$y^3+9y^2-784=0$$

の形になる．$y^2$ の係数を消すために，$y=z-3$ とおくと

$$z^3-27z-730=0$$

となる．これをカルダノの公式で解くと，

$$p=-27,\ q=-730$$

| 1 | 9 | 0 | −784 | \|−3 |
|---|---|---|---|---|
| | −3 | −18 | 54 | |
| 1 | 6 | −18 | −730 | |
| | −3 | −9 | | |
| 1 | 3 | −27 | | |
| | −3 | | | |
| 1 | 0 | | | |

$$D=\frac{q^2}{4}+\frac{p^3}{27}=\frac{730^2}{4}-27^2$$
$$=133225-729=132496$$
$$\sqrt{D}=364,$$

$$\frac{q}{2}\pm\sqrt{D}=-365\pm364=-1,-729$$

$$\sqrt[3]{\frac{q}{2}\pm\sqrt{D}}=-1,-9$$

$$z_1=-(-1)-(-9)=10$$
$$z_2=-\omega(-1)-\omega^2(-9)=\omega+9\omega^2$$
$$=\frac{-1+\sqrt{3}i}{2}+\frac{-9-9\sqrt{3}i}{2}=-5-4\sqrt{3}i$$
$$z_3=-\omega^2(-1)-\omega(-9)=\omega^2+9\omega$$
$$=\frac{-1-\sqrt{3}i}{2}+\frac{-9+9\sqrt{3}i}{2}=-5+4\sqrt{3}i$$

$$\begin{cases}y_1=7\\ y_2=-8-4\sqrt{3}i\\ y_3=-8+4\sqrt{3}i\end{cases}\qquad\begin{cases}x_1=\dfrac{1}{4}\\ x_2,x_3=\dfrac{-2\mp\sqrt{3}i}{7}\end{cases}$$

これは，元の方程式を

$$(4x-1)(7x^2+4x+1)=0$$

と因数分解して求めた値と一致している.

(5)　$p=-15$, $q=-4$ としてカルダノの公式に代入してみる.

$$D=\frac{q^2}{4}+\frac{p^3}{27}=\frac{16}{4}-\frac{15^3}{27}=4-125=-121,$$
$$\sqrt{D}=\sqrt{-121}=11i,$$
$$\frac{q}{2}\pm\sqrt{D}=-2\pm11i,\ \sqrt[3]{\frac{q}{2}\pm\sqrt{D}}=\sqrt[3]{-2\pm11i}$$

この複素数の立方根を開くと，1つの値としてそれぞれ $-2\pm i$ が

得られ

$$\begin{aligned}
x_1 &= -(-2+i)-(-2-i) = 4\\
x_2 &= -\omega(-2+i)-\omega^2(-2-i) = \omega(2-i)+\omega^2(2+i)\\
&= \frac{-1+\sqrt{3}i}{2}(2-i)+\frac{-1-\sqrt{3}i}{2}(2+i)\\
&= \frac{-2+\sqrt{3}+(1+2\sqrt{3})i}{2}+\frac{-2+\sqrt{3}-(1+2\sqrt{3})i}{2}\\
&= -2+\sqrt{3}\\
x_3 &= -\omega^2(-2+i)-\omega(-2-i) = \omega^2(2-i)+\omega(2+i)\\
&= \frac{-1-\sqrt{3}i}{2}(2-i)+\frac{-1+\sqrt{3}i}{2}(2+i)\\
&= \frac{-2-\sqrt{3}+(1-2\sqrt{3})i}{2}+\frac{-2-\sqrt{3}-(1-2\sqrt{3})i}{2}\\
&= -2-\sqrt{3}
\end{aligned}$$

となるが，これは，元の方程式を因数分解して

$$(x-4)(x^2+4x+1) = 0$$

求められた解と一致する．

[p. 285]

問　$B_{10}(10)=1\ 49143\ 41925$

[p. 301]

問　本文に出てこないもののみ求めると

$$\begin{aligned}
K_4(x) &= x^2+1\\
K_7(x) &= x^6+x^5+x^4+x^3+x^2+x+1\\
K_8(x) &= x^4+1\\
K_{10}(x) &= x^4-x^3+x^2-x+1\\
K_{11}(x) &= x^{10}+x^9+x^8+\cdots+x^2+x+1
\end{aligned}$$

$$K_{12}(x) = x^4 - x^2 + 1$$
$$K_{13}(x) = x^{12} + x^{11} + x^{10} + \cdots + x^2 + x + 1$$
$$K_{14}(x) = x^6 - x^5 + x^4 - x^3 + x^2 - x + 1$$

# あとがき

1977年このシリーズの計画が立てられた頃，遠山先生はまだお元気であった．「リフレッシュ数学」という命名も先生ご自身によるもので，みずから初等代数と微積分の2冊を「だれにでもわかるように書く」と張り切っておられた．

ところが昨1979年9月11日，遠山先生は転移性肺癌のため突如70歳の生涯を閉じられ，初等代数にあたる本巻『数と式』は初稿ゲラのまま，微積分にあたる巻はほんの目次の案のみが残されることになった．本巻のゲラ刷については，ゆっくり眼を通して筆を入れる間もなく病状は悪化してしまわれた．

わたくしは先生の死後ゲラ刷を読ませていただき，直ちにこれは高木貞治の『代数学講義』(共立出版）と並ぶ名著であることを確信した．生前，遠山先生は東京帝国大学時代高木貞治に接した印象を語られていたが，そのなかに「計算力は数学にとって大事だ」という高木先生の言葉があった．それが恐らく，計算ぬきがスマートという現代的風潮の中であえて計算をいとわれない遠山先生の流儀を生み出したのであろう．

また恐らく，遠山先生は恩師高木先生の著を意識してこの巻を執筆されたに違いない．高木先生の周到と遠山先生の奔放と対照的な性格ながら，ところどころに貴重な寸言・評論が散りばめられているのは共通している．

それに，本書には，数少なくない遠山先生の代数関係の著作にもない幾多のアイデアが盛られている．たとえば，第2章2.のパスカルの数三角形や5.乱列，第3章5.多項式の因数分解の一般的方法，第4章5.,6.ベルヌーイの多項式など貴重な絶筆といえる．4つの章それぞれ，初めはとてもやさしいが，章末になるとこうした特殊な楽しい話題（数楽）に導き入れられるという構想もまことに遠山先生らしい．

ただ，晩年ご多忙のなかでの執筆だったのか，前提となる技法があとにくるなどの箇所があったので，それらは若干入れ換え，なおいっそうわかりやすいように校正者の責任で追加した部分もある（第3章5.2, 5.4, 第4章1.3, 練習問題若干）．しかし，全体としては，字まで原稿用紙の升目に収まらない，天馬空をゆく趣きのある遠山先生のその奔放な筆致はますます生きるように努めたつもりである．

なお，そうした作業に際して，いっしょにこのシリーズに参加しておられた宮本敏雄氏ならびに講談社の芳賀穣氏の貴重なご助力をいただいたことをつけ加えておく．

1980年7月

銀林　浩

# 解　　説

小林　道正

本書は，元々は，『数と式──代数入門（リフレッシュ数学 1)』として，1980 年に講談社から発行された本である．今回，この名著が，筑摩書房のはからいで，「ちくま学芸文庫」に加えられたことは，まことに喜ばしいことである．さらに広い読者に読まれることが期待され，遠山先生も喜んでおられることであろう．

遠山啓先生の著書が「ちくま学芸文庫」に登場するのはこれが 3 冊目である．すでに，『代数的構造』と『現代数学入門』が収録されている．学習の順序としては，この 2 冊の前に本書を読まれるのがお薦めである．

著者の遠山啓先生については，既にご存知の方が多いと思われるが，簡単に紹介しておこう．遠山先生は 1909 年に生まれ，1979 年に，70 歳で亡くなられた．数学者であり，東京工業大学の教授であった．数学教育の分野でも大活躍された．戦後の子供たちの学力低下を憂い，またアメリカの押し付けの生活単元学習に反対して，1951 年に同志と共に「数学教育協議会」を設立し，長年にわたりその委員長として指導的な役割を果たされた．中でも，「水道方式」と「量の理論」は，小学校の算数に革命的な進歩をもたらした．それらの理論はその後も進化・発展し続けており，現在でも多数の小学校の現場で活用されている．その考えは文部科学省検定の現行の教科書にもたくさん反映されている．数学教育協議会は，遠山啓先生以後も，民間の教育研究団体として，戦後の数学教育において，大きな影響を及ぼしてきている．月刊の雑誌『数学教室』も，一時的休刊はあっても60年以上発行し続けてきている．水道方式や量の理論は，後で具体的に紹介するように，本書にも十分活かされている．

「代数」というと，普通は抽象代数の「群・環・体」などを扱うことが多いが，本書は「代数入門」であり，副題にもあるとおり，「数と式」を扱っている．群・環・体の具体例である，数（自然数・整数から複素数まで）を扱っている．「群・環・体」に関する遠山先生自身の著作としては，同じ「ちくま学芸文庫」の，『代数的構造』をお薦めしたい．

「数と式」はまた，高等学校の１つの領域であるが，本書は，高等学校の「数と式」から入って，連続して，高等学校の内容をより発展させた，より高度な「数と式」を扱っている．

以下，本書の構成に従って解説をしておこう．

本書は４つの章から成り立っているが，各章がそれ以前の章を前提にしており，有機的に結びついている．どの章も独立に読まないほうがよい．はじめに，「数」について，次は，文字式を扱う際に不可欠な組合せ論が説明される．

それらの内容を駆使して，すべての数を代表するという「文字」について説明される．文字式が出てくると必然的に方程式が現れてくる．方程式の入門の後，最後の章でいろいろな方程式，一般的な方程式が解説されている．というわけで，本書を読むには章の順に進むことをおすすめしたい．

## 1　数の進化

ここでは，数の発生とその進化について，発生から進化の過程が解説されている．内容は，数概念の発生，数詞，自然数，整数，整数論初歩，約数，素数，素因数分解，数学的帰納法，素因数分解の一意性，有理数と無理数，実数，複素数，数の拡大，と展開されていく．

文章はなめらかで，ごく自然に読みやすく記述されているが，水道方式や量の理論を作り出した遠山先生の根本的思想が展開されている．すなわち，数の導入は，順序数でなく集合数から導入するべきであり，数概念は，「一対一対応」を基礎として発生してきたということが解説されている．数の導入は集合数から始めるべきであるというのは数学教育の認識論的命題であるが，これは歴史的発展にも合致しているし，論理的な展開からも主張出来ることを見事に解説している．

数概念発生の「一対一対応」は，その後，無限集合の濃度を判定する基準として，現代数学まで一貫して保持されている重要な概念となっているのである．

この章の特徴をいくつか挙げると,「負の数の計算規則」を説明するのに,トランプの黒札と赤札を用いて,プラスの数とマイナスの数を表して説明する方法が紹介されている.これも水道方式と同様,数学教育協議会でその有効性が実践で示されてきた方法である.また,マイナスの数をかけると,反数になり,数直線上では180度回転するというのは,後で複素数の導入で活かされることになる.2乗するとマイナス1となるというのは,2回転で180度回転するのだから1回かけると90度回転すると考えて,複素数平面(ガウス平面)が自然に導入される契機となる.複素数平面は虚数が実体を持った概念であることを説明するのに必要不可欠であるが,文部省・文部科学省は高等学校の学習指導要領から,削除と導入を繰り返してきた不合理な歴史がある.数学的に当然とはいえ,検定教科書と異なり,本書では虚数の導入時点から複素数平面を導入している.

数の拡大として,複素数からさらにはハミルトンの四元数まで紹介されている.ただし,「乗法の交換法則の成立する複素数より広い数体は存在しないことが分かっている」と結ばれていて深入りはしていない.

「数の進化」は,全体として気楽に読めるように書かれているが,数学としての厳密性も保たれていて,普通は証明無しで使われる「素因数分解の一意性」などにもきちんとした証明がなされている.理工系の大学の学生でもきちんと理解するのは易しくはない.

## 2　組合せ論

高等学校では，順列や組合せを学ぶ組合せ論は，確率・統計の一部あるいは準備として位置づけられていることが多い．しかし，確率論の大事な概念である，「多数回の試行における相対頻度の安定性，確率の基本法則」と，順列組み合わせは何の関係もないのである．等確率という特殊な場合を扱い，それに関連した問題を考えるときにだけ順列組合せの計算が必要になるだけなのである．

本当は，物の数え方を示す組合せ論は，すべての数学を扱う際の基本的な事項なのである．数や文字式を扱う際にも重要な計算手段を与えてくれる．そのような見地から，本書では一章を設けて組合せ論を説明しているのである．この点も，本書の特徴の１つになっている．

「組合せ論」では，高等学校で扱われる普通の順列・組合せの話題，２項係数や２項定理（数式の展開において組合せ論は不可欠な道具である），重複組合せ，多項定理，乱列などが解説されている．

説明の道具として共通に使われるのは，樹形図であり，樹形図を，箱に何が入るかで図示していてわかりやすくなるように工夫されている．初めに重複順列から始め，普通の順列にスムーズに入っていく．続いて，「同じものを含む順列」が一般論まで扱われる．重複組合せの公式を導くのに，例えば「４人の生徒に５冊のノートを分ける」場合，普通と同じように，「５冊のノートを並べておいて，３枚の仕切りを入れる」問題に帰着させるのであるが，普通は，

5冊のノートを表す記号○などとまったく異なる縦線|を区切りに入れたりするが，本書ではともに同じ正方形で表し，3個の仕切りを表す正方形を用い，少し灰色にしているだけである．組合せの公式は，同質の物から選ぶ方法の数を表す公式なので，同質の正方形の方が自然なのである．このように，細かい点でもわかりやすさを優先していろいろな工夫がなされているのが本書の特徴でもある．

さらに，「パスカルの数三角形」に関する事実がいくつか証明されていく．プロ野球の日本シリーズの勝敗の組合せ数なども例題として扱われていて，日常生活と数学の接点にも配慮されている．フィボナッチ数列についても詳しく述べられ，植物の葉序との関係にも言及されている．単なる数学の専門書とは異なり，読者が興味を持つ，自然や社会との関連にも触れられている点が名著の理由ともなっている．最後は，「乱列」について解説されている．「乱列」は遠山先生の命名であるが，「完全順列」とか，「攪乱(かくらん)順列」とも呼ばれ，ある数の列において，すべての要素の順番を変えてしまう置換のことである．乱列の総数を求める例題もあり，解答（証明）も詳しくのっている．

## 3　文字の数学

数学を表現するのには，英語やギリシャ語の文字は不可欠ではあるが，一般の方に近寄りがたい印象を与えているのも事実である．「数学における文字は何を表しているのか」をはっきりさせると数学も親しみやすくなるだろう．

文字の表すものとしては，「未知の定数」，「一般の定数」，「変数を表す文字」の3つがあるが，本書は「代数入門」なので，未知の定数としての文字と，一般の定数としての文字の役割が解説されている．方程式とそこに現れる「未知の定数」としての文字について，遠山先生がいつも使われる，空箱を用意し，空箱の中に何が入るかで説明している．また，一般の定数としての文字は長方形の面積を表す公式から説明している．

数学の「代数」に登場する文字は，「有理数，実数，複素数を代表する」と説明している．言い換えれば，数学の「代数」における文字についての法則は，全ての数についての一般論なのである，と説明されている．

この章では，単項式，多項式，同次多項式，多項式の除法，$(t+c)$についての展開，最大公約式，などが説明された後，多項式と方程式において，代数方程式の根（解），剰余の定理，因数定理，根と係数の関係，が説明されていく．さらに「補間法」があった後，代数の範囲内での多項式の微分が述べられ，最後は，2次式，3次式，4次式の因数分解の一般論が展開されていく．整数係数の多項式に因数分解できない多項式を「既約」というが，入門書としては高度な，「アイゼンシュタインの既約判定条件」までもが紹介され，証明もなされている．なかなか難しいが，「読者よ，若者よ，挑戦せよ」と激励されているのであろう．

## 4 種々の方程式と多項式

はじめに「1の累乗根」が扱われる．いわゆる，円分方程式 $x^n=1$ の解についてである．

易しい3乗の場合から丁寧な説明が始まる．次に一般の累乗根が解かれていく．$x^2=a+bi$ という易しい例から始めているのでわかりやすい．一般の $x^n=a+bi$ は，例題として詳しい解が与えられている．これを因数分解に応用し，「2変数の2次同次式は複素数を用いれば必ず因数分解される」ことを説明し，2次の多項式でも同次式でないと必ずしも因数分解されないとか，3変数になると，同次式でも因数分解されることは稀になってくると説明されている．続いて，係数の順序を逆にしても同じ式になる「相反方程式」について，いくつかの具体例の方程式を解いている．

次は，「3次方程式」について，有名な「カルダノの公式」が導かれ，この公式を使った3次方程式を解く例題がいくつも並んでいる．3次方程式の根が最終的には実数になったとしても，解を求める途中の計算では複素数が必要になることを示し，複素数の有効性を説明している．

最後は「ガウスの代数学の基本定理」である．すなわち，「$n$ 次の代数方程式は，必ず $n$ 個の複素数の根を持っている」という定理である．18世紀までの数学での大きな問題の1つであったが，ガウスが大学の卒業論文で証明してみせたという逸話も紹介されている．

証明は8ページにわたって書かれている．この証明をたどるだけで大変であるが，読者は挑戦してほしい．もちろん証明はスキップする人がいてもかまわないが．

本書の最後は，「ベルヌーイの多項式と差分方程式」に充てられている．ベルヌーイ多項式とベルヌーイ数については，本書の定義は元々のベルヌーイの定義に従っており，今日，普通に見られる定義とは異なるので注意が必要である．すなわち，本書では，ベルヌーイ多項式は，高校数学（$k$ が $k=1,2,3$ の場合）でもお馴染みの，べき乗和で定義されている．

$$B_k(n) = 1^k+2^k+\cdots+(n-1)^k+n^k$$

さらに，「円分多項式」について解説されている．

## まとめ

本書は，元の版が発行されてから30年以上もたっているが，少しも古さを感じさせない．代数入門という性格から当然ではあるが，代数の入門書として，その輝きを失っていない．

遠山先生が数学教育と深くかかわってこられた考え方や精神が本書全体にいきわたっている．すなわち，「できるだけたくさんの人に数学の面白さをわかってほしい，丁寧に，教え方を工夫しさえすれば，誰でも理解できるものだ．教え方を工夫していこう」，というお考えがにじみ出ている．遠山先生も，本書を手始めにして，さらに進んだ分野へと進んでほしいと願っているのであろう．同じ遠山先生の著書がこの「ちくま学芸文庫」にも収録されている．本書に続いて,『代数的構造』『現代数学入門』に挑戦していただきたい.

本書には,ところどころに,数学者などの逸話が紹介されているのも楽しいし,問や練習問題の解答が詳しく載っているのもありがたいことである.

この名著を「ちくま学芸文庫」に収録するという英断をされた,筑摩書房に感謝したい.

(こばやし・みちまさ／中央大学名誉教授・数学教育協議会前委員長)

# 索　引

本書は一九八〇年十月十日、講談社から刊行された。

ちくま学芸文庫

# 代数入門 数と式

二〇一六年十一月十日 第一刷発行

著 者 遠山 啓（とおやま・ひらく）
発行者 山野浩一
発行所 株式会社 筑摩書房
東京都台東区蔵前二―五―三 〒一一一―八七五五
振替〇〇一六〇―八―四一二三
装幀者 安野光雅
印刷所 株式会社精興社
製本所 株式会社積信堂

乱丁・落丁本の場合は、左記宛にご送付下さい。
送料小社負担でお取り替えいたします。
ご注文・お問い合わせも左記へお願いします。
筑摩書房サービスセンター
埼玉県さいたま市北区櫛引町二―六〇四 〒三三一―八五〇七
電話番号 〇四八―六五一―〇〇五三

ISBN978-4-480-09752-1 C0141